MANUEL

DE

MINÉRALOGIE.

MANUEL

DE

MINÉRALOGIE,

OU

TRAITÉ ÉLÉMENTAIRE DE CETTE SCIENCE D'APRÈS L'ÉTAT ACTUEL DE NOS CONNAISSANCES.

PAR M. BLONDEAU.

3e ÉDITION,

ENTIÈREMENT REFONDUE, MISE DANS UN NOUVEL ORDRE, ET RENDUE PLUS COMPLÈTE ET PLUS A LA PORTÉE DES GENS DU MONDE PAR UN GRAND NOMBRE D'AUGMENTATIONS.

PAR MM. D** ET JULIA DE FONTENELLE,

Professeur de Chimie ; président de la Société des Sciences physiques et chimiques de Paris ; membre honoraire de la Société royale de Varsovie ; de l'Académie royale de médecine et de celle des Sciences naturelles de Barcelonne ; du cercle des Pharmaciens d'Allemagne ; membre de la Société de Chimie médicale, de celles de Statistique générale, d'Encouragement pour l'industrie nationale, etc.

Ouvrage orné de figures.

Paris,

A LA LIBRAIRIE ENCYCLOPÉDIQUE DE RORET,

RUE HAUTEFEUILLE, AU COIN DE CELLE DU BATTOIR.

[illegible]

INTRODUCTION.

M. Beudant, dans un discours *sur l'importance du règne minéral, sous le rapport de ses applications* (1), a présenté la minéralogie comme la source première des progrès de la civilisation et de ceux des sciences et des arts. C'est en effet, dit cet habile académicien, à ses mines de houille principalement, ainsi qu'à celles de cuivre, d'étain, de plomb, etc., que l'Angleterre doit sa prospérité. Ces assertions, pour ne point paraître paradoxales, avaient besoin d'être justifiées par des faits : c'est ce que M. Beudant a entrepris. Nous allons le suivre un moment dans ceux qu'il a présentés.

Une des plus belles et des plus étonnantes découvertes qui aient été faites, c'est celle de la pesanteur de l'air et la détermination de la pression atmosphérique. Sans la connaissance du mercure, Pascal n'y fût jamais parvenu ; sans ce métal, un grand nombre de gaz seraient demeurés inconnus.

Sans le zinc, Galvani et Volta n'eussent point inventé cet appareil connu sous le nom de *pile voltaïque* ou *galvanique*, qui a ouvert la porte aux découvertes des Davy, des Arago, des Ampère, des Berzélius, des Gay-Lussac, des Thénard, des Becquerel, etc.

Sans l'oxide de manganèse, nous n'aurions ni le chlore, ni les chlorures de chaux et de

(1) Lu à l'académie royale des Sciences, le 5 juin 1826.

soude, qui sont une des plus belles acquisitions que la médecine et les arts aient faites.

Sans les minéraux, l'art du teinturier serait encore dans son enfance : l'architecture doit aussi à la minéralogie ses matériaux, l'agriculture ses amendemens, la chimie ses agens les plus puissans, la physique et la chirurgie la plupart de ses instrumens, enfin les arts, en général, presque tout ce qui concourt à leur perfectionnement.

Un pareil tableau serait sans doute bien propre à faire sentir toute l'importance de la minéralogie, si on avait pu la révoquer en doute ; mais, nous savons que, dès la plus haute antiquité, on s'est livré à l'étude de cette branche de l'histoire naturelle. Cette étude, il est vrai, ne fut qu'empirique jusqu'à la fin du dix-huitième siècle ; depuis cette époque, les immenses progrès de la chimie pneumatique, en portant le plus grand jour sur les sciences naturelles, l'ont rendue, en grande partie, rationnelle. On n'a, pour s'en convaincre, qu'à parcourir les excellens ouvrages des minéralogistes modernes.

Ces divers ouvrages sont basés sur des théories propres en partie à chacun des auteurs ; la plupart sont trop scientifiques pour être à la portée des élèves, et surtout des gens du monde, auxquels ce manuel est spécialement destiné. Ainsi, sans rejeter ni admettre exclusivement ces diverses théories, nous avons pris dans chacune d'elles ce qui nous a paru le plus propre à atteindre notre but. Nous avons suivi ces savans à la lueur de leurs travaux, non cependant comme des aveugles qui se laissent entraîner par leur guide, mais comme l'abeille qui butine sur des fleurs. Nous avons médité leurs écrits et discuté les faits qu'ils annoncent ; car, il arrive souvent que, sans cette sage précaution, on embrasse des erreurs sans réflexion et comme par instinct, parce qu'il y a bien des choses qui ont beaucoup d'affinité avec notre imagination. Le meilleur secret pour apprendre, c'est l'art de douter, dit l'illustre Bacon. Nous nous sommes cependant gardés de pousser trop loin le scepticisme, parce que nous sommes convaincus qu'il devient alors contraire aux progrès des sciences. L'expérience a démontré qu'il arrive souvent que des faits qui ne présentent d'abord que de simples lueurs, conduisent souvent à de grandes vérités.

La première édition de cet ouvrage était incomplète, lorsqu'elle fut livrée à l'impression, à cause du départ précipité de M. Blondeau pour la Grèce ; les épreuves même en furent si mal corrigées, que ce manuel éprouva la critique d'un journal dont nous sommes jaloux de mériter les suffrages. L'éditeur de cette collection, bien différent de ces hommes avides qui ne voient, dans les productions scientifiques, que des spéculations commerciales, s'empressa de se rendre aux conseils de MM. les rédacteurs du Globe, et fit le sacrifice d'une grande partie de cette première édition, pour donner un ouvrage plus digne du public, qui l'a si bien secondé dans son utile entreprise. En conséquence, il s'empressa de prier M. Riffault de le refondre et d'y faire tous les changemens et toutes les additions convenables. Ce savant avait ébauché ce travail, lorsque la mort vint l'enlever aux sciences qu'il cultivait avec tant de succès. Depuis, MM. D*** et moi avons été chargés de ce même soin. En examinant attentivement le travail de M. Blondeau, nous avons pensé qu'une correction minutieuse pourrait ne pas désarmer la critique ; et, dans l'intérêt même de l'ouvrage, nous avons cru qu'il valait mieux le refondre en entier, le mettre sur un nouveau plan, le rendre beaucoup plus complet, et y ajouter un grand nombre de figures propres à le rendre plus méthodique. C'est ce que nous avons entrepris. Cet ouvrage ne renferme donc qu'une faible partie de celui de M. Blondeau, et quelques traductions de l'anglais de M. Riffault. Il est divisé en sept classes.

La première comprend l'étude des métaux, sous le nom de *métalloïdes*. Nous avons suivi la classification de M. Thénard.

La deuxième traite des oxides ou *métalloxides*, en adoptant toujours la classification de ce même chimiste.

La troisième embrasse les combustibles non métalliques, sous le nom de *combustides*.

La quatrième traite des *substances acides*.

La cinquième, des *substances salines*. Afin d'être plus facile à consulter, nous avons cru devoir suivre l'ordre alphabétique.

La sixième a pour but les *aérolites* ou pierres tombées du ciel, ainsi que le fer météorique. Nous avons cru devoir consigner dans cette section la liste chronologique des pierres tombées jusqu'en 1825.

La septième traite des *roches*. Nous avons

adopté la division établie par Werner, quoiqu'elle ne soit pas à l'abri de toute objection.

Dans l'analyse de chaque minéral, nous avons eu le soin, autant qu'il nous a été possible, d'indiquer le nom du chimiste auquel elle était due; souvent même nous avons rapporté celle de plusieurs chimistes, lorsqu'ils jouissaient d'une haute réputation; dans le cas contraire, nous avons cité celle du plus habile. Parmi les chimistes français, ce sont les analyses de MM. Vauquelin, Laugier et Berthier dont nous avons fait le plus souvent usage. Nous nous sommes fait une loi de nous arrêter plus particulièrement sur les minéraux qui ont un rapport direct avec les arts ou l'industrie. Nous avons placé à la tête de l'ouvrage des notions préliminaires, destinées à présenter les propriétés diverses et les caractères physiques et chimiques des minéraux, suivies d'un aperçu sur les moyens de les analyser. Nous n'avons pu donner une grande étendue à ce travail spécial, parce que, pour le rendre complet, il faudrait un ouvrage *ex professo*. Enfin ce Manuel est terminé par un vocabulaire propre à faciliter l'étude de cette science.

Nous conviendrons de bonne foi que nous avons fait de nombreux emprunts à MM. Haüy, Werner, Jameson, Mohs, Beudant, Berzélius, Kirwan, Thénard, Brochant, Brongniart, Thomson, Howard, Ure, etc. Ces auteurs sont si riches de faits et d'observations, que ces emprunts ne sauraient les appauvrir. Nous avons souvent préféré conserver le sens propre de leurs écrits, que de le défigurer par des changemens qui, dictés par l'amour-propre, ne servent qu'à obscurcir les faits. Nous avons mieux aimé être utiles que de paraître savans. D'ailleurs, les chemins des sciences sont si battus, qu'en cherchant à déguiser la pensée d'un auteur, on se rencontre, s'en sans douter, avec un autre qui a puisé *incognito* à la même source.

Après cet aveu, nous dirons, avec la même franchise, que nous croyons être parvenus, par notre zèle et nos efforts, à rendre cet ouvrage beaucoup plus élémentaire, et surtout bien plus didactique. Nous n'avons pas l'amour-propre de le croire à l'abri de toute critique ; nous ajoutons que nous implorons ses lumières sans la redouter; car, quoiqu'en disent tant d'auteurs médiocres, la saine critique est d'autant plus utile, qu'elle veille à la correction des écrits, à l'exactitude et à l'enchaînement des faits. C'est par ce triple emploi qu'elle assure la réputation des auteurs, en même temps qu'elle contribue à l'instruction des lecteurs.

Dans un siècle où quelques hommes voudraient nous faire reculer vers les temps où l'espèce humaine vivait sous l'empire des préjugés et de la superstition, la critique est plus que jamais nécessaire; c'est elle qui, en renversant l'échafaudage de l'erreur, doit contribuer à propager le feu sacré des sciences, des lettres et des arts qui, désormais, ne peut plus s'éteindre. Car, les hommes périront, les empires seront bouleversés, mais les sciences seront éternelles, le génie renaîtra de ses cendres, et, debout au milieu des siècles, il commandera à l'univers.

MANUEL

DE

MINÉRALOGIE.

NOTIONS PRÉLIMINAIRES.

L'on est convenu de désigner par le mot *nature* l'ensemble de tous les corps dont se compose le globe terrestre et des lois qui les régissent. L'histoire de la nature, ou bien l'*histoire naturelle*, est si étendue, qu'il n'est donné qu'à quelques esprits privilégiés d'en embrasser l'ensemble. A cette science, de l'étude de la nature, se rattachent presque toutes les autres; mais, par une juste réciprocité, les sciences physiques, en lui devant une partie de leurs progrès, contribuent puissamment à leur tour à étendre son vaste domaine, et à la rendre rationnelle, d'empirique qu'elle était auparavant. Il est aisé de voir que l'étude d'un si grand nombre de corps, pour être rendue plus claire, plus exacte et plus facile, a dû subir des classifications diverses ; car la méthode, pour nous servir de l'expression de Bacon, doit être considérée comme l'architecture des sciences. En conséquence, on avait divisé toutes les productions naturelles en trois règnes : 1° le règne animal, 2° le règne végétal, et 3° le règne minéral. Mais, comme plusieurs propriétés sont communes à plus d'un règne, et que la ligne de démarcation qui les sépare n'est pas toujours bien exacte, ni bien établie, etc., on a recouru de nos jours à une division qui paraît beaucoup plus méthodique, puisqu'elle repose sur un caractère invariable. On distingue donc tous les corps en deux grandes classes : la première comprend les *corps organiques*, ou pourvus d'organes; la deuxième, les *corps inorganiques*, ou ceux qui en sont dépourvus. Les corps organiques se sous-divisent en *animaux* : leur étude constitue la zoologie, et en *végétaux* ; la science qui est consacré à leur étude porte le nom de botanique. Les corps inorganiques, ou *corps bruts*, diffèrent des premiers en ce qu'ils sont privés de la vie, et qu'ils n'offrent ni sensibilité, ni excitabilité, ni centre d'action. La connaissance de ces corps constitue deux sciences bien distinctes, qui sont la *géologie* et la *minéralogie*.

La *géologie*, ou *géognosie*, s'attache à étudier les grandes masses qui concourent à la formation du globe, leur élévation, leur forme, leur structure, leurs rapports, leur composition, leurs couches et leur nature diverse, leur position et leur direction, les phénomènes volcaniques, les tremblemens de terre, etc.

La *minéralogie* a des rapports moins généraux ; elle a pour but principal l'histoire de chaque espèce, celle de ses variétés et les indications générales propres à les réunir en familles, en genres et en espèces, afin de les rendre plus aisées à reconnaître. Il est aisé de voir que les connaissances géologiques sont indispensables aux minéralogistes, et *vice versâ*.

La minéralogie emprunte ses principaux secours de la physique et de la chimie ; car, dit M. Beudant, si les découvertes successives de la cristallographie ont fait sortir la minéralogie de l'empirisme auquel elle était livrée, les progrès de la chimie l'ont réellement élevée au rang des sciences exactes ; elle se trouve maintenant dans une telle liaison avec ces deux sciences, qu'il est impossible d'y faire aucun progrès positif, sans y appliquer les moyens puissans qu'elles nous fournissent.

Tous les minéralogistes modernes en ont tellement senti la nécessité qu'ils ont divisé l'examen des minéraux en *physique* et *chimique* ; M. Beudant même a été si loin qu'il a pris pour base de sa classification les rapports chimiques de composition des substances minérales dont M. Haüy avait commencé à faire usage, et nous devons convenir que l'application de la nouvelle nomenclature chimique à la minéralogie est une des plus belles conquêtes que cette science ait faite.

Propriétés et caractères des minéraux.

Les minéraux sont composés d'un grand nombre de *particules* ou *molécules* unies entre elles, les unes par la cohésion, et les autres par affinité chimique ou de composition.

Les *molécules dernières*, ou les plus petites parties qui constituent les corps, ont reçu les noms d'*intégrantes* et de *constituantes.*

Les *molécules intégrantes* sont celles qui offrent les mêmes élémens constitutifs que le minéral lui-même considéré dans son entier ; ainsi, chaque particule de carbonate de chaux, d'hydro-chlorate de soude, etc., est une molécule intégrante de ce sel.

Les *molécules constituantes* sont toujours d'une nature différente ; ainsi, les molécules de l'acide carbonique et de la chaux, l'acide hydro-chlorique et la soude, sont des molécules constituantes du carbonate de chaux et de l'hydro-chlorate de soude. Il est donc bien évident que les corps simples, comme les métaux, le carbone, le soufre, le phosphore, etc., n'ont que des molécules intégrantes, et que les corps composés, tels que les sels, ont des molécules intégrantes et constituantes ; les molécules dernières des corps sont régies par deux forces, dont l'une tend à les séparer et l'autre à les réunir. La première a reçu le nom *de répulsion ;* elle doit ses effets au calorique, et, suivant plusieurs physiciens, au fluide électrique ; la seconde porte celui d'attraction moléculaire qui est divisée en cohésion et affinité. La *cohésion*, ou affinité d'agrégation, est la force qui unit les molécules intégrantes des corps et tend à conserver cette union ; l'affinité de composition est cette force qui tend à combiner les molécules de nature différente, et à s'opposer à leur séparation.

Outre les caractères généraux et essentiels qui séparent les corps organiques des inorganiques, il en est encore qui sont propres à un grand nombre de minéraux, et d'autres à quelques espèces en particulier ; ces caractères se divisent en caractères physiques et en caractères chimiques.

Caractères physiques.

Les caractères physiques sont ceux que l'on peut observer sur un minéral par son inspection et par de simples moyens mécaniques ; nous allons examiner les principaux.

Cristallisation.

Les molécules intégrantes des corps, liquéfiées par le calorique, ou par un liquide convenable, prennent, par le refroidissement, ou par l'évaporation d'une partie de ce liquide, un arrangement symétrique plus ou moins régulier, mais toujours fixe, et constant pour chaque espèce de minéral ; c'est cet arrangement symétrique qu'on appelle cristallisation.

Il est certaines conditions qui favorisent la cristallisation : 1° on doit laisser refroidir lentement le corps ou le liquide qui le tient en solution, sinon l'on n'obtient que des masses informes ; 2° il faut le repos du liquide dans lequel a eu lieu la solution ; il est cependant des cas où un léger mouvement détermine la cristallisation ; 3° la présence de l'air : le sulfate de soude ne cristallise point dans le vide ; 4° une masse saline convenable ; car plus elle est forte, plus les cristaux sont gros ; 5° un degré de froid suffisant ; aussi ne manque-t-on pas d'exposer les solutions salines dans des endroits frais. La pression peut même déterminer la cristallisation ; enfin on peut obtenir des cristaux très-beaux et très-réguliers en suivant la méthode de M. Leblanc ; elle consiste à placer dans une solution saline des cristaux très-réguliers du même sel, et à les retourner tous les jours.

Les molécules intégrantes des minéraux ont pour chacun d'eux une forme invariable à laquelle doivent être rapportées toutes celles que prennent leurs cristaux. En effet, un cristal n'est qu'une réunion de molécules qui, quoique ayant toutes la même forme, peuvent cependant, par un arrangement particulier, donner naissance à une infinité de formes secondaires qui participent toutes de la forme primitive. On peut donc regarder comme une loi, en cristallographie, que toutes les formes secondaires que les cristaux nous offrent ne sont produites que par la superposition ou par l'arrangement différent que prennent les molécules intégrantes.

La forme primitive se trouve comme enveloppée par des lames, dont l'arrangement représente quelquefois celui de la forme primitive; mais le plus souvent il donne lieu à diverses formes dites secondaires, qui s'en écartent. De nos jours, on est parvenu à démontrer par le clivage, ou la dissection des cristaux, l'heureuse application de la pratique à cette théorie. On peut, en effet, à l'aide de la dissection, parvenir à reconnaître la forme primitive d'un cristal; mais cette dissection n'est possible que sous certaines conditions. Il est des faces qui résistent aux instrumens, tandis que d'autres se laissent aisément diviser; ces effets sont produits suivant que l'instrument est dirigé dans le sens naturel de la superposition des lames du cristal, ou dans le sens opposé; d'où il résulte que, toutes les fois qu'on parvient à enlever les lames parallèlement aux faces, la forme de ce cristal est la même que la primitive, attendu qu'en continuant cette dissection on ne fait que diminuer la grosseur du cristal sans altérer sa forme. Lorsqu'au contraire on ne peut détacher que des fragmens obliques aux faces, on doit en conclure que la figure du cristal est secondaire, c'est-à-dire engendrée par la superposition et l'arrangement des lames qui enveloppent sa figure primitive. Nous allons donner un exemple de dissection d'un cristal et de son retour à la forme primitive; nous l'emprunterons à l'un des plus habiles minéralogistes. Si l'on prend donc un prisme hexaèdre très-régulier de carbonate de chaux (*figure* 1), et que l'on essaie de le diviser parallèlement aux arêtes, d'après les contours des bases, on trouvera que trois de ces arêtes, prises alternativement dans la base supérieure, par exemple, les arêtes *l f*, *c d*, *b m*, se prêtent à cette division; et, pour réussir dans la base inférieure, il faudra prendre, non pas les arêtes *l' f'*, *c' d'*, *b' m'*, qui correspondent aux précédentes, mais leurs arêtes intermédiaires *d' f*, *b' c'*, *l' m'*.

Ces six sections mettent à découvert un pareil nombre de trapèzes ; on en voit trois dans la figure 2, savoir : les deux qui interceptent les arêtes *lf*, *cd*, et qui sont indiqués par les lettres *ppoo*, *aakk*, et celui qui intercepte l'arête inférieure *d' f'*, et qui est indiqué par les lettres *n n i i*. Chacun de ces trapèzes possède un éclat et un poli qui démontrent évidemment qu'il coïncide parfaitement avec l'un des joints naturels dont l'assemblage forme le prisme. On tenterait en vain de diviser le prisme suivant d'autres directions. Mais, si l'on continue la division parallèlement aux premières sections, on voit évidemment que, d'un côté, les surfaces des bases deviendront de plus en plus étroites, tandis que, de l'autre, les élévations des plans latéraux décroîtront ; parvenu enfin au point où les bases auront totalement disparu, le prisme se trouvera transformé en un dodécaèdre (*fig.* 3) à faces pentagonales, dont six, savoir : *ooiOe*, *oIkil*, etc., seront les résidus des six pans du prisme, et les six autres E A I o o, O A, O A' K i i, etc., seront le résultat immédiat de la division mécanique.

Au-delà de ce même terme, les faces extrêmes conserveront leur figure et leurs dimensions, tandis que les faces latérales diminueront incessamment de hauteur, jusqu'à ce que les points *o*k du pantagone *oIkii*, venant à se confondre avec les points *i i*, et ainsi de même pour les autres points semblablement situés, chaque pentagone se trouvera réduit à un simple triangle, comme on le voit dans la figure 4 (*a*). Enfin, si l'on continue de nouvelles sections sur ces triangles, de manière à ne laisser aucune trace de la surface du prisme (*fig.* 1), on arrive au noyau ou à la forme primitive qui sera au rhomboïde obtus (*fig.* 5), dont le grand angle E A I ou E O I, est de 101° 32' 13". Pour de nouveaux exemples, et de plus amples explications, nous renvoyons au savant Traité de minéralogie de M. Haüy. Nous nous bornerons à dire que, d'après l'exposé que nous venons de donner du clivage des cristaux, leur forme primitive est, à proprement parler, leur noyau, ou si l'on veut un solide d'une forme constante, symétriquement engagé dans tous les cristaux d'une même espèce, et dont les faces sont dans la direction des lames qui composent ces cristaux.

Les formes primitives connues jusqu'à ce jour sont au nombre de six : 1° le dodécaèdre à plans rhombes, tous égaux et semblables; 2° le dodécaèdre à plans triangulaires, composé de deux pyramides droites réunies base à base; 3° l'octaèdre; 4° le parallélipipède; 5° le prisme hexagonal; 6° le tétraèdre régulier.

Ces formes primitives, ou ces noyaux de la cristallisation, ne sont pas cependant le dernier terme de la division mécanique des cristaux, puisqu'on peut toujours les sous-diviser parallèlement à leurs différentes faces, et quelquefois aussi dans d'autres directions : on parvient ainsi à leur molécule intégrante. Les nombreuses recherches que l'on a faites ont prouvé que les formes des molécules intégrantes, auxquelles toutes les formes primitives peuvent se réduire, sont au nombre de trois : 1° le parallélipipède, ou le plus simple des solides qui aient leurs faces parallèles deux à deux; 2° le prisme triangulaire, ou le plus simple de tous les prismes; 3° le tétraèdre, ou le plus simple des pyramides.

D'après cet exposé, l'on sent combien il est important que les minéralogistes recourent au clivage des minéraux, et qu'ils fassent connaître, en même temps que leurs propriétés physiques, le nombre de leurs clivages, leur direction, leur facilité, leur netteté, ainsi que les angles que forment entre elles les faces auxquelles ils peuvent donner lieu. Il arrive souvent que les minéraux ont plusieurs clivages; on doit alors s'attacher spécialement aux plus fréquens, aux plus nets, en un mot, à ceux qui offrent le solide le plus propre aux observations cristallographiques que l'on a entreprises. Les autres sont connus sous le nom de *clivages surnuméraires.* Les cristaux se trouvent quelquefois isolés dans la nature, ou bien implantés dans une gangue qui leur sert de ciment pour les lier ensemble; mais le plus souvent ils sont groupés entre eux, de manière à décrire un grand nombre de formes, soit pseudomorphiques, soit en cristallisation régulière. Ainsi, l'on voit souvent des groupes de cristaux cubiques donner lieu, par leur union, à des octaèdres réguliers (*fig.* 6), à des dodécaèdres rhomboïdaux (*fig.* 7), etc. C'est aussi par de semblables réunions de cristaux de même forme, et implantés l'un à l'autre par un seul point, qu'ils affectent des formes nouvelles. Ainsi, les cristaux à sommet dièdre (*fig.* 8) sont susceptibles de se réunir autant par les faces *b* que par les faces *a*; il en résulte qu'alors, si l'inclinaison de *b* sur *b* est de 90°, la réunion de quatre cristaux semblables donnera lieu à une croix rectangulaire (*fig.* 9). Si l'angle est, au contraire, plus petit, trois cristaux A B C (*fig.* 10) pourront se réunir; ils seront obliques l'un sur l'autre, et le cristal D, dont le sommet dièdre sera égal à un autre angle, pourra se grouper dans ce vide. Un tel arrangement explique tous ceux qu'ont pris les divers cristaux qui représentent des roses, des gerbes, etc.; on peut les étudier dans la Minéralogie d'Haüy, dans le Traité élémentaire de minéralogie de M. Beudant, etc.

Il est un point essentiel sur lequel nous devons nous arrêter, c'est qu'une cause des variations dans les formes secondaires des minéraux, qui cependant jouissent de la même forme primitive, se trouve dans la mesure des angles qui résultent de l'inclinaison de leurs faces. Cette mesure est déterminée à l'aide d'un instrument nommé *goniomètre;* il est dû à M. Haüy; il se compose de deux lames d'acier (*fig.* 11) jointes par un axe *a*, autour duquel on peut les faire tourner et glisser par les rainures *b*, afin de les alonger ou de les raccourcir à volonté. Lorsqu'on veut s'en servir, on les place sur les deux faces dont on se propose de mesurer l'inclinaison mutuelle ou angle dièdre, perpendiculairement à leur intersection, ou sur les deux arêtes dont on veut déterminer l'angle plan. Cela fait, on met ces lames sur un rapporteur de cuivre (*fig.* 12), ayant une cavité *c* dans laquelle s'adapte exactement la virole *a* (*fig.* 11); le petit taquet *d* de cette dernière figure, en rentrant dans la rainure *f* de la figure 12, contribue à fixer ces lames dans une position sûre. Ces dispositions prises, on lit sur le limbe le degré d'ouverture de ces lames. Ce limbe est divisé en degrés; M. Gillet de Laumont y a fait subir d'utiles modifications, il l'a divisé en dixièmes. Comme dans les descriptions des instrumens il faut être aussi clair qu'exact, nous aimons mieux emprunter celle-ci à M.

Beudant, que de la rendre imparfaitement. Nous dirons donc, d'après lui, que M. Gillet de Laumont a fait tracer sept cercles concentriques à égale distance l'un de l'autre, comme dans la figure 12, et tirer des diagonales, entre les deux cercles extrêmes, d'un degré à l'autre. L'alidade marque alors un degré exact, ou 1 degré 10, 20, 30, 40, 50 minutes, suivant qu'elle correspond exactement à l'un des rayons tracés de degré en degré, ou à l'intersection de la diagonale avec le 2e, 3e, 4e, 5e cercle concentrique; ou bien, comme les rayons ne sont pas marqués partout, pour éviter la confusion, l'alidade marque le degré exact, ou 1 degré plus 10, 20, 30, 40, 50 minutes, suivant qu'elle correspond aux extrémités opposés des deux diagonales voisines, ou à l'intersection de la diagonale la plus rapprochée de 180° avec le 2e, 3e, 4e, et 5e cercle. Ce goniomètre n'est pas exempt d'inconvéniens; on a cherché à y remédier en tâchant à mesurer les angles par la réflexion de la lumière. M. Wollaston a inventé un goniomètre aussi simple que commode. Enfin, M. Adelman vient d'en proposer un qui donne des résultats assez satisfaisans : l'un et l'autre ont été décrits fort exactement par M. Beudant.

Pesanteur.

La pesanteur est une des propriétés caractéristiques de la matière; ainsi, l'on doit donner le nom de poids spécifique à la densité de la matière dont les corps sont composés, en la comparant, sous le même volume, et à la même température, à celle d'un autre corps que l'on est convenu de prendre pour terme de comparaison, et qui est l'eau distillée, dont la température est de 15°, 5 C°. Nous ne parlerons ici que de la manière de reconnaître le poids spécifique des corps solides; elle consiste à les peser dans l'air, à les attacher ensuite, au moyen d'un cheveu, au plateau d'une balance dite *hydrostatique*, et à les peser de nouveau, en les plongeant dans un vase exactement rempli d'eau distillée. Il est évident que le corps, en plongeant dans l'eau, en déplacera un volume égal au sien, et que le poids de cette eau, comparé à celui de ce corps dans l'air, indiquera son poids spécifique; il est aussi démontré que les corps pesés dans l'eau, perdent en poids celui que donne une quantité d'eau égale à leur volume; ce qui offre un autre moyen de comparaison pour établir leur densité respective. Nicholson a appliqué l'aréomètre de Farenheit à la détermination du poids spécifique des corps solides. Nous renvoyons aux ouvrages de physique pour bien étudier les divers moyens propres à bien établir les poids spécifiques des corps; nous nous bornerons à faire observer que, comme il en est qui sont solubles dans l'eau, on doit substituer à ce liquide une liqueur dans laquelle ils ne se dissolvent point, et dont on a déjà bien reconnu le poids spécifique. Il faut aussi, autant que possible, si c'est un métal, qu'il soit porté à son plus grand degré de densité; car l'on sait qu'elle est en raison inverse de l'écartement des molécules; ainsi, le platine fondu pèse 19; forgé, son poids est de 20, 3, et, passé au laminoir, de 22.

Dureté.

On jugeait autrefois de la dureté des corps par le choc du briquet; cette méthode est défectueuse; c'est moins la dureté des corps qui détermine les étincelles qui se produisent, que leur mode d'agrégation; car nous avons des variétés de quartz qui, étant friables, ne donnent point d'étincelles; quoique étant de même nature que les silex les plus durs. On a donc cru juger de la dureté des minéraux par la résistance qu'ils opposent à se laisser rayer par d'autres, et c'est la comparaison de cette même résistance entre les corps plus ou moins durs qui établit leur degré de dureté. Lorsqu'on fait de pareils essais il faut, autant que possible, prendre des échantillons cristallisés. Sous le rapport de la dureté, on a divisé les minéraux en six classes.

La première comprend ceux qui ne sont rayés que par le diamant, qui est le plus dur de tous les corps.

La deuxième, ceux qui le sont par le quartz.

La troisième, ceux par l'acier : ainsi le marbre est rayé par l'acier, tandis que le porphyre ne l'est pas, ce qui sert à les distinguer.

La quatrième, ceux dont on compare la dureté avec celle du verre : ainsi, quoique l'asbeste et la trémolite se ressemblent beaucoup, celle-ci raie le verre, tandis que la première ne produit point cet effet.

La cinquième a pour point de comparaison le marbre.

La sixième, la chaux sulfatée ou gypse, qui est rayé par l'ongle.

Le professeur Mohs, qui a beaucoup étudié les degrés de dureté des minéraux, les a exprimés ainsi :

1 exprime celle du talc.
2 .... gypse.
3 .... spath-calcaire.
4 .... spath-fluor.
5 .... apatite.
6 .... feld-spath.
7 .... quartz.
8 .... topaze.
9 .... corindon.
10 .... diamant.

Dans quelques ouvrages de minéralogie, on range les corps en durs, demi-durs et tendres.

1°. Les durs ne se laissent pas entamer par le couteau, et font feu avec l'acier. On appelle extrêmement durs ceux qui ne se laissent pas entamer par la lime; très-durs ceux qui lui cèdent un peu, et durs ceux qu'elle est susceptible de rayer.

2°. Les demi-durs ne font pas feu au briquet, et se laissent difficilement entamer par le couteau.

3°. Les tendres sont coupés aisément par le couteau, mais non entamés par l'ongle.

La rayure et râclure.

On donne le nom de rayure ou râclure à la marque qu'un corps plus dur que le minéral qu'on examine laisse à sa surface. La couleur de cette rayure ou râclure est analogue à celle du minéral, ou bien d'une couleur différente.

Tache.

C'est ainsi qu'on nomme la trace que certains minéraux laissent sur les doigts, sur le papier, etc., contre lesquels on les frotte.

Ténacité.

C'est, à proprement parler, la résistance qu'opposent les corps à être rompus. Cette propriété ne doit pas être confondue avec la dureté; car il est des corps très-durs qui sont très-cassans, et par conséquent très-tenaces, et d'autres qui jouissent de cette dernière propriété, sans être aussi durs que les autres.

Ductilité.

C'est la propriété dont jouissent quelques métaux, de pouvoir être tirés en fils plus ou moins déliés, en passant à la filière, ou bien de se réduire en lames ou en feuilles plus ou moins ténues, par le choc du marteau ou par la pression au laminoir. Rigoureusement parlant, cette dernière propriété constitue la malléabilité, qui est une propriété particulière; car il est reconnu que les métaux qui passent le mieux à la filière ne sont pas constamment ceux qui cèdent le mieux à la pression du laminoir. L'on sait, en effet, qu'on fait, avec le fer, des fils très-déliés, et qu'on ne peut point cependant le réduire en feuilles, tandis qu'on fait des feuilles de plomb, quoique ce métal ne passe pas, bien s'en faut, aussi aisément à la filière que le fer.

Flexibilité.

C'est la propriété dont jouissent certains corps, de se laisser plier sans se rompre, comme le plomb, l'étain, etc.

Élasticité.

C'est le nom qu'on donne à la propriété dont jouissent un grand nombre de corps, de conserver constamment leur forme ou leur volume, et de reprendre l'un ou l'autre lorsque la cause productrice d'un changement d'état dans certains corps vient à cesser. Ainsi, l'eau réduite en vapeur par le calorique, les métaux dilatés ou fondus par cet agent reprennent leur premier état par le refroidissement; une lame d'acier courbée en cercle par la pression reprend la ligne droite quand cette pression cesse d'agir : on voit combien l'élasticité diffère de la flexibilité.

Eclat.

Propriété dont jouissent certains corps, de réfléchir une plus ou moins grande quantité de lumière; l'éclat dont ils jouissent est en raison directe de celle qu'ils réfléchissent, etc.

Odeur.

Les corps divers sont inodores ou odorans. Ceux-ci peuvent l'être naturellement, comme le musc, l'ambre, le succin, l'acide benzoïque; d'autres le sont par le frottement ou par le calorique, tels que l'étain, le cuivre, le fer, le plomb, etc., et d'autres par l'exhalation, comme l'argile, etc.

Saveur.

Un grand nombre de minéraux sont insipides, particulièrement ceux qui sont insolubles, et tout porte à croire que leur insipidité se rattache à leur insolubilité. D'autres, au contraire, ont des saveurs diverses; de ce nombre sont un grand nombre de sels et d'oxides, les acides, etc.

Happement.

C'est l'adhésion que certains minéraux sur lesquels on pose la langue contractent avec elle.

Tact.

Impression que les minéraux font sur les doigts lorsqu'on les touche; on les distingue par les noms de tact *gras*, *savonneux*, *doux* ou *onctueux*, *maigre*, etc.

Aspect.

Cette propriété semble se rapprocher beaucoup de

l'éclat. On dit, en effet, qu'un minéral a un aspect *vitreux*, *résineux*, *nacré*, etc., quand il présente le même aspect que le verre, la résine, la nacre, etc.

Couleur.

Les minéraux sont incolores ou diversement colorés. Il est inutile d'indiquer les moyens propres à reconnaître les diverses nuances; il nous suffira de dire qu'il n'est pas indifférent de s'assurer si la couleur de la poudre des minéraux est identique ou diffère de celle du minéral.

Transparence.

C'est le passage plus ou moins libre de la lumière à travers les corps. On les appelle *transparens* lorsqu'on voit distinctement les objets à travers; *demi-transparens* lors qu'on ne les distingue qu'imparfaitement; *translucides* lorsqu'ils donnent passage à la lumière faiblement, et sans pouvoir distinguer nullement les objets; *opaques* lorsqu'ils ne laissent point passer la lumière.

Kirwan a désigné les divers degrés de transparence de la manière suivante :

0 .... opacité.
1 .... translucide sur les bords.
2 .... translucide.
3 .... demi-transparent.
4 .... transparent.

Il est des corps qui deviennent transparens lorsqu'on les plonge dans l'eau : ils sont connus sous le nom d'*hydrophanes*.

Réfraction.

C'est la déviation des rayons lumineux qui traversent un corps transparent; elle est *simple* lorsqu'on ne voit qu'une fois l'image de l'objet à travers le corps, et *double* quand on l'aperçoit deux fois. La double image se voit tantôt à travers des faces naturelles et parallèles du minéral transparent, tantôt à travers des faces préparées. Toutes les fois que les faces du minéral ne sont ni parallèles ni perpendiculaires à l'axe de réfraction, la double image s'aperçoit en regardant à travers deux faces parallèles et naturelles, sans qu'il soit besoin d'en faire naître de nouvelles. Dans le cas contraire, c'est-à-dire si les faces naturelles du minéral sont parallèles ou perpendiculaires à l'axe de réfraction, il est nécessaire, pour faire naître la double image, de produire de nouvelles facettes obliques. Presque tous les minéraux transparens jouissent de cette propriété, à l'exception de ceux qui ont pour forme primitive le cube ou l'octaèdre régulier.

Phosphorescence.

On peut développer la phosphorescence dans plusieurs minéraux :

1°. Par la *chaleur*. Une température peu élevée la fait naître chez quelques-uns ; plus forte, elle la détruit en entier, et la produit chez d'autres. La couleur bleue paraît être propre aux corps phosphorescens purs, la couleur jaune aux impurs.

2°. Par l'*insolation*. Quelques minéraux exposés quelque temps aux rayons solaires deviennent lumineux dans l'obscurité.

3°. Par l'*électricité*. Il faut qu'elle soit faible; forte, elle détruit la phosphorescence.

4°. Par le *choc*, le *frottement*, la *rayure*, etc. Le sulfure de zinc artificiel frotté avec un cure-dent répand de la lumière; il en est de même de deux silex frottés l'un contre l'autre, etc.

Électricité.

Tous les minéraux sont susceptibles de devenir électriques, soit par le frottement, soit par la pression, soit par le contact, ou bien par la chaleur. Il est des substances chez lesquelles on peut la provoquer par tous ces moyens.

Les corps vitreux, résineux ou pierreux sont susceptibles d'être immédiatement électrisés par l'un de ces moyens, et d'autres, tels que les métaux, ont besoin d'être isolés pour que l'électricité puisse s'y développer;

effet que l'on opère en les plaçant sur des corps qui, de même que le verre, la résine, etc., ne livrent point passage au fluide électrique. De ces deux propriétés sont nées deux grandes divisions : les *minéraux isolans* et les *minéraux conducteurs*.

Les corps frottés ou comprimés ne prennent pas tous la même électricité; en général elle est chez les uns *vitreuse*, et chez les autres *résineuse*. Cette règle n'est pas cependant invariable, puisqu'il arrive souvent qu'un cristal d'un même corps prend une électricité, tandis qu'un autre en prend une opposée. M. Haüy a remarqué que, dans un même cristal, il arrivait parfois qu'une face développait par le frottement une électricité contraire à celle qu'une autre face manifestait par le même moyen.

Les minéraux conservent et prennent plus ou moins facilement l'état électrique. Il en est, tels que le spath d'Islande, qui n'ont besoin que d'être pressés entre les doigts; la topaze s'électrise aussi très-facilement, et, ainsi que le spath d'Islande (carbonate de chaux cristallisé), conserve très-long-temps l'électricité, quoique étant en contact avec des corps conducteurs, tandis que le diamant, le cristal de roche, ne la conservent pas plus d'un quart-d'heure.

Nous avons déjà dit que certains corps pouvaient s'électriser par la chaleur; ces corps sont du nombre des *isolans*. Les plus remarquables sont la topaze et la tourmaline. On a observé que, lorsqu'il se produit deux pôles d'électricité différente, une des extrémités du cristal offre le pôle positif et l'autre le négatif, et que les différences ont presque toujours un rapport direct avec la cristallisation. En effet, on a constaté que, dans les cristaux réguliers, chaque pôle présente des ramifications particulières, le pôle positif offrant plus ou moins de faces que le négatif, ou *vice versâ*, ou bien des faces d'un autre genre.

Les minéraux ne s'électrisent pas tous au même degré de température; il en est en effet qui le sont constamment à la température atmosphérique, et d'autres qui deviennent électriques à une chaleur plus ou moins forte, et qui la perdent à un degré de calorique supérieur.

Il est un moyen bien simple de reconnaître la nature de l'électricité des minéraux; il est dû à M. Haüy, et consiste à adapter à une des extrémités d'une aiguille métallique un petit barreau de spath d'Islande; on la place sur un pivot isolé sur lequel elle doit être en équilibre au moyen d'une longueur suffisante de l'autre extrémité de l'aiguille. Ces dispositions prises, on électrise vitreusement le spath d'Islande, en le pressant entre les doigts; on électrise ensuite le minéral, et on le présente au barreau de spath : s'il l'attire, il est électrisé résineusement; s'il la repousse, c'est vitreusement. Il est bon de faire observer qu'il faut bien s'assurer que le minéral qu'on examine est électrisé.

MAGNÉTISME TERRESTRE.

Action des métaux sur l'aiguille aimantée.

Jusqu'à nos jours on n'avait reconnu à l'aimant que sa *vertu attractive,* ou bien d'attirer le fer, son protoxide, son protocarbure ou acier, le cobalt et le nickel, ainsi que sa *propriété directrice,* ou bien de rechercher le pôle nord dans nos climats. L'explication de ces phénomènes avait fait admettre deux fluides distincts, le *magnétisme austral*, et le *magnétisme boréal.* M Oërsted, en observant l'action d'un courant électrique sur l'aiguille aimantée, a ouvert une nouvelle porte aux découvertes de MM. Arago, Ampère, Davy, Faraday, etc. : de leurs savantes recherches, et principalement de celles de notre habile astronome, il est résulté la connaissance de l'identité des fluides électrique et magnétique.

L'action des minéraux sur l'aiguille aimantée se borne au petit nombre que nous venons de citer; il n'y a que le fer qui existe dans la nature sous deux états magnétiques. Dans le premier, ainsi que le cobalt et le nickel, il attire à lui l'un et l'autre pôle de l'aiguille aimantée. Dans l'autre, et cette propriété lui est particulière, il a lui-même des pôles comme l'aiguille aimantée. Lorsqu'on veut donc reconnaître dans quel état magnétique se trouve le fer, on n'a qu'à en approcher une extrémité d'un barreau aimanté; s'il l'attire, on lui présente l'extrémité opposée, s'il l'attire également, on doit en conclure que ce fer ne possède *aucun magnétisme plein :* par un effet contraire, si le barreau aimanté est attiré par une extrémité et repoussé par l'autre, c'est alors une preuve convaincante que le minéral possède le magnétisme plein, et que c'est un aimant naturel.

Quoique l'acier soit le minéral dont le magnétisme est le plus intense, il est cependant bien démontré que les métaux magnétiques, en se combinant avec d'autres combustibles, surtout avec le soufre, perdent leur magnétisme. M. Hatchett a cependant annoncé que les proto-sulfures et les phosphures métalliques étaient susceptibles de former de bons aimans; cette assertion n'est vraie que lorsque le métal n'est uni qu'à une petite quantité de combustible; la plombagine nous en offre un exemple.

Formes extérieures.

Quoique le nombre en soit indéfini, en prenant les plus ordinaires, on les a réduites à quatre :

1°. *Forme commune*, quand elle est trop irrégulière pour établir une comparaison avec celle de tout autre corps. On dit qu'elle est en *masse*, quand le volume du minéral est au-dessus de celui d'une noisette; au-dessous, on dit qu'il est *disséminé*. S'il ne tient ni de la pierre composée ni de la roche solide, il se trouve en *morceaux anguleux*, en *grains*, en *lames*, en *plaques*, en *couches superficielles*, etc.

2°. *Forme particulière*, lorsqu'elle ressemble à celle de quelque corps connu. On compte cinq formes particulières, qui sont l'*alongée*, la *ronde*, la *plate*, la *creuse* ou *caverneuse*, la *rameuse* ou *embrouillée*.

La *forme alongée* comprend la *capillaire*, la *claviforme*, la *corolliforme*, la *cylindrique*, la *dentiforme*, la *dendritiforme*, la *filiforme*, la *tubiforme*, la *stalactiforme*, etc.

La *forme ronde* embrasse les *botryoïdales*, les *globuleuses*, les *reniformes*, les *tuberculeuses*, etc.

La *forme plate*, les *spéculaires* ou en *feuilles*.

La *forme creuse* ou *caverneuse*, les *bulleuses*, les *cariées*, les *criblées*, les *cébillaires*, etc.

La *forme rameuse*, semblable à des rameaux.

3°. *forme régulière.* Les cristallisations diverses.

4°. *forme étrangère.* A cette espèce se rattachent toutes les pétrifications.

Surface extérieure.

1°. *Inégale*, lorsqu'elle offre de petites élévations et dépressions qui sont peu régulières.

2°. *Grenue*, quand ces petites élévations sont arrondies.

3°. *Lisse*, quand elles ne présentent aucune aspérité ou inégalité.

4°. *Striée*, lorsque les petites élévations se prolongent en ligne droite, et parallèlement.

5°. *Drusique*, quand elle est couverte de très-petits cristaux qui sont réunis en druses.

6°. *Raboteuse*, quand les élévations de la surface sont plus saillantes. Il n'est pas besoin de pousser plus loin un examen auquel l'intelligence du lecteur peut aisément suppléer.

Cassure et structure.

C'est la surface intérieure que présente un minéral, quand il a été cassé dans un sens inverse à ses joints naturels. Ce caractère est assez incertain, puisqu'il peut varier dans le même minéral; il peut cependant servir à la distinction de quelques variétés. On distingue plusieurs cassures ; les principales sont :

1°. La *régulière*, qui, n'étant, selon M. Brongniart, que la division naturelle de lames de cristal, doit être rangée parmi les caractères appartenant à la structure.

2°. La *compacte*. Elle est ainsi nommée quand toutes les parties forment entre elles continuité. Il arrive qu'elle offre souvent de petites inégalités; elle est dite alors *esquilleuse* ou *écailleuse*, lorsque ces inégalités forment des espèces d'écailles ; *conchoïde*, lorsqu'elle forme de petites élévations arrondies comme les coquilles ; *unie*, quand elle ne présente aucune inégalité ; *inégale*, quand ces inégalités sont anguleuses et irrégulières ; elle est alors *à gros grains*, *à petits grains* et *à grains fins*, suivant la grosseur de ces inégalités; *terreuse*, quand elle a l'aspect de la terre sèche; *crochue* ou *ramiforme*, quand elle offre des aspérités très-petites, en forme de crochet, et peu sensibles à la vue; c'est celle qu'offrent plus particulièrement les métaux.

3°. *Fibreuse :* c'est-à-dire, présentant des filamens unis ensemble et non susceptibles d'être mesurés; ces fibres sont disposées parallèlement, ou bien sont *courbes*, *divergentes*, *entrelacées*, etc.

4°. *Rayonnée*, ne diffère de la précédente que parce que les fibres sont épaisses, aplaties, et susceptibles d'être mesurées; suivant leur largeur et leur élévation, elles présentent des *cannelures* ou des *stries*.

5°. *Feuilletée* ou *lamelleuse*, offre des lames minces, lisses et polies, plus ou moins grandes, droites ou courbes, etc.

6°. *Vitreuse*, a l'aspect du verre. Elle est dite *résineuse*, quand elle paraît semblable à la résine; *vitro-résineuse*, lorsqu'elle semble participer de ces deux substances.

La *structure* est bien souvent une propriété inhérente à ces corps; la *cassure* nous la dévoile dans un minéral, puisqu'elle en est une dépendance constante. Ainsi, dans les minéraux à structure régulière, la cassure est unie, et porte le nom de *lamelleuse*, ou *feuilletée*, suivant l'épaisseur des lames, etc. Il est donc reconnu qu'il doit y avoir un grand nombre de structures diverses, que nous nous abstiendrons de nommer, puisqu'elles sont analogues aux cassures que nous venons d'énumérer.

Forme de fragmens.

Les minérais dont on a détruit mécaniquement par le choc la force de cohésion, offrent des fragmens de forme *régulière* ou *irrégulière*.

1°. Les *réguliers* ont une forme géométrique ou cristalline.

2°. Les *irréguliers* affectent diverses formes, soit *aigus*, *obtus*, en *plaques*, *cunéiformes*, etc.

Dans l'examen des caractères physiques des minéraux, il arrive souvent que les cristaux sont tellement petits, qu'on ne peut les distinguer à l'œil nu; il en est de même de la forme des fragmens, etc. Dans ce cas, on doit recourir à l'examen microscopique. Nous croyons faire plaisir aux minéralogistes en décrivant ici le microscope achromatique, selon *Euler*, construit et perfectionné par MM. Chevalier aîné et fils, attendu qu'il peut leur être du plus grand secours.

Le microscope achromatique est composé de la lentille objective et de deux verres formant l'oculaire.

Fig. 20. *A*, pied du microscope; *b*, corps de la lunette; *b' b''*, tirages; *c*, oculaire; *d*, objectif achromatique; *e*, prisme à surfaces curvilignes, qui projette la lumière sur les corps opaques; *f*, diaphragmes variables à trous décroissans pour modérer l'effet de la réflexion du miroir; *g*, miroir qui réfléchit la lumière pour les objets transparens; *h*, crémaillère dans laquelle engrène un pignon monté sur l'axe d'une vis goudronnée; elle sert à faire monter ou descendre la platine k, qui reçoit les objets.

Fig. 21. Le diaphragme à trous décroissans, vu en plan et en coupe.

Fig. 22. Platine porte-objets, vue en plan.

Fig. 23. Lampe à double courant d'air, dont la lumière se projette à travers le prisme *e* pour éclairer les objets opaques: *l*, réflecteur parabolique de cette lampe.

Fig. 24. Coupe de la lunette du microscope; *b' b''*, tirage qui augmente à volonté la longueur de l'instrument, et par conséquent le grossissement; *c*, premier oculaire; *m*, second oculaire.

Fig. 25. Coupe de la cheminée de la lampe et du réflecteur parabolique.

Le corps de la lunette est fixé au haut du pied qui le supporte par une charnière; autour de laquelle il peut prendre toutes les inclinaisons que l'on veut, depuis la verticale jusqu'à l'horizontale.

Le corps de la lunette peut s'alonger à volonté au moyen du tube *b'*; on éclaire les objets opaques (que l'on pose sur la plaque k, au-dessous de l'objectif *d*), au moyen du prisme *e*, dont deux faces sont convexes, de manière à concentrer le faisceau lumineux sur l'objet; ce prisme fait fonction de miroir et de loupe, et remplit très-bien les conditions exigées pour l'éclairage des corps opaques.

Les corps transparens sont éclairés, comme à l'ordinaire, au moyen d'un miroir concave qui renvoie une belle lumière, mais qui est plus ou moins modérée au moyen des diaphragmes adaptés à l'extrémité du cône *f*.

Il y a quelques corps demi-transparens que l'on peut éclairer en même temps par le miroir et par le prisme.

La lumière du jour est presque toujours suffisante, mais la lumière d'une lampe a l'avantage d'être *vive, fixe et constante.*

On peut augmenter ou diminuer à volonté le grossissement de la manière suivante :

En employant les objectifs 2, 4, 10 et 14 ;

En alongeant ou diminuant la longueur de la lunette.

On pourrait aussi rendre le grossissement variable au moyen de différens oculaires ; mais cela augmenterait les combinaisons sans donner un très-grand avantage à l'instrument.

Usage du microscope.

L'instrument verticalement posé (*fig.* 20), distant d'environ 10 pouces d'une lampe dont la lumière sera très-vive et dirigée vers le prisme *e*, qui aura une inclinaison telle qu'il projettera la lumière sur le corps opaque placé sur la plaque k, au-dessous de l'objectif 14 : si, en regardant dans l'instrument, on fait mouvoir le bouton *i*, on mettra l'instrument à son point, et l'image de l'objet sera vue avec toute la netteté désirable (si l'on a dirigé la lumière convenablement sur l'objet, si les verres sont bien propres, et si l'objet est à sa juste distance de l'objectif *d*).

A l'objet opaque on peut substituer un objet transparent ; alors on détournera le prisme, on dirigera la lumière en dessous au moyen du miroir *g*, et l'on fera usage des diaphragmes *f*. On mettra l'objet à son point au moyen du bouton *i*, qui fait monter et descendre la platine *h*, porte-objet.

Les corps demi-transparens nécessitent quelquefois les

deux moyens d'éclairage, mais on emploie peu souvent ce procédé.

Combinaisons de grossissemens dont l'instrument est susceptible.

1re combinaison, *minimum* d'amplification, instrument tout fermé, objectif 14 lignes.

2^e	combinais.,	instrument	tout tiré,	objectif,	14 lign.
3^e	*id.*	*d*°	tout fermé,	*id.*	16
4^e	*id.*	*d*°	tout tiré,	*id.*	10
5^e	*id.*	*d*°	tout fermé,	*id.*	4
6^e	*id.*	*d*°	tout tiré,	*id.*	4
7^e	*id.*	*d*°	tout fermé,	*id.*	2
8^e	*id.*	*d*°	tout tiré,	objectif,	2 lign.

maximum d'amplification.

Chaque fois qu'on fera varier l'objet ou la disposition de l'instrument, on devra faire mouvoir le bouton *i* pour mettre la plaque *k* à son juste point (les numéros des objectifs indiquent les distances en lignes de l'objectif à l'objet), toujours en regardant dans l'instrument. On fera aussi varier le prisme, si c'est un corps opaque; ou le miroir et les diaphragmes, si c'est un corps transparent, afin de donner toujours la lumière nécessaire; car de ces circonstances dépend le bon effet de l'instrument. Une attention non moins importante est la préparation des objets, ainsi qu'on le verra aux pages suivantes.

De l'examen des objets, et découvertes faites dans le règne minéral.

L'examen des objets, pour découvrir la vérité, demande beaucoup d'attention, de soins, de patience, d'adresse et de dextérité (que l'on acquiert surtout par la pratique), pour les préparer, les manier et les appliquer au microscope.

Lorsqu'on a un objet à examiner, il faut en considérer attentivement la grandeur, le tissu et la nature pour pouvoir y appliquer les verres capables de le faire connaître parfaitement. Le premier soin à prendre doit être constamment de l'examiner avec une loupe, ou microscope simple, puis ensuite avec le microscope composé, en employant la lentille 14, qui le représente tout entier; car, en observant de quelle manière chacune de ses parties est placée à l'égard des autres, on verra qu'il est plus aisé de les examiner chacune en particulier, et d'en juger séparément si l'on en a occasion. Lorsqu'on se sera formé une idée exacte du tout, on pourra le diviser autant qu'on le voudra, et plus les parties de cette division seront petites, plus la lentille doit être forte pour les bien voir.

On doit avoir beaucoup d'égard à la transparence ou à l'opacité des objets, et de là dépend le choix des verres dont on doit se servir ; car un objet transparent peut supporter une lentille beaucoup plus forte qu'un objet opaque, puisque la proximité du verre qui grossit beaucoup doit nécessairement obscurcir un objet opaque, et qu'il arrive beaucoup moins de lumière à l'objectif par la réflexion que par la réfraction.

Plusieurs objets, cependant, deviennent transparens lorsqu'on les divise en parties extrêmement minces ; il faut donc trouver quelque moyen pour les réduire à cette petitesse, et les rendre propres à être bien examinés; mais l'appareil pour les corps opaques permettra d'examiner beaucoup de corps sans les diviser, et, par ce moyen, on jugera mieux de la disposition des parties et de leurs couleurs respectives.

Il faut ensuite avoir bien soin de se procurer la lumière nécessaire ; car de là dépend la vérité de tous nos examens : un peu d'expérience fera voir combien les objets paraissent différens dans une position et dans un genre de lumière, de ce qu'ils sont dans une autre position, de sorte qu'il est à propos de les tourner de tous les côtés et de les faire passer par tous les degrés de lumières, depuis la plus éclatante jusque même à l'obscurité ; de les considérer comme opaques et comme transparens, en faisant usage tour à tour du prisme et du miroir, et de les mettre dans toutes les positions à chaque degré de lumière, jusqu'à ce que l'on soit assuré de leur vraie figure, et de n'être point trompé ; car, comme dit M. Hook, il est difficile, dans quelques objets, de distinguer une élévation d'un enfoncement, une ombre d'une tache noire, et la couleur blanche d'avec la simple réflexion.

Le degré de lumière doit être proportionné à l'objet : s'il est noir, on le verra mieux dans une lumière fort abondante ; mais, s'il est transparent, la lumière doit être à proportion plus faible : c'est à cet usage que sont destinés les diaphragmes variables de M. Le Baillif. Le réflecteur parabolique, adapté à la lampe, donne une belle lumière pour éclairer les minéraux qui, presque toujours, réfléchissent peu de lumière.

La lumière de la lampe est la meilleure ; elle a l'avantage d'être vive, fixe et constante, surtout pour les opaques. Vient ensuite la lumière du jour : elle ne peut servir que pour les transparens ; les opaques ne peuvent y être vus qu'avec un faible grossissement.

On peut aussi, en se servant convenablement de la lumière du soleil, en obtenir de très-bons résultats.

En minéralogie, on ne peut exposer au microscope que les petites parties des minéraux ; et ces parties ne peuvent presque toujours être regardées qu'avec l'appareil pour les corps opaques ; à cet effet on les pose sur des lames d'ivoire ou d'ébène, et on les éclaire au moyen du prisme.

Le règne minéral produit un phénomène qu'on observe assez généralement dans tous les êtres qui le composent, lorsqu'ils ont été rendus coulans par l'action du feu, ou lorsqu'ils ont été dissous ; leurs parties intégrantes, en se refroidissant, ou par quelques autres causes, prennent alors une figure qui est particulière à chaque espèce, et même chacune des parties composantes de ces figures a une figure semblable au tout qu'elle contribuait à former : tels sont particulièrement les cristaux que les substances salines produisent dans ces circonstances.

Lorsqu'on veut examiner un fluide pour découvrir les sels qu'il contient, il faut le laisser évaporer spontanément à l'ombre et à couvert, afin que la cristallisation soit bien régulière, et afin que les sels qui restent sur le verre puissent être observés avec plus de facilité ; c'est ainsi que les chimistes peuvent reconnaître des cristallisations où l'on n'indique que des précipités pulvérulens ; non-seulement il sera très-aisé d'en décrire et dessiner les formes ; mais dans la même goutte ils reconnaîtront même deux et trois cristallisations distinctes ; il suffit d'essayer une larme, la salive, la liqueur sécrétée pour la glande prostate, une goutte de la liqueur qui est sous l'ampoule vésiculaire qui succède à la brûlure, ou à l'application des cantharides, on verra des cristallisations magnifiques de sel ammoniac et des cubes de sel marin (hydro-chlorate de soude).

Leuwenhoek, Bellini, Ledermuller (Amusemens microscopiques), Baker (for the Microscope), donnent des descriptions détaillées de ces cristaux différens. On apprend, par leurs observations, que chaque métal le plus souvent a des cristaux qui lui sont propres ; c'est au moins ce que l'on observe quand l'on répète les observations faites sur cette matière.

Si l'on dissout différens métaux dans le même dissolvant ; si l'on mêle plusieurs dissolutions de métaux, ou si l'on joint à l'une d'elles quelque autre fluide, on obtient ce qu'on appelle des végétations métalliques, comme le microscope le démontre toutes les fois qu'elles ne sont pas assez sensibles pour être distinguées à l'œil nu.

Le microscope fait connaître encore la grande porosité des métaux qui paraissent les plus compactes et les aspérités des corps que l'on croit les mieux polis.

Il y a des observations importantes pour la chimie métallique que le microscope pouvait seul rendre possibles ; il fait voir des globules de mercure dans les préparations mercurielles où il paraît le mieux masqué, comme dans l'éthiops minéral et le mercure doux.

On peut distinguer encore, par le moyen d'une loupe, le fer d'avec l'acier ; en comparant leurs différens grains, on découvre aussi l'or dans le minérai de la plupart des mines aurifères.

Le microscope a enrichi de même la lithologie de plusieurs découvertes curieuses. Ledermuller a fait un traité microscopique sur l'abeste et l'amiante ; les pierres de Fontainebleau observées à la loupe paraissent formées par un sable semblable à celui que l'on trouve dans la mer. On aperçoit souvent dans le sable des coquillages microscopiques de toute espèce, qui sont pétrifiés : on remarque une diversité considérable dans les sables, soit par la couleur et la figure des grains, soit par leur opacité ou leur transparence.

Enfin, M. de Réaumur a observé que les gypses affectaient une figure rhomboïdale.

La loupe devient indispensable dans les expériences du chalumeau où l'on opère sur des parcelles pour en apprécier les résultats.

L'avanturine artificielle offre des cristaux de différentes figures régulières. M. Le Baillif dit : « Si l'on » examine ce joli produit de l'art avec un micros- » cope grossissant à-peu-près cent fois, on sera fort sur- » pris de le voir formé d'une multitude incalculable de » cristaux plans et opaques, dont les uns sont équilaté- » raux et les autres hexagones. Cette dernière forme » provient, à n'en pas douter, de la tronquature des » trois sommets du triangle primitif (je n'ai encore » aperçu qu'un seul tétraèdre.) » On ne finirait jamais si on voulait seulement indiquer la moitié des objets qui sont propres à être vus au microscope ; il nous découvre une infinité de merveilles que nous serions incapables de connaître sans son secours.

CARACTÈRES CHIMIQUES

RÉSULTANT DE L'ANALYSE DES MINÉRAUX.

L'analyse chimique est l'ensemble des moyens propres à opérer la séparation des principes constituans des corps, et à en reconnaître la nature et les proportions. C'est en étudiant les phénomènes que les corps présentent en se combinant, qu'on est parvenu à en déterminer les principes constituans. Nous ne nous occuperons ici que de la partie de l'analyse qui s'applique aux minéraux; nous n'en exposerons même que les principales notions, parce qu'un pareil travail exigerait un ouvrage particulier ; il nous suffit d'indiquer les moyens propres à faire une analyse; nous renvoyons, pour de plus amples détails, au Traité de chimie de M. le baron Thénard.

On connaît diverses sortes d'analyses ; nous allons énumérer les principales.

Analyse par l'électricité.

On parvient à décomposer certains corps en les soumettant à l'action de la pile voltaïque ; on est même parvenu à en opérer cet effet sur quelques-uns dont on n'avait pu encore opérer la décomposition. C'est à ce moyen que nous devons la découverte de plusieurs métaux, regardés auparavant comme des terres et des alcalis, ainsi que la connaissance du chlore ; l'analyse la plus exacte de l'air et de l'eau ; celle de plusieurs sels, etc.

Analyse par le calorique.

Cette analyse ne doit point être considérée comme on la pratiquait autrefois, mais comme on en fait usage maintenant pour en séparer les corps qui se fondent à divers degrés de chaleur, ou qui s'évaporent à des températures différentes. Ainsi, à un degré de température peu élevé, on séparera par la fusion un alliage de plomb avec un métal moins fusible, comme on volatilisera le mercure d'un amalgame d'or ou d'argent, et l'on aura pour résidu l'un ou l'autre de ces métaux.

Les corps entrent en fusion à des températures plus ou moins élevées, et d'autres résistent à toutes les températures : ceux-ci sont appelés *apyres* ou *infusibles*. Lorsqu'on veut étudier l'influence de la chaleur sur un minéral, c'est surtout à l'aide du chalumeau que le minéralogiste entreprend ces essais. Dans le principe, on avait recours au chalumeau des orfèvres ; depuis, cet instrument a été perfectionné par un grand nombre de savans ; et, pour obtenir des températures plus élevées, on a imaginé d'en construire qui fussent propres à être alimentés par le gaz oxigène ou par les gaz hydrogène et oxigène. Ces chalumeaux se trouvent décrits avec leurs gravures dans la Physique amusante de M. Julia de Fontenelle. De tous les chimistes qui se sont livrés à l'analyse des minéraux au moyen du chalumeau, Berzélius est celui qui en a fait l'emploi le plus étendu et qui a le mieux démontré les nombreux avantages qu'on pourrait en recueillir. M. Le Baillif a inventé, de son côté, des coupelles très-blanches, de quatre lignes de diamètre et d'un tiers de ligne au plus d'épaisseur; le cent ne pèse que 108 grains; elles sont composées d'un mélange, à parties égales, de terre à porcelaine et de la plus belle terre à pipe; tout métal est sévèrement exclu de leur fabrication; l'ivoire seul y est employé. Si l'on essaie un oxide ou un métal, 5 milligrammes ou la neuf centième partie d'un grain sont toujours plus que suffisans pour faire un essai complet. M. Le Baillif a également inventé un chalumeau qui offre de grands avantages sur les autres; nous regrettons que les bornes de cet ouvrage ne nous permettent pas d'entrer dans quelques détails sur l'excellent Mémoire relatif à l'emploi de ses petites coupelles au chalumeau, ou nouveaux moyens d'essais minéralogiques, qu'il a publié dans les *Annales de l'industrie nationale et étrangère.*

Lorsqu'on a placé le minéral dans une de ces coupelles, et qu'on l'a exposé à l'action du chalumeau, on examine le changement qu'il a subi, les caractères de l'émail, s'il y a eu fusion; car ils sont utiles à l'égard des roches et autres agrégés dont on ne peut reconnaître les caractères géométriques. Il est souvent nécessaire d'employer un fondant pour analyser le minéral; ce fondant est le borax, préliminairement fondu et pilé pour empêcher son boursouflement; dans un grand nombre d'essais il devient indispensable.

Le chalumeau produit souvent deux sortes de flammes: l'une, qui est bleuâtre, et qu'on attribue au gaz hydrogène, annonce l'oxidation de tous les métaux; et l'autre, qui est blanche, accompagne leur réduction. Ces caractères ne sont pas invariables. Nous engageons ceux qui veulent se livrer à l'examen des corps par de pareils procédés, de recourir à l'ouvrage de Berzélius, intitulé: *Emploi du Chalumeau*, et au Mémoire précité de M. Le Baillif.

Analyse par l'eau.

Cette analyse peut être purement mécanique ou chimique, ainsi, dans les lavages des *minérais aurifères,* etc., l'eau ne fait qu'entraîner les substances étrangères plus légères que le métal, qui en est débarrassé en grande partie, tandis qu'elle dissout divers oxides, tels que la barite, la chaux, la potasse, la soude, etc., et qu'elle sépare les sels solubles de leur mélange avec ceux qui ne le sont pas; elle sert aussi de moyen pour reconnaître ou établir leurs formes cristallines. Comme il est divers sels qui ont des propriétés physiques analogues, leur degré de solubilité peut être un de leurs caractères distinctifs, etc.

Analyse par les réactifs.

Cette analyse exige une connaissance entière de tous les moyens que nous offre la chimie. C'est en faisant réagir une série de corps les uns sur les autres, et en étudiant soigneusement les nouveaux phénomènes qu'ils présentent, qu'on parvient à en reconnaître la nature, ainsi que les proportions de leurs principes constituans, s'ils ne sont pas simples. Cette analyse est la base fondamentale de la chimie.

Pour rendre ces notions plus sensibles, nous allons offrir la manière d'opérer une analyse d'un *minérai métallique*, d'un *minérai terreux* et d'un *minérai salin.*

§ I.

Moyens propres à reconnaître la nature d'un métal.

Nous avons cru devoir indiquer les moyens propres à reconnaître la nature de chaque minéral en particulier, parce qu'il sera ensuite plus facile au minéralogiste d'appliquer ces divers moyens au mélange de plusieurs métaux.

L'on doit d'abord examiner les caractères physiques du métal que l'on soumet à l'analyse, ce qui facilite beaucoup et abrège les expériences. Si le métal, à la température atmosphérique, décompose l'eau avec laquelle on le met en contact, et produit une effervescence plus ou moins vive, on peut être certain qu'il est un de ceux que M. Thénard a rangés dans sa deuxième section. Pour en reconnaître la nature, on le sature d'acide hydro-chlorique, et on concentre ce sel, qui indique que le métal était :

1°. Du *potassium*, si cette solution saline n'est pas troublée par celles des sous-carbonates de soude, de potasse, ou d'ammoniaque, et qu'elle le soit par celles de platine et de sulfate d'alumine.

2°. Du *sodium*, si les trois solutions salines précitées, ainsi que celles de platine et de sulfate d'alumine ne la troublent pas, et si elle donne, par l'évaporation, un sel cubique d'un goût salé.

3°. Du *barium*, si, étant très-étendue d'eau, l'acide sulfurique y produit un précipité blanc, insoluble dans un excès de cet acide, et si elle donne, par la concentration, des cristaux en lames carrées insolubles dans l'alcool.

4°. Du *strontium*, si elle cristallise en aiguilles solubles dans l'alcool et donnant à la flamme de ce liquide une couleur purpurine, et si sa solution étendue d'eau ne précipite point par l'acide sulfurique.

5°. Du *calcium*, si sa solution étendue d'eau n'est pas précipitée par les sous-carbonates d'ammoniaque, de potasse ou de soude, ni par l'acide sulfurique, mais bien par l'acide oxalique, et que le sel qu'on en obtient par l'évaporation soit non déliquescent et difficile à cristalliser.

6°. Du *lithium*, si les sous-cabornates précités ne troublent sa solution que lorsqu'elle est concentrée ; si les acides oxalique et sulfurique, ainsi que les oxalates et les sulfates, n'y produisent aucun précipité, et si le sel obtenu par l'évaporation attaque la feuille mince de platine sur laquelle on l'aura calcinée avec un peu de soude.

§ II.

Si, à la température atmosphérique, le métal est sans action sur l'eau, mais qu'il se dissolve dans l'acide sulfurique étendu d'eau, en laissant dégager du gaz hydrogène, c'est du *cadmium*, du *fer*, du *manganèse* ou du *zinc*.

1°. Du *cadmium*, si l'ammoniaque, la potasse ou la

soude forment dans ce sulfate un précipité qui reste blanc même par le contact de l'air, soluble dans l'ammoniaque, et non dans les deux autres alcalis; si l'acide hydro-sulfurique ou les hydro-sulfates y en produisent un jaune ou orangé.

2°. Du *fer*, si, par l'addition préalable du chlore, elle forme un précipité noir avec la teinture des noix de galle et un précipité bleu avec les hydro-ferro-cyanates de potasse ou de soude, et si ce sulfate donne, par les alcalis, un précipité blanchâtre, qui passe au vert foncé dès qu'il est en contact avec l'air.

3°. Du *manganèse*, si le précipité produit dans sa solution par la potasse et la soude est blanc et insoluble par un excès de ces mêmes alcalis; si, par son exposition à l'air, il prend la couleur brun-marron; si les hydro-sulfates alcalins y forment un précipité blanc; enfin, si le précipité produit par les alcalis, calciné avec l'hydrate de potasse dans un creuset de platine, est susceptible de produire le *caméléon minéral*.

4°. Du *zinc*, si le précipité blanc produit dans sa solution par les alcalis, conserve cette couleur lorsqu'il se trouve en contact avec l'air, et que ce précipité se redissolve dans la liqueur par un excès de ces alcalis; enfin, si le prussiate et l'hydro-sulfate de potasse en éliminent un précipité blanchâtre.

§ III.

Si l'eau ou l'acide sulfurique étendu de ce liquide n'exercent aucune action sur le métal à la température atmosphérique, mais qu'il soit attaqué par l'acide nitrique, à froid ou à chaud, ce sera l'un ou plusieurs des métaux suivans : de l'*argent*, de l'*antimoine*, de l'*arsénic*, du *bismuth*, du *cobalt*, du *cuivre*, de l'*étain*, du *mercure*, du *molybdène*, du *nickel*, du *palladium*, du *plomb*, du *tellure*, de l'*urane*.

Il sera facile de distinguer le cobalt, le cuivre, le nickel, le palladium et l'urane, des autres métaux, parce que leurs solutions dans l'acide nitrique sont seules colorées : ainsi, celles

1°. Du *cobalt*; couleur rouge violet, précipité bleu

violet par les alcalis, vert par les hydro-cyanates de potasse et de soude, et noir avec leurs hydro-sulfates.

2°. Du *cuivre* ; couleur bleue tirant sur le verdâtre, précipité bleu par les alcalis et insoluble par un excès de ces bases salifiables; précipité blanc bleuâtre par l'ammoniaque ; un excès le redissout dans la liqueur et lui donne une belle couleur dite *bleu céleste* ; une lame de couteau bien nette se recouvre d'une couche cuivreuse.

3°. Du *nickel* ; couleur vert de pré, précipité vert d'herbe par les alcalis ; l'ammoniaque lui communique une couleur d'un bleu violet ; précipité noir par l'hydro-sulfate de potasse, et vert pomme par l'hydro-ferro-cyanate de cet alcali.

4°. Du *palladium* ; couleur rouge, réduction prompte du métal par le proto-sulfate de fer ; précipité olive par l'hydro-ferro-cyanate de potasse ; décomposition du sel et de l'oxide par le calorique.

5°. De l'*urane* ; couleur jaunâtre ; précipité jaune pâle par les alcalis ; précipité sanguin par l'hydro-ferro-cyanate de potasse ; cristaux jaune citron par la concentration.

Les solutions qui ne sont point colorées annoncent :

L'*argent*, quand l'acide hydro-chlorique y produit un précipité insoluble dans un excès de cet acide, et très-soluble dans l'alcali volatil ; quand l'alcool y produit un précipité blanc, qui, séché, détonne par le choc ou par le calorique.

L'*arsénic*, quand le minéral est volatil : que, projeté sur des charbons ardens, il répand des vapeurs blanches avec une odeur alliacée très-forte ; sa solution nitrique donne un précipité d'un beau jaune par l'acide hydro-sulfurique.

L'*antimoine* n'est qu'attaqué et non dissous par l'acide nitrique concentré ; soluble dans l'acide hydro-chloro-nitrique d'où l'eau le précipite en oxide blanc, et l'acide hydro-sulfurique en rouge orangé.

Le *bismuth* ; solution nitrique précipitée en blanc par l'eau, et par l'acide, hydro-sulfurique en noir.

L'*étain* ; attaqué seulement par l'acide nitrique, se dissout dans l'hydro-chlorique, en donnant lieu à un dégagement d'hydrogène ; il produit deux hydro-chlorates sur lesquels l'eau n'exerce aucune action décomposante. L'un de ces sels donne un précipité jaune pâle par l'acide hydro-sulfurique, sans attaquer les solutions d'or ; tandis que l'autre donne, par le même acide, un précipité brun, et qu'il produit dans les solutions aurifiques un précipité connu sous le nom de *pourpre de Cassius.*

Le *mercure* se volatilise et passe à la distillation : sa solution nitrique argente une lame de cuivre qu'on y plonge.

Le *molybdène* n'est qu'attaqué par l'acide nitrique et converti en une poudre blanche qui est soluble dans l'eau, rougit la teinture de tournesol, forme des sels avec les alcalis, etc. C'est l'acide molybdique.

Le *plomb* ; cette solution est douceâtre ; précipite en blanc par les sulfates et l'acide sulfurique, et en noir par l'acide hydro-sulfurique.

Le *tellure* ; très-fusible, très-volatil, brûlant au chalumeau avec une flamme bleue ; l'oxide qui est produit se sublime en donnant une odeur de raifort ; solution nitrique précipitée par l'acide hydro-sulfurique en brun orangé.

§ IV.

Si l'acide nitrique concentré et bouillant n'exerce point d'action bien sensible sur le métal, et qu'il soit attaqué par l'acide hydrochloronitrique, c'est du *cérium*, de l'*or*, de l'*osmium*, du *platine* ou du *tungstène*. On arrivera à la connaissance spéciale du métal par les réactifs ; ainsi, ce sera :

Le *cérium*; s'il est soluble à chaud dans l'acide hydrochloronitrique; si, après qu'on en a dégagé, par la chaleur, la plus grande partie de l'excès d'acide muriatique que la dissolution contient, elle est incolore et sucrée ; si cette dissolution donne, par les alcalis, un précipité blanc, insoluble dans un excès de ces alcalis ; si l'infusion de noix de galle et l'acide hydro-sulfurique ne font éprouver aucun changement apparent à cette solution ; si l'hydro-ferro-cyanate et l'hydro-sulfate de potasse y produisent un précipité blanc; si l'oxide blanc, précipité par les alcalis et calciné dans un creuset de platine, devient d'un brun rouge et augmente de poids, etc.

L'*or*; solution dans l'eau régale jaune; précipité pourpre ou violet, ou bien brun noirâtre par l'hydrochlorate de protoxide d'étain; précipité brun jaunâtre par le proto-sulfate de fer, lequel se présente par la calcination comme de l'or mat; précipité jaunâtre par l'ammoniaque, qui, lorsqu'il est sec, détonne fortement par la chaleur.

L'*osmium* s'oxide et se volatilise en répandant une odeur de chlore, lorsqu'on le chauffe à l'air libre; parties égales de ce métal et de nitrate de potasse, calcinées dans une cornue d'essaie, produisent un sublimé blanc qui a l'odeur du chlore, est très-caustique, et, de même que le nitrate de potasse, active la combustion du charbon. Par la teinture aqueuse des noix de galle, la dissolution dans l'eau régale prend une couleur bleue.

Le *platine*; solution dans l'eau régale d'un jaune tirant sur l'orangé; n'éprouvant aucune action visible du proto-sulfate de fer ni de l'hydro-chlorate d'étain; concentrée, les sels ammoniacaux et ceux de potasse y produisent des précipités jaunes, plus ou moins solubles dans l'eau; celui qui est dû à l'hydro-chlorate d'ammoniaque se convertit, en le calcinant au rouge, en petits grains blancs métalliques.

Le *tungstène*; si on le calcine avec parties égales de nitrate de potasse; que le produit soit en partie soluble dans l'eau; que cette solution soit incolore; que l'acide nitrique y forme un précipité blanc qui, s'il est bouillant et en excès, le rende jaune et le convertisse en un acide.

§ V.

Si le minérai est inattaquable par tous les agens précités, c'est du *columbium*, du *chrôme*, de l'*iridium*, du *rhodium* ou du *titane*: C'est:

Le *columbium*, si l'on obtient, en le calcinant avec le nitrate de potasse, une matière qui abandonne à l'acide nitrique, affaiblit la potasse, et laisse pour résidu de l'acide colombique.

Le *chrôme*, si, en le calcinant avec le nitrate de potasse pendant demi-heure, la masse jaune qu'on en obtient communique à l'eau cette couleur; si la dissolution préalablement neutralisée par l'acide nitrique produit :

Dans l'acétate de plomb,	un précip.	d'un jaune vif.
Dans le nitrate d'argent,		pourpre.
———————— acide de mercure,		rouge.

L'*iridium*, presque inattaqué par l'acide hydro-chloronitrique; calciné avec le nitrate de potasse, donne un produit noir qui communique à l'eau une couleur bleue; ce que n'a point attaqué le liquide, uni à l'acide hydro-chlorique, donne un hydro-chlorate bleu qui, par l'action du calorique et à l'air libre, passe successivement au vert, au violacé, au purpurin et au rouge jaunâtre, etc.

Le *rhodium*, infusible à toutes les températures, même au chalumeau à gaz oxigène; inattaquable par l'acide hydro-chloro-nitrique; calciné avec le nitrate de potasse, le produit bien lavé se dissout dans l'acide hydro-chlorique et lui donne une couleur rouge; les hydro-chlorates d'ammoniaque, de potasse et de soude s'unissent à cette dissolution et produisent des sels à double base qui ont une couleur rose, cristallisent aisément et sont insolubles dans l'alcool.

Le *titane*; si la couleur rouge cuivreuse qu'il a passe au bleu par sa calcination avec le contact de l'air; si, en le calcinant avec parties égales de nitrate de potasse, la matière, lavée à grandes eaux, est soluble dans l'acide hydro-chlorique, et si cette dissolution prend une couleur jaune pâle dès qu'on en a soustrait, par l'évaporation, l'excès d'acide hydro-chlorique; si cette dissolution est précipitée par :

Les alcalis	en blanc.
L'infusion des noix de galle	en rouge orangé.
L'hydro-ferro-cyanate de potasse	en rouge brun.
L'hydro-sulfate de cet alcali	en vert tendre.

Pour rendre la connaissance des métaux plus facile, nous allons faire connaître et présenter les couleurs que leurs solutions salines prennent par l'action des réactifs, ainsi que celle des précipités qui ont lieu. M. Lassaigne est le premier chimiste qui a eu cette heureuse idée, et nous croyons rendre service à nos lecteurs en reproduisant ici le travail de notre honorable ami. Nous faisons observer auparavant qu'à son exemple, nous nous sommes bornés aux onze métaux suivans, qui sont ceux qui sont les plus répandus dans la nature.

ANTIMOINE.

(Sels à base de protoxide.)

Leur solution est incolore ;

Traitée par la potasse, il s'y produit un précipité blanc, *fig.* 1re, *pl.* 3; par l'ammoniaque, *idem*, *fig.* 2; par l'acide hydro-sulfurique (gaz hydrogène sulfuré) ou un hydro-sulfate, il s'y forme un précipité orangé, *fig.* 3. Une lame de zinc, plongée dans une solution d'un sel d'antimoine, la décompose, et ce dernier métal se dépose sur la lame de la *fig.* 4.

ARGENT.

(Sels à base d'oxide d'argent.)

La solution de ces sels est incolore.

— Traitée par une solution de potasse caustique, l'effet produit est celui qui est indiqué par la *fig.* 5.
— Par l'acide hydro-chlorique, le chlore, ou un hydro-chlorate, le précipité est blanc, caillebotté : c'est un chlorure d'argent. *Vid. fig.* 6.
— Par l'acide hydro-chlorique, le précipité exposé à la lumière, de blanc passe à la couleur indiquée à la *fig.* 7.
— Par l'acide hydro-sulfurique, ou bien un hydro-sulfate, il s'y forme un précipité noirâtre, *fig.* 8.
— Par l'hydriodate de potasse, précipité blanc, *fig.* 9.
— Par le chrômate de potasse, la liqueur prend une

couleur jaune-rougeâtre, et donne un précipité tirant au pourpre, *fig.* 10.

ARSÉNIC.

(*Arsénic blanc, ou deutoxide d'arsénic, acide arsénieux.*)

Solution dans l'eau incolore.

— Par l'acide hydro-sulfurique et les hydro-sulfates, précipité jaune, *fig.* 11.
— Par le sulfate de cuivre ammoniacal, précipité verd-grisâtre, *fig.* 12.
— Par l'eau de chaux, précipité blanc, *fig.* 13.
— Saturée par la potasse et nitrate d'argent, jaune tirant sur le brun, *fig.* 14.
— Saturée par la potasse et l'hydro-chlorate de cobalt, précipité rose, *fig.* 15.
— Saturée par la potasse et l'hydro-chlorate de nickel, précipité bleu-verdâtre, *fig.* 16.
— Acidulée par l'acide sulfurique et mise en contact avec une lame de zinc, celle-ci prend la couleur indiquée par la *fig.* 17.

(*Acide arsénique.*)

Solution également incolore.

— Par l'eau de chaux ou de barite, précipité blanc, *fig.* 18.
— Par le sulfate de cuivre ammoniacal, précipité bleu, *fig.* 19.
— Saturée, par la potasse et le nitrate d'argent, précipité rouge-brun, *fig.* 20.
— Par l'acide hydro-sulfurique, effet non extemporané, *fig.* 21.
— Par une lame de zinc, effet indiqué par la *fig.* 22.

CUIVRE.

(*Sels à base de deutoxide.*)

Couleur de la solution dans l'eau, faible, *fig.* 22; concentrée, *fig.* 23,

— Avec la potasse caustique, précipité bleu clair, *fig.* 24.
— Avec l'ammoniaque en excès, gros bleu, *fig.* 25.
— Avec l'hydro-ferro-cyanate de potasse, brun-rougeâtre, *fig.* 26.
— Avec l'acide hydro-sulfurique, ou un hydro-sulfate, brun-noirâtre, *fig.* 27.
— Avec l'arsénite de potasse, verd, *fig.* 28.
— Avec l'hydriodate de potasse, jaune-brunâtre, *fig.* 29.
— Avec une lame de fer, celle-ci est enduite d'une couche cuivreuse métallique, *fig.* 30.

ÉTAIN.

(*Sels à base de protoxide.*)

La solution est incolore.
— Avec la potasse caustique, précipité blanc, *fig.* 31; soluble dans un excès.
— Avec l'ammoniaque, précipité blanc, *fig.* 32; insoluble dans un excès.
— Avec l'acide hydro-sulfurique, précipité chocolat, *fig.* 33.
— Avec le chlorure d'or, (solution étendue), précipité violâtre, *fig.* 34.
— Avec le chlorure d'or, (solution concentrée), précipité violet, *fig.* 35.
— Avec une lame de zinc, sel décomposé, *fig.* 36.

(*A base de deutoxide.*)

La solution est également incolore.
— Avec la potasse caustique, précipité blanc, soluble dans un excès, *fig.* 37.
— Avec l'ammoniaque, précipité blanc, insoluble dans un excès, *fig.* 38.
— Avec l'acide hydro-sulfurique, ou un hydro-sulfate, précipité jaune, *fig.* 39.
— Avec la lame de zinc, comme la *fig.* 36.

FER.

(Sels à base de protoxide.)

Couleur de la solution aqueuse : faible, *fig.* 39 *bis*; concentrée, *fig.* 39 *ter*.

— Avec la potasse, précipité formé instantanément, *fig.* 40.

— Avec la potasse, (précipité exposé à l'air), *fig.* 41.

— Avec la potasse, (précipité traité par le chlore); chocolat, *fig.* 42.

— Avec l'hydro-ferro-cyanate de potasse, précipité blanchâtre, qui bleuit à l'air, *fig* 43.

— Avec l'hydro-ferro-cyanate de potasse, (avec addition de chlore); bleu foncé, *fig* 44.

— Avec l'hydro-sulfate de potasse, précipité noirâtre, *fig.* 45.

— Avec le chlore et l'infusion de noix de galle, précipité, *fig.* 46.

(Sels à base de tritoxide de fer.)

Couleur de la solution; faible, *fig.* 47; concentré, *fig.* 48.

— Avec la potasse ou l'ammoniaque; jaune rouge-brun, *fig.* 49.

— Avec l'hydro-ferro-cyanate de potasse; bleu très-foncé, *fig.* 50.

— Avec l'infusion de noix de galle; violet-noir, *fig.* 51.

— Avec l'hydro-sulfate de potasse; noir, *fig.* 52.

— Avec le sulfo-cyanate de potasse; rougeâtre, *fig.* 53.

MERCURE.

(Sels à base de protoxide.)

La solution en est incolore.

— Avec la potasse ou l'ammoniaque; noirâtre, *fig.* 54.

— Avec l'acide hydro-chlorique; blanc, *fig.* 55.

— Avec l'hydro-sulfate de potasse; noirâtre, *fig.* 56.

— Avec l'hydriodate de potasse; jaune, *fig.* 57.
— Avec le chrômate de potasse; rouge, *fig.* 58.
— Avec une lame de cuivre; décomposition et cuivre argenté, *fig.* 59.

(*Sels à base de deutoxide.*)

Solution également incolore.
— Avec la potasse ou l'eau de chaux; jaune, *fig.* 60.
— Avec l'ammoniaque; blanc, *fig.* 61.
— Avec l'hydro-sulfate de potasse; noirâtre, *fig.* 62.
— Avec l'hydriodate de mercure; rouge, *fig.* 63.
— Avec une lame de cuivre; métal réduit et appliqué sur la lame, *fig.* 64.

OR.

Couleur de la solution faible, *fig.* 65; concentrée, *fig.* 66.
— Avec l'eau de barite; jaune-brunâtre, *fig.* 67.
— Avec l'ammoniaque; jaune-clair, *fig.* 68.
Solution concentrée et proto-chlorure d'étain en excès; violâtre, *fig.* 69.
Solution étendue et proto-chlorure d'étain; pourpre tirant sur le rose, *fig.* 70.
— Avec le proto-sulfate de fer; noir-violâtre, *fig.* 71.

PLATINE.

Couleur de la solution faible, *fig.* 72; concentrée, *fig.* 73.
— Avec le chlorure de potassium ou potasse; jaune, *fig.* 74.
— Avec l'hydro-chlorate d'ammoniaque; jaune, *fig.* 75.
— Avec l'hydro-sulfate de potasse; noirâtre, *fig.* 76.
Solution étendue, avec l'hydriodate de potasse; rouge brun, *fig.* 77.
— Avec une lame de zinc, *fig.* 78.

PLOMB.

(Sels à base de protoxide.).

Solution incolore.
— Avec la potasse caustique, ou le sous-carbonate de cet alcali; blanc, *fig.* 79 et 80.
— Avec l'acide hydro-sulfurique, ou un hydro-sulfate; noirâtre, *fig.* 81.
— Avec l'acide sulfurique ou un sulfate soluble; blanc, *fig.* 82.
— Avec le chrômate de potasse; jaune foncé, *fig.* 83.
— Avec l'hydriodate de potasse; jaune moins intense, *fig.* 84.
— Avec une lame de zinc, *fig.* 85.

ZINC.

(Sels à base d'oxide de zinc.)

Solution incolore.
— Avec la potasse caustique, précipité blanc, soluble dans un excès.
— Avec l'ammoniaque, *idem.*
— Avec l'hydro-sulfate de potasse ou d'ammoniaque, précipité blanc.
— Avec l'hydro-ferro-cyanate de potasse, précipité blanc.

Analyse des pierres.

Les pierres, ainsi que les terres qui en sont des débris, sont composées quelquefois d'un, mais généralement de plusieurs oxides; il arrive aussi qu'elles sont unies à des substances combustibles, à des acides et à des sels.

En général, les pierres sont composées d'alumine, de chaux, de magnésie, de silice et des oxides de fer et de manganèse en combinaison binaire, ternaire, quaternaire, etc. Il en est quelques-unes, mais c'est le très petit nombre, qui comptent, parmi leurs principes constituans, la potasse, la soude, la glucine, le zircone, l'yttria, l'oxide de chrôme, et même la barite, la lithine, l'oxide de nickel, l'oxide de chrôme et de titane, enfin, des acides fluorique, borique, phosphorique et carbonique.

Les terres peuvent être attaquées par les acides, tandis que presque toutes les pierres ont assez de cohésion ou de dureté pour résister à leur action. Cette cause tient le plus souvent à la grande quantité de silice que renferment toujours ces dernières, laquelle forme, avec les autres oxides, de véritables silicates. Les substances qui, par leur aggrégation et leur cohésion, résisteront donc à l'action des acides, devront être traitées par la potasse caustique, ou par le nitrate de plomb, si l'on y soupçonne quelque alcali. De tous les oxides, ceux qui entrent le plus souvent et en plus grande quantité dans la composition des pierres, sont le silice et l'alumine; la chaux vient après. La silice y est en combinaison saline, et forme des silicates simples ou multiples. On croit que l'alumine jouit de la même propriété.

Quand on voudra procéder à l'analyse d'une pierre ou d'une terre, on commencera d'abord par réduire la pierre en poudre impalpable : à cet effet, on la broiera dans un mortier d'agathe ou de silex, par parties d'un demi-gramme au plus, jusqu'à ce que la poussière placée entre l'ongle et le doigt ne paraisse plus rugueuse; ensuite on en pèsera 5 grammes que l'on mettra, avec 15 grammes d'hydrate de potasse, dans un creuset de platine ou d'argent ; celui-ci, surmonté de son couvercle, sera exposé peu-à-peu à la chaleur rouge, retiré du feu dès que la matière sera fondue, ou au moins devenue pâteuse, et abandonné à lui-même pour qu'il se refroidisse; alors on y versera, à plusieurs reprises, de l'eau, que l'on fera chauffer et que l'on décantera chaque fois dans une capsule. Par ce moyen, toute la matière se séparera du creuset et deviendra capable de se dissoudre dans l'acide hydro-chlorique, que l'on n'ajoutera que par portion, et en ayant soin que l'effervescence produite ne projette point de la liqueur hors du vase. On chauffera alors, et si la dissolution n'est pas complète, malgré l'excès d'acide, c'est un signe que la pierre n'a pas été complètement attaquée ; on laissera alors déposer, on décantera ensuite, à l'aide d'une pipette, et l'on traitera ce résidu de nouveau, pour être ajouté à la première portion. Lorsque la dissolution hydro-chlorique sera complète, il faudra l'évaporer jusqu'à siccité, en ayant soin de ménager le feu sur la fin, afin de ne pas décomposer l'hydro-chlorate de fer. Lorsque la poudre ne sentira plus l'acide hydro-chlorique, ce qui est nécessaire pour précipiter toute la silice, on la délayera dans 20 à 30 fois son volume d'eau, on fera bouillir la liqueur, à laquelle on ajoutera quelques gouttes d'acide hydrochlorique, et on la filtrera ensuite. Si la liqueur ne passait pas, ce serait un signe qu'il y reste de la silice en dissolution, il faudrait alors l'évaporer de nouveau.

Sur le filtre restera la silice; dans la dissolution, seront l'alumine, la magnésie, la chaux, l'oxide de fer, de manganèse, et supposons même, quoique ces substances ne se rencontrent jamais ensemble, de la glucine, de la zircone et des oxides de chrôme et de nickel. Au moyen de l'ammoniaque caustique, on précipitera les oxides de fer, de manganèse, plus la zircone, la glucine et une partie de la magnésie : nous les nommerons *précipité* B. Dans la liqueur, se trouverait alors la chaux, la magnésie; le nickel resté en dissolution par un excès d'alcali, et le chrôme à l'état de chrômate de potasse. En évaporant la liqueur jusqu'à ce que l'excès d'ammoniaque soit dégagé, on précipitera l'oxide de nickel seulement. En faisant ensuite passer un courant de gaz sulfureux on désoxidera l'acide chrômique, et on pourra le précipiter par l'ammoniaque. Il faut alors passer la liqueur, ou la précipiter de nouveau par l'oxalate d'ammoniaque. La chaux seule sera précipitée à l'état d'oxalate, et la magnésie restera en dissolution. On la séparera en évaporant à siccité, calcinant, reprenant par l'acide hydrochlorique, et précipitant par le sous-carbonate de soude. Le carbonate de magnésie se séparera. Le précipité B, après avoir été bien lavé à l'eau bouillante, sera traité par une solution de potasse caustique, qui dissoudra la glucine et l'alumine seulement. On séparera ces deux oxides l'un de l'autre; car, en saturant la liqueur par un acide, et précipitant de nouveau par un excès de carbonate d'ammoniaque, la glucine se redissoudra, tandis que l'alumine restera intacte. Le résidu insoluble dans la potasse sera donc formé d'oxides de fer, de manganèse, de zircone et de magnésie. En calcinant ce précipité, on rendra la zircone incapable de se redissoudre dans les acides, tandis que les autres oxides conserveront cette propriété nouvelle. La dissolution des trois oxides restant étendue de beaucoup d'eau, et précipitée par l'ammoniaque, séparera la magnésie qui restera en dissolution à l'état de sel double. On séparera enfin le fer du manganèse, en les redissolvant dans l'acide hydrochlorique, saturant exactement la liqueur par l'ammoniaque, et précipitant par le bi-arséniate de potasse, l'arséniate de fer seul sera précipité, tandis que celui de manganèse restera en dissolution; on filtrera la liqueur, lavera le précipité à l'eau bouillante, et on le fera sécher pour en connaître le poids. Quant à la dissolution qui retiendra l'arséniate de manganèse, on y mettra une dissolution de potasse caustique, qui le décomposera, et on séparera l'oxide de manganèse.

Analyse d'un minerai formé de plomb, d'étain, de cuivre, de zinc, d'argent, d'or et de platine.

On traitera tous ces métaux par l'acide nitrique, et l'on évaporera à siccité; on reprendra ensuite par l'eau. Le plomb, le cuivre, le zinc, l'argent, composeront la dissolution, tandis que l'étain, l'or et le platine formeront le résidu; l'étain à l'état d'oxide, et les deux autres métaux, à l'état métallique. En traitant par l'acide hydro-chlorique, on dissoudra l'oxide d'étain. Le résidu d'or et de platine sera alors traité par l'acide nitro-muriatique, et la liqueur précipitée par le proto-sulfate de fer, qui réduira l'or; le platine restera en dissolution.

Quant aux dissolutions de plomb, de cuivre, de zinc et d'argent, on séparera ces divers métaux l'un de l'autre de la manière suivante : par l'addition de l'acide sulfurique, on séparera le plomb à l'état de sulfate; le précipité séparé, on en formera un second au moyen de l'acide hydro-chlorique qui séparera à son tour l'argent à l'état de chlorure; resteront donc le cuivre et le zinc. On séparera le cuivre au moyen d'une lame de fer, qui le précipitera à l'état métallique; la liqueur, renfermant le zinc et le fer, sera paroxidée au moyen de l'acide nitrique, et précipitée ensuite par la potasse caustique en excès, le zinc seul se redissoudra. On pourra l'obtenir à l'état d'oxide, en saturant ensuite cette liqueur exactement par un acide.

Puisqu'il est évident que les terres n'étant que des débris pierreux, l'analyse des pierres leur est applicable; il en est qui contiennent des substances salines solubles : on doit alors les lessiver, etc.

ESSAI D'ANALYSE DES SELS.

On trouve dans la nature un grand nombre de substances salines; celles qui sont le plus abondantes sont le *carbonate calcaire*, le *sulfate de chaux*, et l'*hydrochlorate de soude*. Nous allons exposer quelques moyens propres à reconnaître à quelle famille appartiennent les principaux sels naturels : nous les diviserons en deux classes.

1°. SELS FAISANT EFFERVESCENCE AVEC L'ACIDE SULFURIQUE.

Carbonates.

Le gaz qui s'en dégage est incolore, ne trouble point la transparence de l'air, a une odeur piquante, est très-soluble dans l'eau, lui communique une saveur acidule, rougit la teinture de tournesol, précipite l'eau de chaux. Tous les carbonates abandonnent l'acide carbonique à une température plus ou moins élevée, et l'oxide reste à nu, à l'exception des carbonates de barite, de lithine, de potasse et de soude, qui ne sont décomposés qu'à l'aide du charbon, ou en les mettant en contact avec l'eau en vapeur dans un tube de porcelaine porté au rouge blanc.

Hydro-chlorates.

Par l'action de l'acide sulfurique on dégage un gaz qui est en vapeur blanche dans l'air, soluble dans 0,01 de son volume d'eau ; cette solution produit, dans le nitrate d'argent, un précipité qui se redissout par l'ammoniaque. Les hydro-chlorates ou muriates sont généralement très-solubles dans l'eau ; ceux de soude ont une saveur salée ; celui de chaux est âcre et piquant ; celui de magnésie est amer.

Fluates ou phtorates.

Le gaz dégagé par l'acide sulfurique attaque le verre, et dépose, en se dissolvant dans l'eau, des flocons blancs.

3°. SELS NE FAISANT POINT EFFERVESCENCE AVEC L'ACIDE SULFURIQUE.

Nitrates.

En général solubles dans l'eau, activant la combustion des charbons incandescens, tous décomposés par le calorique, et la base mise à nu ; l'acide sulfurique en dégage de l'acide nitrique ; à l'aide de la chaleur, ils oxident tous les métaux aux dépens de l'acide, qui se décompose et qui donne de l'azote et du deutoxide d'azote.

Sulfates.

Point d'effervescence ni de dégagement gazeux par les acides. On s'assure de leur existence en en faisant bouillir une partie en poudre avec environ deux de nitrate de barite dans dix parties d'eau distillée ; la matière que l'eau surnage est un sulfate de barite. Il suffit de le faire fondre dans un creuset avec parties égales d'hydro-chlorate de chaux, et de lessiver la matière, pour obtenir du sulfate de chaux et de l'hydro-chlorate de barite. Par le poids du sulfate de chaux, on juge de celui de l'acide sulfurique. On peut aussi calciner au rouge le sulfate de barite obtenu avec parties égales de charbon, et le nouveau produit aura la même saveur que celle des œufs couvis.

Les *arséniates*, les *borates*, les *chrômates*, les *molybdates*, etc., étant beaucoup plus rares, nous nous abstenons d'en parler. Nous nous bornerons à dire qu'une fois qu'on a reconnu l'acide, qui est un des principes constituans du sel, on s'attache à découvrir la base ou les bases auxquelles il est uni au moyen de divers réactifs.

GISEMENT DES MINÉRAUX.

La connaissance approfondie du gisement des minéraux se rattache plus particulièrement à la géologie; nous n'en dirons ici que ce qui est indispensable pour l'intelligence des termes.

Les minéraux se trouvent au sein des collines, qui sont elles-mêmes composées de terres et de roches. Ils sont :

1°. En *couches* ou *bancs*, lorsqu'ils se présentent en masses plus ou moins épaisses, à faces parallèles, etc. On remarque dans ces couches la *direction* et l'*inclinaison*. Les couches ou bancs sont très-étendus; ils sont coupés par les flancs des bassins, des vallées, etc. Ils sont horizontaux (*fig.* 13), inclinés (*fig.* 14), contournés (*fig.* 15), en zigzag (*fig.* 16).

2°. En *amas*, c'est-à-dire d'une moindre étendue que les couches, et entourés de toute part ou partiellement par d'autres matières (*fig.* 17 et 18).

3°. En *nids*, *noyaux* ou *rognons*. Ce sont de petits amas qui existent dans l'intérieur des couches. Le nom de *nids* s'applique généralement aux petits amas friables de forme très-irrégulière; celui de *noyaux*, aux petits amas, ordinairement solides, affectant la forme des amandes, et paraissant modelés dans les cavités; en *rognons*, aux petits amas plus ou moins arrondis, souvent étranglés, et d'un volume au moins égal à celui du poing.

4°. En *filons*. Masses aplaties, à surface non parallèles, et se terminant en coins (*fig.* 19). Les filons coupent les montagnes dans un sens plus ou moins vertical;

il arrive quelquefois qu'étant dérangés dans leur route, ils suivent pendant un certain espace l'intervalle de deux couches, et reprennent ensuite leur direction; d'autres fois ils se divisent en plusieurs branches, etc.

5°. En *veines*. Ce sont, à proprement parler, de petits filons longs, étroits, simples ou ramifiés, droits ou contournés. Les veines se montrent dans l'épaisseur des couches, ainsi que dans celle des amas et des filons qu'elles traversent dans toutes les directions.

6°. *Disséminés*. C'est-à-dire en globules, lames, cristaux, fragmens dispersés, etc.

AGES ET DÉNOMINATIONS DES TERRAINS.

Nous renvoyons nos lecteurs à la partie de cet ouvrage qui traite des roches ; parce que cela s'y rattache plus particulièrement.

Nous terminerons ces notions préliminaires par dire qu'on donne le nom de *gangue* aux parties non métalliques formant le dépôt qui accompagne les filons, et leur sert pour ainsi dire d'enveloppe ; quelques minéralogistes lui avaient donné le nom de *matrice*, d'après l'idée où l'on était jadis que les métaux s'y engendraient.

CLASSIFICATION.

Nous avons un grand nombre de classifications des minéraux. Les plus importantes sont celles de Haüy, de Werner, de Jameson, de Mohs, Kirwan, Brochant, Brongniart, etc. Plus récemment M. Beudant vient de présenter une classification très-ingénieuse tirée des caractères chimiques, ou mieux des principes constituans des minéraux, qu'il a groupés en familles dans l'ordre suivant :

AZOTIDES. SULFURIDES.

HYDROGÉNIDES. PHTORIDES.
CHLORIDES.
ANTHRACIDES. OSMIDES.
SÉLÉNIDES.
BORIDES. PHOSPHORIDES. TELLURIDES.

ALUMINIDES. → SILICIDES. ARSÉNIDES.
ANTIMONIDES.
TANTALIDES. STANNIDES. → ZINCIDES. →
BISMUTHIDES.

TITONIDES. HYDRARGYRIDES.
TUNGSIDES. ARGYRIDES.
MOLYBDIDES. PLOMBIDES.
CHROMIDES. → . . . . MAGNÉSIDES. ←

AURIDES. URANIDES.
PLATINIDES. COBALTIDES.
PALLADIDES. SIDÉRIDES.
CUPRIDES. → . . MANGANIDES.

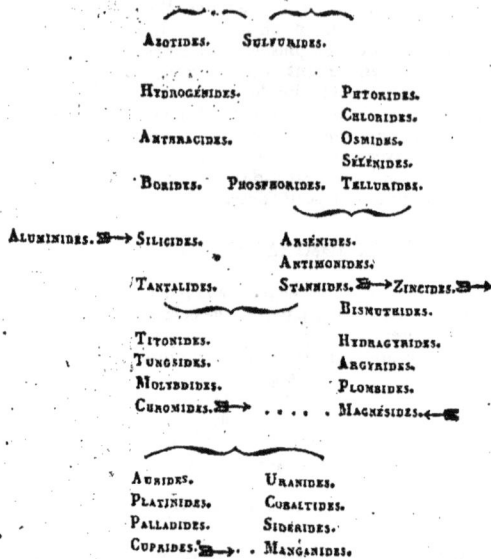

Cette classification de M. Beudant, quoique très-savante, nous a paru offrir trop de difficultés pour les gens du monde, ainsi que pour ceux qui ne sont pas déjà versés dans l'étude de la chimie. Nous avons donc jugé nécessaire de prendre, dans les diverses classifications, tout ce qui nous a paru propre à faciliter l'étude de la minéralogie à ceux qui y sont totalement étrangers. Puissions-nous être assez heureux pour avoir atteint ce but : nous avons moins cherché à paraître savans qu'utiles. Nous allons terminer ces notions particulières en présentant le tableau ou la classification circulaire de M. Ampère, dans lequel il a rangé les cinquante-deux substances particulières connues jusqu'à ce jour d'après les analogies prises de l'ensemble de leurs propriétés.

Silicium.	
Bore.	Tantalium.
Carbone.	Molybdène.
Hydrogène.	Chrôme.
Azote.	Tungstène.
Oxigène.	Titane.
Soufre.	Osmium.
Chlore.	Rhodium.
Phtore.	Iridium.
Iode.	Or.
Sélénium.	Platine.
Tellure.	Palladium.
Phosphore.	Cuivre.
Arsénic.	Nickel.
Antimoine.	Fer.
Étain	Cobalt.
Zinc.	Urane.
Cadmium.	Manganèse.
Bismuth.	Cérium.
Mercure.	Thorinium.
Argent.	Zirconium.
Plomb.	Aluminium.
Sodium.	Glucinium.
Potassium.	Yttrium.
Lithium.	Magnesium.
Barium.	Calcium.
Strontium.	

Ire CLASSE.

SUBSTANCES MÉTALLIDES.

Les métaux ou substances métallifères sont des corps simples, électro-positifs, très-brillans, susceptibles de prendre un beau poli et un éclat très-vif. Ils sont bons conducteurs du calorique et du fluide électrique, beaucoup plus pesans que l'eau, à l'exception du potassium et du sodium, qui sont plus légers, susceptibles de se combiner avec l'oxigène pour former des oxides et quelques-uns des acides, de produire des sels, en s'unissant avec les acides. Les métaux sont, en général, doués de ténacité, de dureté, de ductilité et de malléabilité; ils sont tous solides à la température ordinaire, à l'exception du mercure, qui est liquide; leur structure est grenue, fibreuse, lamelleuse, etc., ils sont élastiques et dilatables. Afin d'abréger cette étude des propriétés physiques, et d'offrir en un coup-d'œil l'ensemble de ces principales propriétés, nous allons les exposer dans les tableaux ci-joints.

ACTION DU CALORIQUE SUR LES MÉTAUX.

Propriétés chimiques. Si l'on expose les métaux à l'action du calorique, ils se fondent à une température plus ou moins élevée; en cet état, si on les laisse refroidir lentement, et qu'après avoir percé la croûte qui se forme à leur surface, on fasse écouler, par cette ouverture, la partie du métal qui est encore fondu, on obtient une espèce de géode tapissée de très-beaux cristaux en cubes ou en octaèdres; à une température plus élevée que celle de la fusion, quelques-uns se volatilisent.

Action du fluide électrique. Tous les métaux sont de très-bons conducteurs de ce fluide. Il est digne de remarque que cet effet n'a lieu que tout autant que leur

TABLEAU

DES PRINCIPALES PROPRIÉTÉS PHYSIQUES

DES SUBSTANCES MÉTALLIQUES.

MÉTAUX.	COULEUR.	AUTEURS ET ÉPOQUES DE LEUR DÉCOUVERTE.	POIDS SPÉCIFIQUE.	
Platine.	Blanc tirant sur l'argent	Wood, essayeur de la Jamaïque, en 1741.	20,98.	Brisson.
Or.	Jaune pur.	De toute antiquité.	19,257.	Brisson.
Iridium.	Blanc.	M. Descotils, et constaté par MM. Fourcroy, Vauquelin et Smithson-Tenant, en 1803.	18,68.	
Tungstène.	Blanc grisâtre.	M. d'Elbuyart, vers 1781.	De 17,6 à 17,5.	D'Elhuyart.
Mercure.	Blanc d'argent.	De toute antiquité.	13,568.	Brisson.
Palladium.	Blanc d'argent.	M. Wollaston, en 1802.	11,3 à 8.	Wollaston.
Plomb.	Blanc gris bleuâtre.	De toute antiquité.	11,352.	Brisson.
Wodanium	. . . .	. . . .	11,47.	
Argent.	Blanc éclatant.	De toute antiquité.	10,4743.	Brisson.
Rhodium.	Blanc gris.	M. Wollaston, en 1802.	10,65.	
Bismuth.	Blanc jaunâtre.	Décrit dans le traité d'Agricola, qui parut en 1520.	9,822.	Brisson.
Urane.	Gris foncé.	M. Klaproth, en 1789.	9.	
Cobalt.	Blanc un peu gris.	Brandt, en 1733.	8,5384.	Haüy.
Cuivre.	Jaune rougeâtre.	De toute antiquité.	8,895	Hatchett.
Cadmium.	Blanc bleuâtre.	M. Herman et Stromeyer, en 1808.	8,6040.	Stromeyer.
Arsénic.	Blanc grisâtre.	Brandt, en 1533.	8,308.	Bergman.
Nickel.	Blanc argentin.	Cronstedt, en 1751.	8,279.	Richter.
Fer.	Gris bleuâtre.	De toute antiquité.	7,788.	Brisson.
Molybdène.	Gris foncé.	Soupçonné par Schéèle et Bergman; constaté par Hielm, en 1782.	7,400.	Hielm.
Etain.	Blanc argentin.	De toute antiquité.	7,291.	Brisson.
Zinc.	Blanc gris bleuâtre.	Indiqué par Paracelse, qui mourut en 1541.	6,861.	Brisson.
Manganèse.	Blanc grisâtre.	Gahn et Schéèle, à peu près en 1774.	6,850.	Brisson.
Antimoine.	Argentin bleuâtre.	Basile Valentin décrivit le procédé d'extraction au 15. siècle.		Brisson.
Tellure.	Argentin.	M. Muller de Leichenstein, en 1782.	6,115.	Klaproth.
Colombium.	Gris foncé.	M. Hatchett, en 1802.	5,6.	
Chrôme.	Blanc grisâtre.	M. Vauquelin, en 1797.	5,90.	
Sélénium.	Cassure coul. de plomb.	. . . .	4,3.	
Potassium.	Blanc grisâtre.	M. Davy indiqué en 1807.	0,86537.	MM. Guay-Lussac et Thénard.
Sodium.	*Id.*	*Id.*	0,97223.	
Osmium.	. . . .	M. Tenant, en 1803.		
Titane.	. . . .	Grégor, en 1781.		
Cérium.	. . . .	MM. Hisinger et Berzélius, en 1804.		
Lithium.	. . . .	M. Arfwedson, en 1818.		
Calcium.	. . . .	Indiqué par Davy, en 1807.		
Barium.	. . . .	*Id.*		
Strontium.	. . . .	*Id.*		
Magnésium.				
Glucinium.				
Aluminium.				
Thorinium.				
Zirconium.				
Silicium.				
Vannadium.		Découvert par M. Sestromm.		

surface est assez étendue pour opérer son écoulement ; lorsqu'elle est insuffisante, il les pénètre et les échauffe au point de les fondre et de les volatiliser.

Action du gaz oxigène. A un certain degré de chaleur, tous les métaux se combinent avec ce gaz sec, à l'exception de ceux de la sixième section ; il se produit un dégagement de calorique et quelquefois de lumière. Si le gaz oxigène est humide, il s'unit non-seulement avec les métaux des deux premières sections, mais il exerce aussi son action sur un grand nombre de ceux des troisième, quatrième et cinquième. Dans ce cas, le métal est oxidé d'une part par le gaz oxigène, et de l'autre par celui qui fait partie de l'eau, ou seulement par le premier ; alors l'eau s'unit à l'oxide et forme un composé connu sous le nom d'*hydrate*.

Action de l'air. Même action, avec cette différence qu'elle est beaucoup plus lente, et que l'acide carbonique qu'il contient se combine peu-à-peu avec l'oxide formé, et donne lieu à un sous-carbonate.

Action de l'eau. Elle est nulle sur quelques-uns ; d'autres la décomposent à froid, s'oxident aux dépens de son oxigène, et donnent lieu à un dégagement d'hydrogène ; tandis que cet effet ne se produit chez certains qu'en les exposant à une haute température.

Action de l'eau oxigénée. Plusieurs métaux très-divisés la décomposent sans s'oxider ; tels sont, d'après les forces de leur action, l'*argent*, le *platine*, l'*or*, l'*osmium*, le *palladium*, le *rhodium*, l'*iridium*, *le plomb*, le *bismuth*, le *mercure*, le *cobalt*, le *nickel*, le *cuivre* et le *cadmium*. L'action de ces derniers est presque nulle. Il en est qui, en la décomposant, s'emparent d'une partie de son oxigène et dégagent l'autre : ces métaux sont, toujours d'après l'énergie de leur action, et dans un grand état de division, l'*arsénic*, le *molybdène*, le *tungstène*, le *chrôme*, le *potassium*, le *sodium*, le *manganèse*, le *zinc*, l'*étain*, le *fer*, l'*antimoine* et le *tellure*.

Action des combustibles. Il n'est point de substance combustible qui ne puisse se combiner avec quelque métal. Presque tous sont susceptibles de s'unir entre eux et de former des alliages ou des amalgames.

ÉTAT NATUREL DES MÉTAUX.

On trouve rarement les métaux, dans la nature, à l'état natif ou vierge; ils sont le plus souvent combinés avec l'oxigène, le soufre et les acides; quelquefois aussi à l'état de chlorure et de carbure. Nous examinerons, en leur classe, ces divers genres de combinaisons.

Les métaux qu'on trouve à l'état natif ont peu d'affinité pour l'oxigène.

Ceux à l'état d'oxide en ont une plus grande; enfin ceux à l'état salin sont ceux qui s'oxident le plus facilement.

APERÇU HISTORIQUE.

Il est une foule de substances métalliques dont la découverte se perd dans la nuit éternelle du temps. Il est fort peu de chimistes qui ne se soient occupés de leur étude; nous devons même aux travaux infatigables des alchimistes des connaissances précieuses sur leurs propriétés diverses. Ils les divisaient en *métaux parfaits et métaux imparfaits*. Avant le treizième siècle, on ne connaissait que sept métaux; le nombre en est porté maintenant à plus de quarante-un.

CLASSIFICATION

D'APRÈS LA MÉTHODE DE M. THÉNARD.

Pour faciliter l'étude des métaux, M. Thénard les a divisés en six sections.

La première comprend ceux qu'on n'a point encore obtenus à l'état métallique, et qui sont cependant re-gardés comme des oxides; ce sont les sept suivans :

L'aluminium.	Le thorinium.
Le glucinium.	Le zirconium.
Le magnesium.	L'yttrium.
Le silicium.	

La deuxième renferme les métaux qui, au plus haut degré de chaleur, sont susceptibles d'absorber l'oxigène, et de décomposer l'eau à la température ordinaire, en s'unissant à l'oxigène et en opérant le dégagement de l'hydrogène avec une vive effervescence. Ces métaux sont :

Le calcium.	Le lithium.
Le strontium.	Le sodium.
Le barium.	Le potassium.

La troisième offre ceux qui, comme dans les deux précédentes, absorbent le gaz oxigène à la température la plus élevée, et ne décomposent l'eau qu'à une chaleur rouge ; ce sont :

Le manganèse.	L'étain.
Le zinc.	Le cadmium.
Le fer.	

La quatrième embrasse tous les métaux qui peuvent absorber l'oxigène à la plus haute température, mais qui ne peuvent décomposer l'eau ni à chaud ni à froid ; ils sont au nombre de quinze :

Arsénic.	Antimoine.	Bismuth.
Molybdène.	Urane.	Cuivre.
Chrôme.	Cérium.	Tellure.
Tungstène.	Cobalt.	Nickel.
Columbium.	Titane.	Plomb.

On sous-divise cette section en deux articles ; le premier est composé des métaux acidifiables : ils se réduisent à cinq ; le second en oxidables.

La cinquième section se compose de ceux qui ne jouissent point de la propriété de décomposer l'eau, et qui ne peuvent se combiner avec l'oxigène qu'à un certain degré de calorique ; une température élevée opère la réduction de leurs oxides ; deux métaux composent cette classe ; ce sont :

Le mercure et l'osmium.

La sixième est formée de tous les métaux qui ne peuvent se combiner avec l'oxigène ; ni décomposer l'eau à aucune température, et dont les oxides métalliques se réduisent au-dessous de la chaleur rouge; ils sont au nombre de six :

L'argent.	Le platine.
Le palladium.	L'or.
Le rhodium.	L'iridium.

Nous allons maintenant examiner successivement ces divers métaux par ordre de classification.

Ire SECTION.

MÉTAUX TERREUX,

Non obtenus encore à l'état métallique.

Il est bien évident que, puisqu'on n'est point encore parvenu à en isoler le métal, il est impossible de les décrire; nous les examinerons donc à la classe des oxides, où nous les rapportons.

IIe SECTION.

MÉTAUX ALCALINS,

Ou métaux susceptibles d'absorber l'oxigène à la plus haute température, et de s'unir à l'oxigène de l'eau, en la décomposant à la température ordinaire.

Avant que MM. H. Davy, Wollaston, Berzélius, Thénard, Gay-Lussac, etc., eussent fait une si heureuse application de l'électricité à l'analyse chimique, les métaux qui composent cette section étaient inconnus, et leurs oxides étaient regardés comme des alcalis et des terres; M. Davy est un des chimistes qui a le plus contribué à ces heureuses découvertes.

CALCIUM.

Ce métal uni à l'oxigène constitue la chaux. Il a été

découvert en 1808 par M. Davy; on ne l'a point encore trouvé natif, mais bien à l'état d'oxide, et uni presque toujours à l'état salin avec les acides carbonique, sulfurique, phtorique, phosphorique, hydro-sulfurique, nitrique, hydro-chlorique, et quelquefois à l'acide tungstique. On a peu étudié ses propriétés; on sait cependant qu'il est solide, plus pesant que l'eau, et qu'il a une si grande affinité pour l'oxigène, qu'il en dépouille presque tous les autres corps; aussitôt qu'il se trouve en contact avec l'eau ou avec l'air, il passe à l'état d'oxide.

On prépare ce métal en faisant une pâte avec l'eau et un sel calcaire qu'on dispose en capsule, qu'on place sur une plaque métallique, après l'avoir remplie de mercure. On met alors le fil positif d'une pile en activité en contact avec le mercure, et la plaque métallique avec le fil positif; par ce moyen, la décomposition s'opère; et si l'on a employé un sulfate calcaire, l'acide sulfurique et l'oxigène de l'oxide se rendent au pôle positif, tandis que le calcium s'amalgame au pôle négatif avec le mercure. Pour en séparer le calcium, on distille cet amalgame dans une petite cornue avec de l'huile de naphte, qui, après être passé à la distillation, est suivi du mercure : le calcium reste au fond de la cornue.

BARIUM, LITHIUM ET STRONTIUM.

Historique semblable au précédent, avec cette différence que M. Arfwedson, qui a découvert le lithium, ne l'a point encore obtenu à l'état métallique, quoique tout porte à croire qu'on pourra y parvenir.

POTASSIUM.

La découverte de ce métal date de 1807; elle est due à M. Davy. Il est solide, d'un éclat métallique très-brillant; sa section est très-brillante et très-lisse; il est ductile, mou comme de la cire, et susceptible d'être pétri entre les doigts (1); à une température de 0, il est

(1) Comme ce métal est de toutes les substances connues celle qui a la plus grande attraction pour l'oxigène, il faut faire ces expériences et le conserver dans l'huile de naphte, sans quoi il s'enflammerait.

cassant ; son poids spécifique à 15° est égal à 0, 865 ; il est donc plus léger que l'eau. Le potassium se fond à + 58° ; après le mercure, c'est le plus fusible de tous les métaux ; il est très-volatil, et ses vapeurs sont vertes ; il absorbe le gaz oxigène sec à la température ordinaire, et sans dégagement sensible de calorique ni de lumière, si ce n'est au commencement de l'expérience. Dès qu'il est en fusion, il s'enflamme avec un si grand dégagement de calorique et de lumière, que souvent la cloche se casse ; le nouveau produit est un péroxide qui a une couleur brune jaunâtre. Ce métal brûle spontanément et avec un grand éclat dans le chlore, ainsi qu'en se combinant avec le cyanogène, ou quand on le chauffe avec le gaz hydrogène sulfuré, auquel il enlève le soufre. Avec l'air, il donne lieu aux mêmes phénomènes, mais l'action est moins vive. Le potassium décompose l'eau ; il roule en globules de feu à sa surface, avec un dégagement bien marqué de flamme et de lumière, qui sont dues au gaz hydrogène, lequel est mis à nu, avec une espèce de pétillement, et qui est enflammé par la haute température du métal. Son action sur l'eau oxigénée est si violente, qu'il s'opère souvent une grande explosion, avec dégagement de gaz acide hydro-chlorique. Ce curieux métal n'existe point à l'état natif. On l'obtenait de son oxide ou potasse, au moyen de la pile ; mais il est un autre procédé, dû à MM. Thénard et Gay-Lussac, bien meilleur. Il consiste à faire chauffer, dans un canon de fusil bien décapé, de l'hydrate de potasse et de la tournure de fer.

SODIUM.

Ce métal n'existe point dans la nature ; il a été découvert en 1807 par M. Davy, et bien étudié par MM. Gay-Lussac et Thénard.

Il est solide, d'un grand éclat métallique, inodore, couleur analogue au plomb, section très-brillante, mou et ductile comme le potassium, d'un poids spécifique égal à 0,972, fusible à + 90, point volatil, à moins que ce ne soit à une température supérieure à celle du verre ; il ne s'enflamme point par son contact avec l'eau, à moins que la température de ce liquide ne soit au-dessus de

40 C°. Dans ce cas, suivant M. Barcells, il devient beaucoup plus lumineux que le potassium, et décompose, à poids égal, une plus grande quantité d'eau ; à cela près, le sodium partage les autres propriétés du potassium, et s'obtient de la même manière.

IIIᵉ SECTION.

Métaux qui ne décomposent l'eau qu'à une chaleur rouge, ne se combinent avec l'oxigène qu'à une température plus ou moins élevée, et dont les oxides peuvent être réduits tant par l'électricité que par certains corps combustibles, etc.

MANGANÈSE.

Découvert en 1774, par Schéele et Gahn.

Le manganèse a été annoncé à l'état natif dans la mine de *Sem*, dans les Pyrénées; mais, comme rien n'a démontré depuis son existence, il est à présumer, dit M. Beudant, que son avidité pour l'oxigène empêche qu'il reste dans la nature à l'état métallique. Dans nos laboratoires on l'extrait de son péroxide. Ce métal ainsi obtenu est solide, très-dur, très-cassant, grenu, d'une couleur qui tire sur le gris-blanc, d'un poids spécifique égal à 6,85.

ZINC.

Découvert dans le seizième siècle, n'existe point dans la nature à l'état natif, mais bien à celui d'oxide, de sulfure et de sel. Le zinc métallique est donc un produit de l'art. Il est solide, d'une structure lamelleuse, d'une couleur blanche tirant sur le bleu, dur, empâtant la lime, passant mieux au laminoir qu'à la filière. Son poids spécifique est de 7,1, il est fusible à 360°, et volatil à une température plus élevée; l'air humide l'oxide légèrement; fondu avec le contact de l'air, il s'oxide à sa surface, et, dès qu'il commence à rougir, il s'enflamme en répandant une vive lumière.

Une particularité du zinc, c'est sa propriété de développer du fluide électrique, lorsqu'on le met en contact avec le cuivre, aussi forme-t-il un des élémens de la pile galvanique, dont il est presque toujours le pôle positif.

FER.

Le fer est un des plus beaux présens que la nature ait faits à l'homme; l'abondance avec laquelle il se trouve répandu sur la surface du globe semble démontrer la juste répartition de ses bienfaits. Dans les époques les plus reculées, où l'histoire et les monumens se taisent également, le fer était connu sous le nom de *mars*, sans doute parce qu'il était employé à la fabrication des armes. Les usages de ce métal sont si multipliés, et son utilité est telle, qu'aux yeux du sage, le fer sera toujours le premier, comme le plus précieux de tous les métaux.

Le fer se trouve dans la nature sous quatre états : 1° natif ; 2° oxidé ; 3° en combinaison saline ; 4° uni à quelques combustibles, surtout avec le soufre et le carbone.

FER NATIF.

Le fer natif est assez rare; suivant Karsten, on en rencontre en Saxe disséminé dans beaucoup d'oxide et de carbonate de fer, et uni au 0,06 de plomb et 0,015 de cuivre ; Schreiber dit qu'on le trouve près de Grenoble, affectant la forme de stalactites rameuses, et recouvert d'oxide de ce métal, de quartz et d'argile. *Proust* l'a reconnu en particules, dans un sulfure de fer d'Amérique, qu'il a analysé. Bergmann a parlé d'un fragment de fer natif malléable, découvert dans une gangue de grenat de Steinbach, en Saxe. Comme l'existence du fer natif est révoquée en doute par quelques minéralogistes, nous croyons qu'il est nécessaire d'en offrir ici de nouvelles preuves. Nous renvoyons à la sixième partie de cet ouvrage.

Les minérais contenant du fer natif ou oxidulé sont faciles à reconnaître, en ce qu'ils attirent l'aimant, et que, traités par l'acide sulfurique, ils donnent une solution qui précipite en bleu par les hydro-cyanates, et en noir, par l'infusion de noix de galle.

FER PRÉPARÉ.

Ce métal pur et dur, odorant par le frottement, d'un

blanc bleuâtre, cassure à gros grains et un peu lamelleuse, très-ductile, passant mieux à la filière qu'au laminoir, tenant le premier rang parmi les métaux pour la ténacité, d'un poids spécifique égal à 7,788, fusible à 130° du pyromètre de Wedwood, attirable à l'aimant, et susceptible de s'aimanter; 1° en le plaçant dans une position verticale, sous un angle de 70°; 2° par la percussion; 3° par des décharges électriques; 4° en le frottant pendant quelque temps et dans le même sens avec un aimant, soit naturel, soit artificiel. Le fer est aussi très-combustible; il brûle avec une vive lumière, en dégageant beaucoup de calorique.

On l'extrait principalement de l'oxide et du carbonate de ce métal, en les traitant par le charbon.

ÉTAIN.

On trouve ce métal décrit dans les premiers livres de chimie, sous le nom de *Jupiter*. Quelques minéralogistes ont cru qu'il existait à l'état natif, parce qu'on en avait trouvé à Cornouailles, à Epieux, près de Cherbourg, etc.; la présence des substances indiquant dans ces lieux l'existence antérieure de fourneaux qui ont servi à la réduction de ses minérais, démontre que cet étain natif est un produit de l'art.

L'étain n'est dans la nature qu'à l'état d'oxide ou de sulfure; on l'extrait des oxides par le charbon.

L'étain pur est solide, couleur d'argent, moins ductile que malléable, d'un poids spécifique égal à 7,251, fusible à 210°, sans action à la température atmosphérique, ni sur l'air, ni sur le gaz oxigène; il a pour signe caractéristique de faire entendre, lorsqu'on le ploie en plusieurs sens, une espèce de craquement *sui generis*, qu'on appelle *cri de l'étain*.

CADMIUM.

Découvert en 1818, dans la mine de zinc, connue sous le nom de *calamine* et de *blende*, par MM. Aromeyer et Hermann. Dans la première de ces mines, il existe probablement à l'état d'oxide, et dans la seconde, à celui de sulfure.

Le cadmium pur est très-brillant, inodore, insipide, se laissant entamer par le couteau, prenant un beau poli, tachant les corps avec lesquels on le frotte, et d'un poids spécifique de 8,6544; lorsqu'il est écroui, il est fusible et volatil, et présente à sa surface, lorsqu'il se solidifie après avoir été fondu, une sorte de cristallisation confuse, qui a l'aspect de la fougère.

IVe SECTION.

Métaux ne décomposant l'eau ni à froid ni à chaud, absorbant l'oxigène à une température plus ou moins élevée; leurs oxides réductibles par l'électricité, et par quelques combustibles, etc.; ils sont au nombre de treize, et sont divisés en acidifiables et non acidifiables.

§. I.

MÉTAUX ACIDIFIABLES.

PREMIER GENRE. — ARSÉNIC NATIF.

Quoique l'arsénic soit connu depuis long-temps, ce n'est qu'en 1733 que sa nature métallique a été reconnue pat Brandt. Ce métal existe dans la nature sous quatre états : 1° natif, 2° d'oxide, 3° uni au soufre, 4° à l'état d'arséniate.

L'arsénic natif ne semble différer de celui qui est retiré des mines arsénicales par la sublimation, que parce qu'il est moins pesant; son poids spécifique est de 7,72 à 5,76, tandis que celui qui est le produit de l'art pèse 8,308.

L'arsénic natif affecte diverses formes; ce sont quelquefois de petites baguettes serrées les unes contre les autres, ou de petites masses mamelonnées; et souvent il est en petites masses amorphes à cassure grenue; il accompagne les mines d'arséniure de nickel et de cobalt, de sulfure d'argent, etc. Quand il est en lames minces, sur les parois des filons, on l'appelle *arsénic natif spéculaire*.

DEUXIÈME GENRE. — ARSÉNIDES,

Ou arséniures simples résultant de l'union de deux corps.

Ces composés peuvent être considérés comme des alliages naturels de l'arsénic avec un autre métal; ils répandent une odeur alliacée par la calcination.

Ire ESPÈCE.

ARSÉNIDE D'ARGENT OU ARSÉNIURE.

Métalloïde fragile, d'un blanc argentin, en petits nids compacts. Sa solution dans l'acide nitrique donne bientôt un précipité rouge; poids spécifique, 8,11.

Composition encore inconnue sous le rapport des proportions de ses principes constituans.

IIe. ESPÈCE.

ARSÉNIDE D'ANTIMOINE.

Métalloïde, gris d'acier; sa solution nitrique donne aussitôt un précipité blanc que l'acide hydro-chlorique dissout, et que l'eau en sépare; poids spécifique, 6,10.

Composition évaluée par M. Beudant à

Arsénic	54
Antimoine	46
	100

Variétés.

Arsénide d'antimoine testacé. — Granulaire.

IIIe ESPÈCE.

ARSÉNIDE DE COBALT.

Métalloïde; sa cassure récente est d'un gris d'acier, mais elle noircit promptement à l'air, sans doute par l'oxidation de l'arsénic; cristaux en cubes, octaèdres ou cubo-octaèdres; poids spécifique, 6,35.

Composition :	Arsénic	72
	Cobalt	28
		100

Ce minérai est souvent uni à de l'arsénic, à de l'arsénide de fer, et par fois à du sulfo-arsénide.

Variétés.

L'arsénide de cobalt cristallisé. — Compacte. — Dentritique. — Mamelonné.

IVᵉ ESPÈCE.

ARSÉNIDE DE NICKEL.

Métalloïde, couleur rougeâtre; solution verte, qu'un excès d'ammoniaque fait passer au bleu violet; poids spécifique, de 6,6 à 7,5.

Composition :	Arsénic	56
	Nickel	44
		100

On ne trouve ce minérai qu'en masse, et souvent uni à l'antimoine, le cobalt et le cuivre.

TROISIÈME GENRE. — ARSÉNIDES DOUBLES,

Ou bien arsénic uni à deux métaux.

SEULE ESPÈCE.

ARSÉNIDE DE COBALT ET DE FER.

Métalloïde, couleur gris noirâtre, dissolution dans l'acide nitrique d'un brun rosâtre, donnant un précipité d'un bleu sale, ou en vert par les alcalis; cristaux octaédriques.

Composition :	Arsénic	57
	Cobalt	22
	Fer	21
		100

Lorsque cet arsénide est mélangé avec une plus ou moins grande quantité de mispikel, il a une teinte argentine.

ARSÉNIC PURIFIÉ.

Solide, d'un gris terne, texture grenue et écailleuse, insipide, odorant par le frottement entre les mains, se volatilisant à + 180°, sans entrer en fusion, et donnant des cristaux tétraédriques.

L'arsénic a pour caractère distinctif de répandre une odeur d'ail très-prononcée, lorsqu'on le projète sur les charbons ardens. Avec l'oxigène, il donne lieu à deux oxides et à un acide.

MOLYBDÈNE.

Découvert par Hielm en 1782. N'existe dans la nature qu'à l'état de molybdate et de sulfure. Cette dernière combinaison appartient généralement aux roches anciennes, où il existe en veines ou en amas.

A l'état de pureté, ce métal est solide, en petits grains agglomérés, cassant, d'un blanc tirant sur le gris, presque infusible, d'un poids spécifique égal à 7,400; chauffé au rouge, avec le contact de l'air, il se convertit en un acide blanc, qui se volatilise.

CHRÔME.

Découvert en 1797 par le célèbre Vauquelin. Il n'existe dans la nature qu'à l'état d'oxide sablonneux et à l'état de chrômate; dans ce dernier cas, il paraît appartenir aux roches de serpentine, subordonnées au micaschiste.

Ce métal, purifié, est solide, cassant, d'un blanc grisâtre, en masses poreuses, ou en grains agglutinés, parsemés d'aiguilles; aussi infusible que le molybdène, inattaquable par les acides, et se convertissant, par son union avec l'oxigène, en un oxide vert qui colore les émeraudes, et en un oxide d'un rouge pourpre assez beau, auquel le *rubis spinèle*, le *plomb rouge de Sibérie*, etc., doivent leur couleur.

COLUMBIUM.

Découvert en 1801, dans un minéral venant d'Amérique, par M. Hatchette, qui lui donna le nom du grand homme qui découvrit cette partie du monde. Il est très-rare, et n'a encore été trouvé qu'à l'état d'acide, uni avec les oxides de fer, de manganèse et d'ittryum.

Ce métal, à l'état de pureté, est d'un gris foncé, raye le verre, prend, en le frottant sur le grès, l'éclat métallique, et est infusible à la plus haute température.

On l'obtient, en chauffant, à un feu de forge, cet acide avec du charbon. On trouve décrit dans divers ouvrages un métal, sous le nom de *tantalium*, qui a été reconnu identique avec le columbium.

TUNGSTÈNE.

Découvert par les frères d'Elhuyart; il n'existe dans la nature qu'à l'état de tungstate de chaux ou de fer.

A l'état de pureté, il est très-dur, cassant, brillant, couleur de feu, presque inattaquable par la lime, et infusible.

§ II.

MÉTAUX NON ACIDIFIABLES.

ANTIMOINE.

Ce métal est un de ceux que les alchimistes ont le plus torturés. Basile Valentin est le premier qui, dans le quinzième siècle, a parlé de la manière de l'extraire. L'histoire de l'antimoine présente des faits si curieux, qu'il serait permis de les révoquer en doute, s'ils n'étaient attestés par les historiens. Lorsqu'on en fit une application médicale, on écrivit pour et contre avec tant de violence, on le présenta comme un métal si dangereux, que le parlement crut devoir rendre un arrêt contre l'antimoine et l'émétique.

L'antimoine existe dans la nature : 1° à l'état natif ; 2° d'oxide ; 3° de sulfure ; et 4° de sulfure oxidé.

ANTIMOINE NATIF.

L'antimoine, à l'état métallique, est assez rare ; on l'a cependant trouvé à Andréasberg uni à 0,1 d'argent et à des traces de fer. Il existe aussi à Sahlberg, en Suède, à Allemont, près de Grenoble, etc.

ANTIMOINE PURIFIÉ OU RÉGULE.

Solide, très-cassant, facile à pulvériser, d'une texture lamelleuse, d'un blanc tirant sur le bleu, d'un beau brillant, clivage en octaèdres réguliers, odorant quand on le presse fortement entre les doigts, poids spécifique de 6,072, fusible au-dessous de la chaleur rouge, donnant, par le refroidissement, des espèces de cristaux réunis, qui offrent, à la surface du culot, des herborisations cristallines imitant la forme des fougères.

ANTIMONIDES.

Ire ESPÈCE.

ANTIMONIDE DE NICKEL.

Couleur analogue à celle du cuivre, soluble dans l'acide nitrique, acquérant un bleu violacé par un excès d'ammoniaque, et donnant un précipité vert par la potasse ou la soude.

Composition : Antimoine	0,52
	0,48
	1,00

IIe ESPÈCE.

ANTIMONIDE D'ARGENT.

Blanc argenté, non clivable, cristaux en prismes hexaèdres réguliers ou rectangulaires ; sa solution dans l'acide nitrique est précipitée par une lame de cuivre bien décapée.

Composition : Antimoine 0,23
Argent 0,77

Il existe une variété de cet antimonide en cristaux, qui est assez rare.

URANE.

Découvert par Klaproth, en 1789, dans le Pech-Blende. Il n'existe dans la nature qu'à l'état d'oxide et de phosphate.

L'urane purifié est solide, cassant, très-brillant, gris de fer, et attaquable par la lime et le couteau, presque infusible, et pesant, d'après Klaproth, 8,7.

CÉRIUM.

C'est par la découverte de ce métal que Berzélius signala son entrée dans la carrière chimique, en 1804. M. Hisinger y eut également part.

Il n'a encore été trouvé qu'à l'état d'oxide et à celui de combinaison saline avec l'acide fluorique.

Ce métal purifié n'a jamais été obtenu qu'en globules; il est blanc, lamelleux, très-cassant, presque infusible.

COBALT.

Sa découverte est attribuée à Brandt, en 1733, quoiqu'on connût son minérai dans le quinzième siècle. Il existe dans la nature à l'état d'oxide, d'arséniate et de sulfate.

Le cobalt réduit est dur, cassant, magnétique (moins cependant que le fer), d'un blanc légèrement rosé, point volatil, et fusible au même degré de température du fer; c'est-à-dire à 130° du pyromètre de Wedwood.

TITANE.

Découvert par M. Grégor dans un minérai sablonneux, au vallon de Ménachan, d'où lui vient le nom de *ménachine* que Kirwan lui donna. Il n'a encore été trouvé qu'à l'état d'oxide.

Le titane n'a été obtenu que sous forme de pellicules friables, d'un rouge plus intense que celui du cuivre. On n'est pas encore parvenu à le fondre. Il est inattaquable par les acides; avec l'oxigène, il forme un oxide bleu, qu'on réduit, au moyen du charbon, à une température élevée.

BISMUTH.

Le bismuth, ou étain de glace, était connu avant le quinzième siècle; il se trouve dans la nature sous trois états; 1° natif; 2° d'oxide; 3° uni au soufre et à divers métaux.

BISMUTH NATIF.

Ce métal, natif et sans combinaison métallique, est assez rare; celui que l'on considère comme tel est un composé d'arsénic et du bismuth. On le trouve à cet état ou à celui de pureté, en Saxe, en Bohême, en Souabe, en France, dans les Pyréuées et dans les mines de Bretagne, etc. Presque toujours il n'existe que dans les autres mines métalliques, et surtout dans les minérais de cobalt, et quelques mines d'étain et de cuivre.

On en trouve une variété, connue sous le nom de *bismuth acidulaire* ou *dendritique*, qui est enveloppée dans des gangues siliceuses.

BISMUTH PURIFIÉ.

Solide, blanc rougeâtre, très-cassant, facile à pulvériser, texture à grandes lames, cristallisant en octaèdres ou en cubes, ne pouvant se laminer ni se tirer en fils, fusible à + 247°, et donnant, par le refroidissement, les plus belles géodes cristallisées; non volatil dans les vases clos; sa solution dans l'acide nitrique est décomposée par l'eau; il s'en précipite un oxide blanc.

CUIVRE.

Sa découverte se perd dans la nuit éternelle du temps; les Grecs lui donnèrent le nom de *Vénus*, à cause de la facilité avec laquelle il s'unit à tous les métaux.

Ce métal se trouve dans la nature sous quatre états : natif, oxidé, en combinaison avec les combustibles, surtout avec le soufre, et à l'état salin.

CUIVRE NATIF.

Existe dans toutes les mines pyriteuses de cuivre et dans les carbonatées, presque toujours engagé dans les roches ou les substances terreuses qui leur servent de gangue. On trouve rarement des cristaux isolés de cuivre natif, mais bien en masses dendritiques, fermées, mamelonnées et en lames minces.

Les mines de cuivre se rencontrent en France, dans les Pyrénées, et à celles de Saint-Bel, près de Lyon, etc., ainsi qu'en Angleterre, en Espagne, en Hongrie, en Saxe, en Suède, et surtout en Sibérie.

Variétés.

1°. Cuivre cristallisé en octaèdres, souvent irréguliers;

2°. Cristaux en groupes dendrités, saillans, et parfois superficiels;

3°. Filiformes, en espèces de fils;

4°. Mamelonné;

5°. Pelliculaire, ou en lames minces, recouvrant diverses gangues.

CUIVRE PURIFIÉ.

Solide, très-brillant, couleur rougeâtre tirant sur le jaune, saveur désagréable, odorant par le frottement, le plus sonore des métaux et le plus tenace après le fer; très-ductile, d'un poids spécifique égal à 8,895, fusible à 27° du pyromètre de Wedwood, et prenant, par un refroidissement gradué, une forme cristalline irrégulière, quoique imitant des pyramides quadrangulaires; inaltérable à l'air sec, à la température ordinaire; à l'air humide, forme un oxide vert, qui, s'unissant à l'acide carbonique de l'atmosphère, forme un sous-carbonate qu'on observe sur les statues de bronze, etc.; en contact avec l'argent, il développe le fluide électrique, dont il est presque toujours, dans la pile, le pôle négatif.

Le cuivre a pour caractère particulier de se dissoudre dans l'acide nitrique, avec une effervescence verte due à la décomposition d'une partie de cet acide et à l'oxidation du métal. Cette solution est précipitée en beau bleu par l'ammoniaque; une lame de cuivre la décompose aussi, et se recouvre d'une couche de cuivre réduit. Ces caractères suffisent pour reconnaître les mines de cuivre et ses alliages.

TELLURE.

Découvert, en 1782, par M. Muller de Reichenstein. Rare ; on ne l'a encore trouvé qu'en état de combinaison métallique ou d'alliage avec d'autres métaux, tels que le *plomb*, l'*argent*, l'*or*, le *fer*, le *bismuth*, etc. Ces alliages se distinguent minéralogiquement par leur éclat et leur couleur. On le trouve dans les filons d'argent aurifères de Transylvanie, à Nagyag, Zalathna, vers les bords du Danube, en Hongrie ; en Norwège, il fait partie d'une mine contenant du bismuth et du sélénium.

Ire ESPÈCE.

TELLURE NATIF.

Blanc d'étain, ou gris d'acier, offrant des variétés.

1°. En cristaux très-rares, sous-forme de prismes hexaèdres réguliers.

2.° Granuleux ; son grain est aussi fin que celui de l'acier.

Poids spécifique variant de 5, 7 à 6, 2.

IIe ESPÈCE.

TELLURE PLOMBIFÈRE.

Couleur d'un gris blanc ; structure lamelleuse ; poids spécifique, 8, 91.

Composition :	Tellure	38
	Plomb	62
		100

Ses solutions donnent, par l'acide sulfurique, un précipité de sulfate de plomb. Cette espèce offre deux variétés.

1°. *Tellure de plomb cristallisé* en prismes rectangulaires, peut-être à basses carrées.

2°. *Lamellaire*, ou en lames.

IIIe ESPÈCE.

TELLURE AURIFÈRE ET ARGENTIFÈRE.

(Or graphique.)

Couleur gris-d'acier clair. Cristaux en prismes rhomboïdaux, très-rares.

Poids spécifique, de 8 à 10.

Composition :	Tellure	61
	Or	28
	Argent	11
		100

Traité par l'acide nitrique, le résidu est de l'or en poudre, ou bien conservant la forme du minérai; la solution donne, au moyen d'une lame de cuivre bien décapée, des indices d'argent.

Cette espèce offre deux variétés :

1°. *Cristallisée*, soit en octaèdres rectangulaires irréguliers, soit en petits octogones ayant deux ou trois rangs de facettes annulaires (rare).

2°. *Dendritique*. Cette variété semble représenter des caractères orientaux.

IVe ESPÈCE.

TELLURE BISMUTHIFÈRE.

(Moybdan silber.)

Gris d'acier; lamelles plus ou moins larges; poids spécifique, 7, 82; quelquefois contenant du séléniure de bismuth; les proportions de ses principes constituans ne sont pas connues (très-rare).

TELLURE PURIFIÉ.

Blanc bleuâtre, brillant, facile à pulvériser, structure lamelleuse, poids spécifique de 6, 115; plus fusible que le plomb et présentant, par un refroidissement gradué, des aiguilles à sa surface; passant à la distillation; brûlant vivement dans le gaz oxigène, et se convertissant en un oxide blanc. Ses solutions nitriques sont en grande partie décomposées par l'eau.

NICKEL.

Découvert en 1775 par Cronstedt. Il se présente le plus souvent à l'état d'arséniure uni au cobalt; en cet état, il accompagne tous les gîtes métallifères de ce dernier métal; il existe aussi à l'état d'oxide et d'arséniate.

Le nickel natif est très-rare; on croit qu'il se trouve en cet état dans le sulfo-arséniure de nickel suivant, dont M. Beudant donne la formule de sa composition, ainsi qu'il suit :

Bi-sulfure d'arsénic .	65
Nickel	35
	100

Cet alliage est d'un gris de plomb clair, et donne du sulfure d'arsénic par l'action de la chaleur. Poids spécifique, 6, 12.

NICKEL PURIFIÉ.

Presque aussi blanc que l'argent, ductile, malléable, très-magnétique, moins cependant que le fer; poids spécifique, fondu 8,275, et forgé, 8,666. Le nickel est un peu volatil, et fusible à 160 degrés du pyromètre de Wedwood.

PLOMB.

On ne saurait assigner l'époque de la découverte de ce métal, tant elle est ancienne. Nous nous bornerons donc à dire que le plomb se trouve dans la nature sous quatre états : natif, oxidé, sulfuré et salin.

PLOMB NATIF.

Comme on n'a trouvé ce métal natif que dans les laves, dans quelques morceaux de sulfure, provenant la plupart de localités connues, etc., tout porte à croire que ces grains métalliques sont dus à l'action des feux volcaniques, ou qu'ils sont le produit de la décomposition du sulfure par le feu.

PLOMB PURIFIÉ.

Blanc, bleuâtre, brillant, se ternissant bientôt à l'air, odeur et saveur sensibles, très-mou, se laissant entamer par le couteau, ductile et malléable, d'un poids spécifique égal à 11,352, fusible à 260°, presque pas volatil, facilement oxidable, donnant des sels sucrés, avec l'acide acétique, que les sulfates précipitent en blanc.

Ve SECTION.

Métaux qui ne décomposent l'eau ni à froid ni à chaud, qui absorbent le gaz oxigène à une certaine température, et dont la chaleur seule réduit les oxides.

MERCURE.

Connu de temps immémorial; il se trouve dans la nature sous quatre états : natif, uni à l'argent, au chlore ou bien au soufre. Cette dernière combinaison est la plus commune.

1re ESPÈCE.

MERCURE NATIF.

Dans toutes les mines de mercure, principalement dans celles de sulfure, on trouve plus au moins de mercure qui coule à travers les fissures des roches, et va se réunir dans les cavités qu'on y observe; quelquefois aussi on le trouve disséminé dans le minérai; on l'a même rencontré en très-petite quantité dans des fouilles faites aux environs de Montpellier.

Le mercure natif est liquide; son poids spécifique est de 13,56.

IIe ESPÈCE.

MERCURE ARGENTIFÈRE.

Cet amalgame se trouve parsemé dans quelques mines de mercure, telles que celles d'Allemont, en Dauphiné, de Szlana, en Hongrie, de Salsberg, en Suède, etc. Il est d'un blanc métallique, d'un poids spécifique égal à 14,12; ses cristaux sont un dodécaèdre rhomboïdal; il donne du mercure par la distillation, tandis que le résidu est un globule d'argent.

Cet amalgame se compose de :

Mercure	65
Argent	35
	100

Variétés.

Mercure argentifère granuliforme; — *lamelliforme*, en lames minces recouvrant quelques gangues; — en dodécaèdres rhomboïdaux, simples ou modifiés; — en dendrites superficielles ou *dendritique*.

OSMIUM.

Découvert en 1803, par M. Tennant, dans le platine brut, uni à l'iridium, où il existe sous fome de petits grains très-durs, brillans, cassans, d'un poids spécifique de 19,25, répandant une odeur particulière, se rapprochant de celle du chlore lorsqu'on le calcine dans un tube ouvert; insoluble dans tous les acides, encore peu étudié, très-rare et sans usage.

VIe SECTION.

Métaux ne décomposant l'eau et n'absorbant le gaz oxigène à aucune température; oxides réductibles par le calorique.

ARGENT.

Métal désigné, dans les ouvrages des alchimistes, sous le nom de *Lune* ou de *Diane*, et connu dès la plus haute antiquité. Il existe dans la nature sous divers états : 1° natif et presque pur; 2° en alliage avec l'antimoine, l'arsénic ou le mercure; 3° à l'état de sulfure; 4° à celui de chlorure; 5° à celui de carbonate. De tous ces divers minérais, le sulfure est le plus abondant, et par conséquent celui d'où l'on a extrait la plus grande partie de l'argent que nous possédons.

1re ESPÈCE.

ARGENT NATIF.

Blanc, brillant, cristaux en cubes ou en octaèdres, ductile, tenace, fusible à une haute température; poids spécifique, 10,39; précipité de ses dissolutions par l'acide hydro-chlorique.

Variétés.

Dendritique ou bien en dendrites superficielles ou saillantes ; — *filiforme et capillaire* ; ces filamens entremêlés sont implantés sur les roches ; — *en octaèdre, cubo-octaèdre, cube.*

IIe ESPÈCE.

ARGENT HYDRARGIFÈRE. (*Voy.* MERCURE ARGENTIFÈRE.)

IIIe ESPÈCE.

ARGENT ARSÉNIFÈRE.

Blanc d'argent, fragile ; poids spécifique, 8,11 ; sa dissolution dans l'acide nitrique laisse un précipité rouge. Les proportions de ses principes constituans ne sont pas connues.

ARGENT PURIFIÉ.

Le plus blanc des métaux, plus dur que l'or, mais moins ductile et moins malléable, inodore ; par l'action du marteau, il se réduit en feuilles de 0,0156 millimètres d'épaisseur, que le moindre soufle enlève, et qui, cependant, ne laissent pas passer la lumière. Sa tenacité est telle, qu'un fil de 0,002 millimètres de diamètre peut supporter un poids de 85 kil. sans se rompre. On le tire, à la filière, en fils si déliés, qu'il suffit de 0,065 gr. d'argent pour produire un fil de 122 mètres. Son poids spécifique fondu est de 10,474, et frappé sous le marteau, 10,510. Ce métal fond à 22° du pyromètre de Wedwood, et rougit avant de se fondre ; par un refroidissement lent, il cristallise en prismes quadrangulaires.

PALLADIUM.

Découvert par Wollaston, en 1803, dans la mine de platine. Ce chimiste dit en avoir rencontré aussi qui n'était que mêlé avec des grains de platine, dans les sables platinifères du Brésil.

Ce métal est très-rare. A l'état de pureté, il est blanc, dur, très-malléable, à cassure fibreuse, d'un poids spécifique qui varie entre 11, 3 à 11,8 ; il ne peut être fondu qu'au chalumeau à gaz oxigène.

RHODIUM.

Découvert également par Wollaston, en 1804, dans la mine de platine, où il existe en très-grande quantité, combiné avec ce métal même.

Le rhodium purifié est blanc-gris, solide, cassant, infusible, inaltérable à l'air, d'un poids spécifique égal à 11,000 ; il est inattaquable par les acides.

PLATINE.

Ce mot de platine vient du mot espagnol *platà,* qui signifie argent. Sa découverte est attribuée à M. Ulloa, quoique M. Wood l'ait revendiquée. Ce métal ne se trouve dans la nature qu'à l'état d'alliage avec le palladium, l'iridium, et probablement le rhodium ; presque toujours il est en petits grains aplatis. Il existe dans les mêmes terrains que le diamant, quelquefois même avec lui, mais généralement dans des localités particulières; presque toujours il est parsemé d'or en paillettes. Le platine n'a encore été rencontré que dans l'Amérique équinoxiale, au Brésil, au Pérou, dans la nouvelle Grenade, dans le ravin d'Iro, etc. M. Vauquelin en a réconnu l'existence dans des minérais argentifères de Guadalcanal, en Espagne. Depuis l'analyse qu'il en a faite, les chimistes n'en ont point trouvé de nouveaux échantillons qui en contînssent.

PLATINE AURIFÈRE.

M. de Humbolt a fait connaître à l'académie royale des sciences, que M. Boussingault venait de découvrir à Antioquia, dans la Colombie, une mine de platine contenant de l'or ; il a annoncé aussi qu'on a trouvé tout récemment des mines de platine aurifère dans les monts Ourals, en Russie, et qu'elles sont si riches, qu'on assure qu'à Saint-Pétersbourg, elles ont fait baisser le prix du platine de près d'un tiers. En 1824, le minérai aurifère et platinique a fourni 5,700 kil., ce qui donne 19,500,000 fr. Les mines réunies de toute l'Europe n'en donnent annuellement que 1,300 k.; celles du Chili 3,000, et toute la Colombie 5,000.

Il est reconnu que l'Oural donne à présent autant d'or qu'en ait jamais produit le Brésil, lorsque ses mines étaient les plus riches ; car le maximum de l'exploitation de 1755 fut de 6,000 kil., tandis que maintenant le Brésil n'en donne pas 1,000.

PLATINE PURIFIÉ.

Couleur et éclat de l'argent, très-ductile et très-malléable, assez mou pour se laisser couper avec les ciseaux et entamer par l'ongle, inodore par le frottement, très-tenace, donnant des fils très-déliés, d'un poids spécifique de 20,98 et forgé de 21,53, acquérant beaucoup de dureté par son alliage avec l'osmium, le rhodium, etc., si réfractaire qu'il ne peut être fondu qu'au chalumeau par le gaz oxigène ou hydrogène, inattaquable par les acides.

Une propriété caractéristique du platine, c'est l'action qu'il exerce sur le gaz hydrogène, dont il opère la combustion à la température ordinaire, lorsqu'il est à l'état d'éponge. Cette connaissance est due à M. Dobereiner. MM. Thénard et Dulong ont reconnu depuis que, dans un mélange de deux parties d'hydrogène et une d'oxigène, il opérait une détonation, et qu'il y avait formation d'eau. Les feuilles de ce métal, très-minces, produisent le même effet; chiffonnées entre les mains et réduites en une espèce de boule, elles agissent de suite.

OR.

Si j'avais à écrire l'histoire de l'or, je le définirais le mobile général des actions des hommes, et la source des plus grandes injustices et des plus grands crimes : de là vient cet adage si vrai et si connu, *la clef d'or ouvre partout*, adage que les Grecs connaissaient sous le nom de *pluie d'or*. Dans les emblèmes alchimiques, l'or est représenté par l'image du soleil, comme l'argent l'est par celui de la lune. Il est décrit sous le nom de *roi des métaux*.

Le peu d'affinité qu'a l'or pour l'oxigène est cause qu'on ne le trouve qu'à l'état natif, quelquefois allié avec l'argent, le cuivre et le fer. Ses mines existent presque toujours dans les roches primitives. Il est quelquefois cristallisé en cubes, en octaèdres, en dendrites, en lamelles, en paillettes ou en grains, qu'on appelle *pepites*, quand ils sont un peu gros.

L'or se trouve disséminé dans les sables du nouveau monde, et c'est la plus grande partie de celui qui existe sur la surface de la terre; on le rencontre aussi dans des dépôts arénacés, en Afrique, en Asie et en Europe. « Il est extrêmement commun, dit M. Beudant, dans tous les dépôts sableux, mais en quantité infiniment petite; cependant les sables supérieurs ferrugineux des terrains tertiaires en ont donné quelquefois jusqu'à 1/2 gros par quintal, et la terre végétale en a même fourni un peu plus dans quelques localités. »

L'or se trouve quelquefois dans des dépôts métallifères de divers minérais; il existe dans le minérai, les gangues, ou uni à l'argent dans ses mines, comme dans celles du Mexique, du Pérou, de la nouvelle Grenade, de Transylvanie, etc. Quelques mines de cuivre nous l'offrent également, ainsi que les sulfures de fer, en plusieurs endroits où on les exploite comme aurifères; quelques filons quartzeux qui coupent les roches primitives, en contiennent aussi, et c'est probablement à la destruction de ces roches qu'on doit attribuer ces sables qui contiennent l'or, le platine et les diamans du Brésil, etc. Enfin, l'or se trouve en plus ou moins grande quantité dans les sables qu'entraînent plusieurs fleuves ou rivières, tels que le Pô, le Danube, le Rhin, l'Arriège, le Gardon, etc. Voilà pourquoi on le rencontre aussi dans beaucoup de terrains d'alluvion, principalement en Asie. Parmi les mines les plus aurifères, on doit ranger celles du Brésil, du Chili et du Choco; elles sont dues à des terrains d'alluvion. Les filons aurifères du Pérou sont si pauvres qu'ils ne sont presque plus exploités; dans le Mexique, c'est des pyrites qu'on le retire. Il est bien reconnu que l'or des filons est en général moins pur que celui d'alluvion. Les mines de l'ancien continent n'en donnent annuellement que 4,000, tandis que celles d'Amérique en produisent, d'après M. de Humbold, 14,000.

L'or natif est d'un jaune plus ou moins vif, d'un système cristallin cubique; poids spécifique 19,3, insoluble dans l'acide nitrique, soluble dans l'acide hydro-chloro-nitrique, d'où l'hydro-chlorate d'étain le précipite en pourpre.

Variétés.

1°. *Or cristallisé*, en petits cubes, en octaèdres, etc.
2°. *Or dendritique*, en petits cristaux dont l'arrangement décrit cette forme.
3°. *Or lamelliforme*, en lames sur les gangues.
4°. *Or pepite*, en grains plus ou moins gros.
5°. *Or en paillettes*, dans les sables, etc.

On extrait l'or de ces divers minérais, en le triturant avec le mercure qui le dissout; on met ensuite cet amalgame dans une cornue, et l'on distille; le mercure passe à la distillation, et l'on obtient l'or pur pour résidu.

OR PURIFIÉ.

Jaune, très-brillant, inodore, insipide, tenant le premier rang parmi les métaux, ductible et malléable, réductible en feuilles si minces, qu'on évalue leur épaisseur à 0,000,09 m. Sa divisibilité est telle qu'un cylindre d'argent, doré avec une once d'or, peut être tiré en un fil d'une longueur de cent onze lieues, ou bien de 444,000 mètres. Si l'on aplatit ce fil au laminoir, il offrira deux surfaces dorées ayant un quart de ligne de largeur; en la divisant en deux parties dans leur longueur, on aura quatre surfaces dorées de cent onze lieues chacune, ou bien une longueur totale de quatre cent quarante-quatre lieues.

Le poids spécifique de l'or est de 19,257; il est fusible à 32° du pyromètre, non volatil à un feu de forge. On est cependant parvenu à le volatiliser au moyen de lentilles puissantes, ou bien en le fondant à un feu alimenté par le gaz oxigène; par une forte décharge électrique, on le convertit en une poudre pourpre que certains chimistes croient être un oxide, et d'autres de l'or très-divisé.

IRIDIUM.

Découvert dans la mine de platine, en 1803, par M. Descotils. Ce métal n'existe, dans la nature, qu'allié à l'osmium, et mêlé, en cet état, au platine. Il est très-rare et sans usage. A l'état de pureté, il a l'éclat et la couleur du platine, il est infusible au feu le plus violent de nos forges, et inattaquable par l'air, l'eau, l'oxigène et les acides.

APPENDICE.

Alliages métalliques.

Après avoir passé en revue les différens métaux, nous avons cru devoir donner un aperçu des alliages les plus usités ou les plus intéressans auxquels ils donnent lieu. Ces alliages méritent d'autant plus d'être connus, que le plus souvent ces métaux acquièrent ainsi de nouvelles propriétés, telles qu'une grande dureté, plus de malléabilité, etc. M. Thénard a fait connaître :

1°. Que tous les alliages formés avec les métaux cassans le sont eux-mêmes.

2°. Ceux formés d'un métal ductile et d'un métal cassant sont cassans à quantité égale, ou bien ils partagent les propriétés de celui qui prédomine.

3°. Dans les alliages des métaux ductiles entre eux, à proportions égales, il y en a presque autant de ductiles que de cassans. L'alliage est ductile quand l'un d'eux prédomine, excepté l'or qui devient cassant avec 1/1500 de plomb ou d'antimoine.

4°. Leur poids spécifique augmente ou diminue. Tous les métaux ne sont pas susceptibles de s'unir ensemble; s'il en était ainsi, nous aurions 840 alliages, tandis qu'il n'y en a que 142 de connus.

Le calorique fait éprouver aux alliages les mêmes changemens qu'aux métaux; il en est de même du gaz oxigène.

AIRAIN.

Alliage produit par la fonte de 9 parties de cuivre sur 3 de zinc.

BRONZE.

7 parties de cuivre, 3 de zinc et 2 d'étain, sert pour les statues, etc.

Pour les canons. En France, on emploie 100 de cuivre et 11 d'étain. M. Dussaussoy conseille de rendre cet alliage meilleur pour la fabrication des canons, en y ajoutant de 1 à 2/100 de fer blanc ou un peu d'étain. En Angleterre, les proportions sont 9 du premier sur 9 du second.

Pour les cloches, les proportions employées en Europe et à la Chine sont de 3 de cuivre sur 1 d'étain ; en France, elles sont de 78 du premier sur 22 du second.

Pour les miroirs de télescopes, 7 de cuivre, 4 d'étain et 3 de zinc.

MONNAIES D'OR.

Pièces d'or anglaises, 5,316 d'or pur, et 1,772 de cuivre pur. Celles de France contiennent 9 d'or sur 1 de cuivre ; cet alliage est plus dur que l'or pur.

On peut déterminer le degré de pureté de l'or ou la quantité d'alliage par son poids spécifique. On suppose une masse d'or très-pur que l'on divise par la pensée en 24 parties auxquelles on donne le nom de *karats*. Celui qui est dit à 24 karats est le plus pur ; son degré de pureté diminue avec la diminution des karats. Ainsi, en disant de l'or à 22 karats, on suppose qu'il y a 2/24 d'alliage ;

L'or fondu de 24 karats non écroui a pour poids spécifique.	19,258.
Id. écroui.	19,362.
— Parisien à 22 karats non écroui.	17,486.
écroui.	17,589.
— Guinées de Georges II.	17,150.
Id. de Georges III.	17,629.
— (Coin espagnol).	17,655.
— Ducats de Hollande.	19,352.
— Bijoux à 20 karats non écroui.	15,709.
écroui.	15,775.

MONNAIES D'ARGENT.

En France, 9 argent et 1 de cuivre ; en Angleterre, 4,075 grains d'argent et 1,772 de cuivre. Ces alliages sont plus durs et moins altérables que l'argent pur. L'argenterie pour vases, etc., contient moitié moins de cuivre.

USTENSILES DE MÉNAGE.

Quoique cet alliage ne doive contenir sur 100 d'étain que 7 à 8 de plomb, on y en trouve cependant de 0,15 à

0,25. Cet alliage est plus dur et plus aisé à mettre en œuvre que l'étain fin.

ÉTAIN DE VAISSELLE.

3 livres 8 onces d'étain, 8 onces de plomb, 3 de cuivre et 1 de zinc, forment un alliage très-dur, très-tenace et d'un beau lustre.

MÉTAL DU PRINCE ROBERT.

4 parties de cuivre sur 1 de zinc.

PINCHBECK.

5 parties de cuivre sur 1 de zinc.

MÉTAL DE LA REINE.

9 parties d'étain; 1 de bismuth, 1 d'antimoine et 1 d'étain. C'est avec cet alliage qu'on fait des théières qui imitent l'argent et qui conservent leur éclat pendant plusieurs années.

TOMBAC.

Cuivre 11, zinc 1; couleur rougeâtre, plus brillant et plus dur que le cuivre.

CARACTÈRES D'IMPRIMERIE.

Plomb 5, antimoine 1. L'antimoine donne de la dureté au plomb.

PLANCHES STÉRÉOTYPES ET PETITS CARACTÈRES.

Plomb, 4 1/2, antimoine 1, bismuth 1.

AMALGAME

Pour les coussins électriques, pour vernir les figures de plâtre et argenter les globes de verre.

Pour les coussins électriques. Faites fondre 4 parties de zinc et 2 d'étain, et versez-les dans un creuset froid dans lequel vous en aurez mis 5 de mercure.

Pour vernir les figures de plâtre. Quand vous aurez fondu, dans un creuset, parties égales d'étain, de bismuth et de mercure; mais ne mettez ce dernier métal que lorsque les deux autres seront en fusion, et remuez bien l'alliage. Quand on veut s'en servir on le réduit en poudre et on le mêle avec des blancs d'œufs.

Pour argenter les globes de verre. Faites fondre ensemble, dans une cuiller de fer, 2 parties de mercure et un de bismuth, d'étain et de plomb, et remuez fortement. Quand on veut étamer un globe de verre, on le fait bien sécher, et on y introduit cet alliage que l'on agite en divers sens, jusqu'à ce que toute la surface interne en soit recouverte.

OR MUSIF OU OR DES ALCHIMISTES.

Faites chauffer pendant quelque temps, dans une cornue de verre, parties égales d'oxide d'étain et de soufre; l'oxigène de l'oxide se porte sur une portion de ce combustible et le convertit en acide sulfureux qui se dégage, tandis que l'étain désoxidé s'unit à l'autre partie du soufre pour former un sulfure d'une couleur jaune et d'un éclat métallique. Les alchimistes du moyen âge présentaient à l'ignorance et à la crédulité cette opération comme une véritable transmutation de l'étain en or.

ALLIAGE FUSIBLE DANS L'EAU BOUILLANTE.

Faites fondre ensemble 8 parties de bismuth, 5 de plomb et 3 d'étain. Cet alliage est d'un gris de plomb; il est si fusible qu'il fond dans l'eau chauffée au 95°. On l'emploie pour clicher les médailles.

OR ARTIFICIEL.

Faites fondre, dans un creuset, 16 parties en poids de platine vierge, 9 de cuivre et 1 de zinc pur, en le recouvrant de charbon en poudre; le culot aura la couleur, la densité, la ductilité de l'or, et pourra le remplacer dans un grand nombre de cas.

Alliage dit *argentan.*

MM. de Laval ont pris un brevet d'invention pour cet alliage : nous allons en donner la composition :

Cuivre rosette, bien exempt de fer.	3 parties 1/2.
Nickel bien pur, exempt d'arsénic.	1
Zinc de la Chine très-pur.	1 1/2.

Faites fondre dans un creuset.

Alliage d'un jaune brillant.

Cuivre.	100.
Zinc.	14.

Il est tendre et malléable.

Alliage couleur d'or.

Cuivre.	100.
Zinc.	12.

Grain plus fin que le précédent; tendre et malléable.

Autre couleur d'or très-belle.

Cuivre.	100.
Zinc, de.	8 à 9.

Très-malléable, d'un grain très-fin, et facile à limer.

Il paraît, d'après M. Dumas, que l'alliage du cuivre avec le zinc ne prend la couleur d'or que lorsqu'ils sont dans le rapport de 8 atômes de cuivre sur 1 de zinc.

Autre couleur d'or.

Cuivre.	100.
Zinc.	7.
Etain.	7.

Très-fin, malléable et facile à limer.

Autre belle couleur d'or.

Cuivre.		100.
Zinc. / Etain.	parties égales.	6.

Il cède bien à la lime et au marteau.

Alliage pour les statues et médailles.

Cuivre.	100.
Etain.	8.

Tamtam des Chinois.

Cuivre.	11.
Zinc.	1.

Plus brillant et plus dur que le cuivre.

Alliage dit cuivre blanc.

Whitened copper, falsa silvar des Anglais.

Pour l'obtenir, on fait une pâte avec du deutoxide d'arsénic, de l'huile, de la potasse et du charbon, également en poudre. On place ce mélange dans un creuset, en plusieurs couches séparées par du cuivre granulé, et l'on tient le creuset ouvert. On chauffe d'abord doucement; l'on augmente jusqu'à la fusion du mélange, et l'on coule.

On l'obtient plus aisément, en fondant dans un creuset couvert,

Tournures de cuivre. . . .	10.
Arsénic métallique. . . .	1, 2.

Cuivre blanc des Chinois; (palk fong), d'après l'analyse de M. Fyfe.

Cuivre.	400.
Zinc.	254.
Nickel.	316.
Fer.	26.

Cet alliage se vend, à la Chine, le quart de son poids en argent. L'exportation en est sévèrement défendue; aussi n'arrive-t-il que par contrebande, en masses de 10 à 40 livres.

Cuivre violet.

Tournures de cuivre.	3.
Régule d'antimoine en poudre.	1.

Cassant, susceptible de prendre un très-beau poli. — Couleur violette très-belle.

Or vert, (d'après Gray.)

Or.	708
Argent.	292
	1000.

Faites fondre ensemble.

Alliage le plus propre à recevoir la dorure, d'après M. Darcet.

Cuivre.	82.

Zinc.	18.
Etain.	3.
Plomb.	1 1/2.

Ou bien :

Cuivre.	82.
Zinc.	18.
Etain.	1.
Plomb.	3.

Alliage de Kœcklin.

Cet alliage est presque aussi tenace que le laiton, et résiste au moins aussi bien au frottement; il coûte beaucoup moins. Le zinc qu'on emploie doit être très-pur, car de cette pureté dépend la tenacité et la fusibilité de son alliage. Voici les différens alliages proposés par l'auteur :

N°. 1.	Etain.	1.
	Zinc. . . .	3.

Il est fusible de 260° à 300°.

N°. 2.	Etain. . . .	2.
	Zinc. . . .	4.

Fusible, de 300 à 350.

N°. 3.	Etain. . . .	3.
	Zinc. . . .	2.

Fusible, de 320° à 360°.

N°. 4.	Etain. . . .	1.
	Etain impur. .	1.

Fusible de 250° à 350°.

N°. 5.	Etain. . . .	1.
	Zinc pur. . .	1.

Fusible, de 450° à 500°.

Laiton.

Cet alliage est jaune, très-malléable, très-ductile à froid, fragile à une température élevée. On le fait avec

Carbonate de zinc grillé. . .	50.
Charbon.	20.

L'on mêle et l'on stratifie le mélange dans de grands

creusets, avec 30 parties de cuivre en grenaille. On chauffe fortement. L'oxide de zinc se réduit et se combine avec le cuivre dans les proportions de 3 à 7. On réunit plusieurs fontes en une seule, et l'on coule en planches de 40 à 50 kil. dans des moules qui sont ordinairement de granit.

D'après M. Chaudet, le laiton propre aux ouvrages au tour, et non à ceux au marteau, contient environ 2,5 de plomb. Le laiton se fabrique principalement à Liège, à Namur, etc. Le *similor* contient un peu moins de zinc.

IIe CLASSE.

MÉTALLOXIDES.

Quoique les auteurs de la nouvelle nomenclature chimique aient donné le nom exclusif d'*oxide* à l'union de l'oxigène avec une substance métallique, de nos jours, cette dénomination a été également appliquée à des combinaisons dans lesquelles les métaux n'entrent pour rien, et qui ne sont point non plus considérées comme bases salifiables. Il me suffira de citer l'eau ou *oxide d'hydrogène*, les oxides de *chlore*, de *carbone*; d'*azote*, etc. D'après cela, on a divisé les oxides en métalliques et non métalliques. Nous devons nous borner ici à l'examen des premiers.

Les oxides métalliques, comme nous l'avons déjà dit, sont le produit de l'union d'un métal avec l'oxigène. Plusieurs métaux n'en absorbent qu'une seule proportion, tandis qu'il en est d'autres qui en prennent plusieurs, et qui, par cette propriété, donnent lieu à deux, trois et même quatre oxides. On indique les divers degrés d'oxigénation par les épithètes de *proto*, *deuto*, *trito* et *per*. Nous connaissons plus de soixante oxides qui ont été plus ou moins bien étudiés.

Les oxides métalliques furent connus en même temps et quelques-uns avant leurs métaux ; on leur avait donné le nom de *chaux* ou *terres métalliques*. Les Stalhiens les regardaient comme des métaux dépouillés de phlogistique, qu'il suffisait de leur restituer, par le moyen du charbon, pour les revivifier. Lavoisier les nomma *bases salifiables*; dénomination qui ne saurait leur appartenir exclusivement, attendu qu'elle leur est commune avec plusieurs composés non métalliques. Presque tous les chimistes en ont fait l'objet de leurs recherches; mais c'est à Lavoisier que nous devons les connaissances les plus précieuses sur ces composés, ainsi qu'à M. Davy, qui a démontré, par un grand nombre d'expériences, que les terres et les alkalis étaient des oxides métalliques. Berzélius a complété leur histoire, en faisant connaître que les proportions diverses d'oxigène dans la combinaison des oxides d'un même genre étaient soumises à des lois invariables.

Propriétés physiques. Les oxides métalliques sont tous solides et cassans; réduits en poudre, ils ont un aspect terne, à l'exception de celui d'osmium; ils sont inodores, presque tous insipides, le plus grand nombre diversement colorés, d'un poids spécifique supérieur à celui du métal et à celui de l'eau, ceux de potassium et de sodium exceptés. Ils n'exercent aucune action sur l'infusion de tournesol, à moins qu'elle n'ait été rougie par un acide; alors, en le neutralisant, ils rétablissent sa couleur. Certains colorent en vert le sirop de violettes, et font passer au rouge la couleur jaune de curcuma.

Propriétés chimiques. Par l'action du calorique, les uns, comme ceux de la première section, n'éprouvent aucun changement; ceux de la cinquième et de la sixième sont revivifiés aisément; et ceux des deuxième, troisième et quatrième ne sont point désoxidés. Il arrive seulement que plusieurs perdent une portion de leur oxigène à un degré de chaleur très-fort, et forment des oxides moins saturés de gaz, tandis que d'autres, tels que les protoxides de *barite*, de *cuivre*, de *fer*, de *plomb*, en absorbent davantage.

Il n'est que deux oxides qui soient volatils; ce sont ceux d'arsénic et d'osmium. Il en est qui sont infusibles dans nos meilleurs fourneaux de forge; de ce nombre sont ceux de la première section, ainsi que les protoxides de *barite*, de *chaux*, de *strontiane*; et d'autres qui, avant de se fondre, abandonnent leur oxigène; ce sont ceux des dernières sections; l'osmium seul fait exception à cette règle. Ceux des autres sections sont plus ou moins fusibles, Généralement parlant, les métaux très-fusibles donnent des oxides qui partagent cette propriété. Le *bismuth*, le *potassium*, le *sodium*, le *plomb*, etc., nous en offrent des exemples.

Action de la lumière. Elle n'est susceptible d'agir que sur les oxides qui abandonnent facilement l'oxigène, comme ceux d'or, d'argent; encore même cette action n'est-elle pas bien démontrée.

Action de l'électricité. A l'exception des prétendus oxides de la première section, tous les autres peuvent être décomposés par une pile d'environ cent paires. Pour faire cette expérience, on mouille légèrement une petite quantité d'oxide, qu'on met en contact avec les deux fils de la pile; aussitôt on remarque que le métal passe au pôle négatif et l'oxigène au pôle positif. Si le métal est susceptible de s'amalgamer avec le mercure, celui-ci facilite puissamment cette opération. On prend l'oxide; on en fait, avec l'eau, une pâte assez ferme, avec laquelle on forme une espèce de capsule, qu'on remplit de mercure; on place cet appareil sur une plaque métallique, qu'on fait communiquer avec le fil positif, et le mercure avec le négatif; bientôt après le mercure de la capsule est changé en un amalgame épais. C'est à M. Davy qu'on doit la connaissance du plus grand nombre des découvertes importantes qui se sont opérées de cette manière.

Action du fluide magnétique. Jusqu'à présent, on n'a trouvé que les proto et deuto-oxides de fer qui fussent magnétiques.

Action de l'oxigène. Le gaz oxigène humide est absorbé à froid par quelques oxides; sec, on n'a aucune connaissance de cette absorption, à moins de citer l'action du protoxide de potassium sur ce gaz, qui se convertit en deutoxide; ce que M. Thénard attribue à la chaleur qu'il suppose se développer lors de la formation du protoxide, et qui doit favoriser la nouvelle oxidation, Au rouge cerise, plusieurs oxides s'emparent d'une nouvelle quantité de ce gaz, qu'ils retiennent avec beaucoup de force à cette température, tandis que ceux de la sixième section l'abandonnent.

Action de l'air. Son action sur les oxides est la même que celle du gaz oxigène, avec cette seule différence que ceux qui sont susceptibles de se combiner avec l'acide carbonique absorbent celui de l'air, et passent à l'état de sous-carbonates et de carbonates.

Action de l'hydrogène. Nulle à froid; à une température plus ou moins forte, il est sans action sur ceux de la première section, fait passer à l'état de protoxide les deuto et péroxides de la seconde, et réduit presque tous ceux des autres. Il se forme alors de l'eau par l'union de l'oxigène du métal avec le gaz hydrogène. On fait cette opération en plaçant horizontalement, dans un fourneau, un tube de porcelaine assez long pour dépasser des deux côtés la circonférence du fourneau de quelques pouces. Après qu'on a introduit au milieu de ce tube l'oxide sur lequel on veut opérer, on y adapte, d'un côté, un tube de verre, par lequel on y fait passer un courant de gaz hydrogène, et de l'autre bout, un autre tube qui va plonger dans un flacon à double tubulure, plongé dans l'eau froide ou entouré de glace. Tout étant ainsi disposé, on chauffe plus ou moins le tube de porcelaine, suivant la nature de l'oxide, et on y établit un courant de gaz hydrogène. L'oxide est complètement réduit ou ne peut plus être désoxidé quand il ne se condense plus d'eau dans le flacon, et qu'on ne recueille que du gaz hydrogène.

Action du carbone. L'action de ce combustible est d'autant plus intéressante, qu'elle est de la plus grande importance pour l'exploitation des mines. En effet, à un degré de calorique plus ou moins fort, il réduit tous les oxides métalliques, si l'on en excepte ceux de la première section, qu'on ne regarde comme oxides que par analogie, ainsi que les oxides de *calcium*, de *barium*, de *strontium* et de *lithium*, dont les deutoxides des trois premiers sont réduits par le carbone à l'état de protoxides. En agissant sur les oxides, le carbone passe lui-même à l'état d'oxide ou d'acide.

Il passe à l'état d'oxide, 1° si l'oxide métallique est difficile à réduire, quelles que soient d'ailleurs les proportions de charbon qu'on ait employées ; 2° si cette réduction n'est pas bien difficile et qu'on mette un excès de charbon.

Il passe à l'état d'acide carbonique, si la réduction est facile, comme si la quantité d'oxide l'emporte sur celle du charbon.

Il est aussi des cas où il se produit en même temps de l'oxide de carbone et du gaz carbonique.

Nous ne poussons pas plus loin l'examen des propriétés chimiques des oxides métalliques. Ce que nous en avons dit suffit pour le reconnaître; ceux qui voudront pousser plus loin cette connaissance peuvent consulter avec fruit le *Traité de chimie* de M. Thénard, la *Chimie médicale* de M. Julia de Fontenelle, etc.

Ire SECTION.

DES TERRES OU OXIDES TERREUX.

On a rangé dans cette section les substances qu'on soupçonne, par analogie, être des oxides métalliques, sans qu'on ait pu encore en opérer la réduction. Quoique cette opinion ne soit donc pas fondée sur des expériences bien positives, ni assez nombreuses, sans la partager, nous l'admettons cependant, afin de conserver la classification suivie par les plus habiles chimistes.

Ces oxides terreux sont au nombre de sept :

Oxide de silicium.	— d'ytrium.
— de zirconium.	— de glucinium.
— de thorinium.	— de magnésium.
— d'aluminium.	

On a changé leurs terminaisoes en *ium*, parce que c'est celle qu'on a également donnée aux métaux nouvellement découverts.

SILICOXIDES.

M. Beudant a rangé sous la dénomination de silicides les corps composés d'oxide de silicium, soit seul, soit combiné avec divers autres oxides. Nous ne nous en occuperons ici que dans son état de pureté ; car, suivant divers chimistes, dans son union avec les autres oxides, elle agit comme les acides ; ce qui fait donner à ces combinaisons le nom de *silicates* ; nous les rapporterons donc à la classe de salinoïdes.

SILICE OU OXIDE DE SILICIUM.

La silice est connue de temps immémorial sous les noms de *quartz*, *terre vitrifiable*, *cristal de roche*, etc. ; elle forme seule, ou est partie constituante d'un genre de substances pierreuses particulières qui ont pour signe caractéristique de faire feu au briquet et de donner, par la fusion avec les alcalis, des matières vitreuses.

La silice, diversement colorée, est la base de toutes les pierres précieuses connues sous le nom de *gemmes*, si l'on en excepte le diamant, le saphir et le spinelle.

Cette terre forme aussi, dans les terrains primitifs et intermédiaires, des couches plus ou moins considérables ; dans les fentes de ces mêmes rochers on la trouve en très-beaux cristaux prismatiques terminés par un sommet hexaèdre ; ces cristaux sont souvent très-gros et très-beaux ; ils sont le plus souvent incolores, et d'autres fois colorés par des oxides métalliques, ils portent le nom de *quartz*, et se rencontrent très-rarement dans les terrains secondaires ; ils accompagnent aussi les filons de diverses mines.

Le quartz amorphe constitue les divers silex ; il y a tout lieu de croire que sa cristallisation reconnaît pour cause une solution dans l'eau ; car les molécules siliceuses qui ne forment qu'une sorte d'agrégation, donnent lieu à des pierres non transparentes, et d'un grain plus ou moins fin, telles que les grès divers, le sable siliceux, etc.

Pour obtenir la silice très-pure, on fait fondre dans un creuset deux parties de potasse ou de soude caustique sur une de quartz ; on fait bouillir le produit avec cinq parties d'eau ; on filtre et l'on précipite la silice de cette liqueur à l'état d'hydrate, en y versant un excès d'acide sulfurique ; on lave à plusieurs eaux ; on fait sécher et l'on chauffe jusqu'au rouge : c'est ainsi qu'on obtient la silice pure. En cet état, cet oxide est très-blanc, infusible, rude au toucher, rayant les métaux, insoluble dans le plus grand nombre d'acides, s'unissant, avec les bases, de manière à tenir plus de la nature des acides que de celle des oxides, légèrement soluble dans l'eau, d'un poids spécifique égal à 2,66.

1re ESPÈCE.

A. QUARTZ.

Le quartz commun est d'un blanc plus ou moins beau et d'autres fois coloré en gris et en blanc rougeâtre. On le trouve en masses, disséminé, sous diverses formes imitatives, en véritables cristaux prismatiques, à six plans terminés par un sommet hexaèdre; quelquefois c'est une pyramide simple à six faces, ou en dodécaèdres à double pyramide.

Le quartz est transparent, fait feu au briquet et est infusible; son poids spécifique est de 2,6 à 2,7.

Composition :	Oxigène	50
	Silicium	50

Variétés.

Ces variétés sont produites par celle de formes, de structure, par la coloration mécanique ou chimique, par le jeu de lumière, l'éclat, l'odeur, etc.

Variétés de forme. Quartz cristallisé en rhomboèdre obtus, en prisme pyramidé, en dodécaèdre bipyramidal, en géodes, en stalactites drusiques. — *Pseudomorphique,* en carbonate de chaux, en sulfate calcaire lenticulaire, en fer oligiste, en carbonate de chaux agglutinant du sable quartzeux (grès de Fontainebleau). — En incrustation cristalline sur divers genres de cristaux. — En cristaux, groupés sous formes de roses, etc.

Variétés de structure. Quartz à clivage rhomboédrique. (rare). *Laminaire* ou en lames. — *Stratoïde;* les couches sont parfois globuleuses et convexes, mais le plus souvent elles sont polyédriques et concentriques. — *Compacte;* cette sous-espèce est diaphane, translucide, opaque et laiteuse. — *Fibreux;* couleur verdâtre et blanc jaunâtre, en masse et en morceaux roulés; en concrétions fibreuses courbées; peu éclatant, d'un éclat nacré. La cassure est schisteuse courbe; il est translucide sur les bords. — *Saccharoïde* (rare), ou formé par des groupes de cristaux très-petits. — *Grenu,* à grains plus ou moins gros; il est simple ou micacé. — *Schisteux*, mêlé avec le mica. — *Arénacé*; en cet état il est quelquefois pur; mais plus souvent micacé, argileux, etc. — *Bulleux*, rempli de bulles dues à un liquide et à un gaz que M. Davy a reconnu être de l'eau avec de l'azote pur qui s'y trouve dans un état de six à dix fois plus rare que l'air. — *Treillisé*; la cassure offre des lignes courbes croisées qui décrivent des stries, etc.

Variétés de couleurs, dues à des mélanges mécaniques. Argentin; contient du mica nacré ou coloré en jaune blanc. — *Amphiboleux*; (prase), probablement mélangé avec de l'amphibole. — *Chloriteux*, avec le mica, verdâtre. — *Ferrugineux rouge* (sinople) et *jaune* (eisenkiesel) avec du peroxide ou de l'hydroxide de fer. — *Hématoïde*, avec l'argile ferrugineuse.

Quartz incolore ou hyalin.

Le plus beau provient de Madagascar; on en trouve aussi d'une très-belle eau dans l'Amérique méridionale, la Floride, la province de Quito, les îles de Ceylan, d'Haïti, les Indes Orientales, le Brésil, les Alpes, la Suisse, le Dauphiné, etc. On le trouve en gros filons et traversant, sous diverses directions, les montagnes granitiques, ou des roches analogues, le plus souvent en masses qui, parfois, offrent des cavités géodiques.

Les lapidaires le taillent de diverses manières pour le monter en bijoux : les *cailloux du Rhin*, de *Cayenne*, le *diamant d'Alençon*, ceux de *Marmaros*, de *Paphos*, etc., sont des cristaux de quartz usés par le roulement, et qui reprennent, par le polissage, un très-beau poli.

Le quartz incolore et limpide contient par fois, dans son intérieur, d'autres minéraux qui en augmentent plus ou moins la valeur.

Quartz coloré, ou variétés de couleurs dues à des combinaisons chimiques. Quartz, incolore, rose. — *Bleu, saphirin*, saphir d'eau; très-rare et très-difficile à déterminer; sa couleur est surtout bien sensible par réfraction. — *Jaune*; on le confond aisément avec la topaze du Brésil, quoiqu'il existe cependant entre ces deux pierres une différence bien marquée; c'est que la topaze raie ce quartz. Ce quartz jaune est connu sous le nom de *fausse topaze*,

topaze de Bohême, — *Quartz vert*, cassure quelquefois rayonnée. — *Violet* (améthiste). Ses cristaux sont enchâssés dans des pierres grenues; ses cristaux ne sont jamais de prismes parfaits; c'est dans les terrains volcaniques ou douteux qu'on le trouve presque toujours. — *Rose* ou *rubis de Bohême*, doit cette teinte au manganèse; il la perd par une longue exposition à l'air, et devient laiteux (c'est le quartz laiteux des Allemands). — *Brun* ou *enfumé*; cette couleur est quelquefois assez intense pour paraître noirâtre. Ces couleurs sont le rose rouge ou le blanc de lait; il est en masse, éclatant, cassure conchoïde, translucide, etc.

Variétés produites par effet de lumière. Quartz chatoyant; il est très-connu sous le nom d'*œil de chat*. — *Opalissant*, cassure conchoïde, peu éclatant, translucide sur les bords. — *Irisé*, effet dû à la décomposition de la lumière dans les fissures. — *Aventuriné*, état dû, soit à un mélange micacé, ou bien à la décomposition de la lumière entre les grains qui en constituent la masse.

Variétés d'éclat. Quartz vitreux, terne, gras, résineux, etc.

Variété d'odeur. Il existe un quartz qui, par le frottement, exhale une odeur d'ail qu'il perd par l'action du calorique ou son exposition à l'air.

Il existe encore un grand nombre d'autres variétés de quartz; car c'est une des familles les plus étendues, et l'on peut dire une de celles qui, par la variété des formes, la beauté des échantillons et la diversité des couleurs, fait le plus bel ornement des cabinets de minéralogie.

B. CALCÉDOINE.

La calcédoine prend son nom du lieu où elle fut trouvée, dans les temps reculés, dans l'Asie mineure. Elle comprend un grand nombre de sous-espèces; nous allons examiner successivement les principales. La calcédoine commune se présente sous des couleurs diverses : blanc, gris, jaune, brun, vert et bleu. Celle en vert noirâtre paraît, en regardant à travers le minéral, passer au rouge de sang. On trouve cette espèce en morceaux arrondis, uniformes, stalactiformes, portant des impressions organiques; elle se rencontre aussi en filons et en masse. La calcédoine est plutôt lithoïde que hyaline ; elle est opaque ou translucide, fait feu au briquet, infusible, blanchit par l'action du calorique sans dégagement d'eau ; poids spécifique, pure, 2,6. Sa composition chimique est la même que celle du quartz. Il est fort rare de la trouver en cristaux, qui sont des rhomboèdres de 94° 15′ et 85° 45′ ; sa transparence est 3, et sa frangibilité 2 ; elle est un peu plus dure que la pierre à fusil.

Variétés.

Nous allons suivre la même division que nous avons empruntée à M. Beudant pour la première espèce.

Variétés de formes. Cristallisée en rhomboèdres. — *Guttulaire.* — En *rognons*, tantôt pleins et tantôt en géodes dont l'intérieur est tapissé de cristaux, de stalactites, etc. — *Pseudomorphique,* en incrustant les cristaux quartzeux, ou diverses autres substances, telles que les bois, les madrépores, etc.

Variétés de structure et d'éclat. Calcédoine compacte, translucide et cassure cireuse. Dans ces diverses colorations elle constitue les agates, les sardoines, les cornalines, que nous décrirons dans la variété suivante. — *Silex*, cassure conchoïdale esquilleuse. — *Silex corné,* (partie compacte de la pierre meulière), aspect gras et tortueux, opaque, cassure plate. — *Cellulaire* ou *molaire,* parsemée d'un grand nombre de cavités irrégulières. — *Organoïde,* peu différente de la pseudomorphique. — *Stratoïde,* formée de couches concentriques ou planes douées d'une finesse et d'une transparence plus ou moins grande, et ayant diverses teintes — *Nuagée,* offrant par réfraction des ondulations qui ont la plus grande ressemblance avec les nuages, etc.

Les calcédoines viennent de Feroë, d'Islande, d'Oberstein, département de la Sarre, de la Transylvanie, et principalement des Indes, où on la taille en coupes, tasses, etc. qui sont très-estimées et fort recherchées. Au rapport de Pline, les belles calcédoines, si bien gravées par les anciens, provenaient des pays des *Nasamons*, en Afrique et des environs de Thèbes ; on achetait les premiers à Carthage, et on les taillait à Rome en camées, oupes, etc. on en trouve de fort belles, parfaitement gravées à la bibliothèque du Roi, entre autres celles qui représentent les bustes d'un jeune guerrier, de la déesse Rome, du Taureau Dionysiaque, etc.

Variétés de couleurs.

SARDOINE.

Calcédoine jaune, ou cornaline jaune de Werner. Sa couleur varie beaucoup; elle est d'un jaune orangé ou de bistre, offrant des nuances depuis le jaune brun foncé jusqu'au jaune brunâtre orangé; on en trouve aussi d'incolores et d'autres dites *Sablées*, parce qu'elles sont parsemées de pointes opaques d'une couleur plus intense. La cassure des sardoines est lisse et sans petites écailles, comme dans les calcédoines. Les sardoines sont employées à faire des bijoux, ainsi que des *Camées*.

CHRYSOPASE.

Cette pierre n'a encore été trouvée que dans la haute Silésie, aux environs de Kosemütz; elle est toujours en masse : sa cassure est unie et quelquefois écailleuse; à peine présente-t-elle quelque éclat; elle est un peu moins dure que la calcédoine; sa couleur se rapproche beaucoup du vert pomme, son poids spécifique 2,479, sa frangibilité 3. Exposée à une température égale à celle de la fonte du fer, elle perd sa transparence et blanchit.

On attribue sa couleur à environ 0,01 de nickel qu'elle contient.

CORNALINE.

La couleur la plus estimée de cette pierre est le rouge de sang. Cette couleur varie dans certaines cornalines du rouge de chair au blanc-rougeâtre, au blanc de lait, au jaune et au brun rougeâtre; son éclat est très-grand, sa transparence 3, et son poids spécifique 2,6. Sa cassure est parfaitement conchoïde et plus tendre que la calcédoine commune.

Composition :	Silice.	94
	Alumine.	3 5
	Oxide de fer.	0 75

Les plus belles cornalines nous viennent de Cambaye et de Surate, dans l'Inde. On la trouve dans les lits des torrens de ces contrées, ayant une couleur d'olive noirâtre passant au gris; on les expose à la chaleur dans des pots de terre pour leur donner ces belles couleurs qui les font rechercher des joailliers.

Les lapidaires divisent la cornaline en 2 classes, ils rangent dans la 1re, sous le nom de cornalines de *vretre roche*, celles qui sont d'un rouge vif, foncé; dans la 2e ou *cornalines femelles des anciens*, celles qui sont d'une couleur pâle ou qui ont une teinte jaunâtre. Les premières sont très-estimées; elles proviennent de Cambaye et de Surate; les anciens tiraient leurs cornalines de la Perse, des Indes, de l'Arabie, des Isles d'Assos, de Paros et de Ceylan, de la Lydie, etc.

AGATE.

L'agate offre un grand nombre de variétés dues à la diversité de ses principes constituans, qui sont, le quartz, le jaspe, l'améthyste, l'opale, la cornaline, etc. Nous allons faire connaître les principales.

Agate rubanée. Elle est composée de couches alternantes et parallèles de calcédoine avec jaspe, ou quartz ou améthyste; elles sont diversement colorées; les plus belles nous viennent de la Saxe et de la Sibérie.

Agate herborisée. C'est à proprement parler une calcédoine offrant des ramifications végétales variées, et diversement colorées, qui sont traversées parfois par des veines irrégulières de jaspe rouge.

Agate moka. Nom qu'elle a reçue de ce lieu de l'Arabie où elle se trouve. Cette pierre doit être regardée comme une calcédoine transparente offrant des contours herborisés qu'on attribue à des cryptogames.

Agate breccie ou en *brèche.* Base d'améthyste, avec des fragmens d'agate rubanée. Cette belle variété est originaire de la Saxe.

Agate fortification. Sciée transversalement et polie, elle présente à l'intérieur des lignes en zigzac parallèles qui ont l'apparence d'une fortification moderne.

Agate Onix ou Onix.

Cette variété est remarquable en général, par deux ou

trois bandes diversement colorées, droites et parallèles entre elles. Plus rarement les bandes sont au nombre de 5 à 6. Leur principale beauté consiste dans la vivacité et l'épaisseur de leurs couleurs, ainsi que dans la finesse de leur pâte. Les quatres principales variétés d'onix, sont :

1°. L'*Onix des lapidaires*. Couches droites et parallèles, c'est presque la seule qui soit susceptible d'être travaillée.

2°. L'*Onix à couches ondulées*. C'est l'agate rubanée des lapidaires. Les couches sont ondulées.

3.° L'*Onix* dit *œil d'adad*, ou *triophtalme des anciens*. C'est l'*agate œillée* des lapidaires. Couches orbiculaires et concentriques, ayant de l'analogie avec la prunelle des yeux.

4°. L'*Onix camée*. Celle-ci représente une gravure en relief d'une autre couleur que le fond. L'artiste a profité de la succession des couches colorées pour former une sorte de tableau.

Les agates existent dans la plupart des contrées, principalement dans la serpentine et les roches de trap. On en colore artificiellement par immersion dans des solutions métalliques; elles étaient autrefois bien plus recherchées qu'elles ne le sont de nos jours. Les orientales sont presque toujours transparentes et d'un aspect vitreux; les occidentales ont des couleurs variées et souvent veinées de quartz ou de jaspe. Les agates les plus estimées sont celles qui présentent à leur intérieur quelque animal ou quelques plantes bien dessinés. On trouve aussi des calcédoines herborisées à dendrites noirs ou rouges, etc.

Variétés par mélanges mécaniques.

JASPE.

Cette pierre entre dans la composition de beaucoup de montagnes. On trouve ordinairement le jaspe en masses amorphes formant des lits, des filons, et quelquefois en morceaux arrondis ou anguleux. Il est communément opaque, de couleurs variées; d'une dureté de 9 à 10, et d'un poids spécifique égal à 2,3. Jameson a formé cinq variétés de Jaspe, et Werner, six; nous allons suivre celles de ce dernier.

1°. *Jaspe commun.* En masse, rouge brun, d'un éclat tirant sur le mat, cassure conchoïde, opaque, peu dur, poids spécifique 2,6, infusible au chalumeau, et finit par y devenir blanc, susceptible de prendre un très-beau poli. Il se trouve principalement en filons dans diverses contrées du continent.

2°. *Jaspe égyptien.* Ce nom lui a été donné, parce qu'on l'a trouvé primitivement en Egypte; depuis on l'a rencontré dans une ou deux contrées de l'Allemagne. On connaît deux sortes de jaspes égyptiens, le brun et le rouge.

Le jaspe égyptien brun se trouve en Egypte au milieu d'une brèche dont les couches constituent la plus grande partie du sol de cette antique contrée; sa couleur est le brun marron qui varie du brun jaunâtre au gris jaunâtre : cette dernière couleur est vers le centre, et par conséquent est recouverte par les autres. La couleur brune donne lieu à des dessins rubanés concentriques entre lesquels le minéral est tacheté de noir. Ce jaspe est en masses globuleuses, peu éclatant, un peu translucide sur les bords, à cassure conchoïdale, infusible et d'un poids spécifique égal à 2,6.

Jaspe égyptien rouge. On le trouve aussi dans le royaume de Bade, dans un lit d'argile rouge. Sa couleur tient le milieu entre le rouge écarlate et le rouge de sang; celle de la superficie est souvent jaunâtre ou d'un gris bleuâtre. Ces couleurs présentent des dessins zonaires. Ce jaspe est en morceaux arrondis, à cassure conchoïdale, dur, peu translucide sur les bords; poids spécifique 2,63.

3°. *Jaspe rubané*, toujours en masse et en lits dans les collines qu'il constitue même. Ses couleurs sont le gris de perle, les gris verdâtre et jaunâtre, les jaunes de crême et de paille, le vert poireau, le vert de montagne et le gris verdâtre, le rouge de cerise, le rouge de chair, le rouge brunâtre et le brun de prune. Il est mat à l'intérieur, opaque, moins dur que le précédent, susceptible de prendre un beau poli; cassure conchoïde; poids spécifique 2,5.

4°. *Jaspe agate*, se trouve toujours en masse dans les

agates et les amygdaloïdes, blanc jaunâtre, blanc rougeâtre, jaune paille, etc.; ces couleurs sont distribuées en zones et en rubans; il est dur, opaque, cassure conchoïde, quelquefois translucide et souvent happant à la langue.

5°. *Jaspe porcelaine.* Cette espèce est regardée comme due à une argile schisteuse qui a été durcie par des feux souterrains; le plus souvent il se présente en masse et morceaux anguleux; il offre quelquefois des empreintes végétales; ses couleurs sont le bleu, le jaune, le gris, le rouge de brique, le noir grisâtre, le gris de cendre, etc.; quoiqu'il ne soit ordinairement que d'une seule couleur, il présente souvent des dessins nuagés et pointillés. Ce jaspe est opaque, dur, facile à casser, cassure conchoïdale; poids spécifique, 2,5; fusible en un verre blanc ou gris.

Pour ne plus nous éloigner des divisions de Werner, nons avons placé ici le jaspe, qui cependant appartient aux silicates alumineux, ainsi qu'on pourra le voir par sa composition, qui est de -

Silice	60,75
Alumine	27,25
Magnésie	3,00
Oxide de fer	2,5
Potasse	3,66

Il accompagne constamment l'argile brûlée.

6°. *Jaspe opale,* se trouve en masses dans le porphyre, dans la Hongrie et dans la Sibérie. Couleurs diverses, qui sont rouge, brun-noirâtre, jaune d'ocre, etc. Quelquefois en taches et en veines, assez éclatant, ordinairement opaque, facile à casser, cassure conchoïde. Poids spécifique 3,0, infusible.

M. Beudant attribue les variétés de jaspe rouge et jaune à des mélanges d'oxide et hydroxide de fer, et le jaspe vert à des mélanges de chlorite, de terre verte et de diallage.

Composition, d'après Klaproth :

Silice	43,5
Oxide de fer	47,0
Eau	7,5

Calcédoine quartzifère ; elle contient beaucoup de quartz-hyalin. — *Calcifère,* unie à du carbonate de chaux, qui la rend plus ou moins fusible.

Variétés produites par la décomposition.

Cacholong, se trouve en masses détachées dans les roches de trap d'Islande, dans le Groënland, à Champigny près de Paris, etc. Il est opaque, plus dur que l'opale, d'un éclat nacré à l'intérieur et mat à la surface, cassure conchoïdale, couleur blanc laiteux; blanc, jaunâtre ou grisâtre, infusible au chalumeau; poids spécifique, 2,2.

C. QUARTZ TERREUX.

Silice nectique. Agrégé, structure terreuse, plus ou moins légère. — *Silice pulvérulente,* sèche et parfois douce au toucher.

IIe ESPÈCE.

HYDROXIDE DE SILICIUM.

Cette espèce diffère de la précédente, en ce que l'oxide de silicium est à l'état d'ydrate, c'est-à-dire est uni à l'eau.

OPALE.

L'opale se trouve dans plusieurs contrées de l'Europe, surtout dans la haute Hongrie ; elle est molle, quand elle est tirée depuis peu de terre ; par son exposition à l'air, elle se durcit et perd de son volume. Cette pierre est amorphe, translucide, d'une cassure conchoïde, d'un poids spécifique qui varie entre 1,958 et 2,540. Quelques échantillons jouissent de la propriété d'émettre divers rayons colorés avec un reflet particulier, quand on les met entre la lumière et l'œil; ce sont celles que les lapidaires désignent par le nom d'*opales orientales*, et les minéralogistes par celui de *nobles* : ce sont les plus estimées. Les autres peuvent acquérir cette propriété par une longue exposition aux rayons solaires. Werner a divisé les opales en quatre sous-espèces, et Jameson en sept variétés, que nous allons examiner.

1°. OPALE NOBLE OU PRÉCIEUSE.

Cette variété existe en petits filons dans du porphyre argileux, dans la Hongrie supérieure, ainsi que dans des roches de trap en Saxe, dans le nord de l'Irlande. Sa couleur est blanc de lait, tirant sur le bleu; elle offre un jeu de couleurs très-vives et très-variées, quand on fait varier sa position, par rapport à la lumière; elle est très-éclatante, translucide ou demi-transparente, cassante, à cassure conchoïde, d'une pesanteur spécifique égale à 2,1, infusible au chalumeau, mais blanchissant et devenant opaque.

Composition :	Silice	90
	Eau	10
		100

Il est quelques-unes de ces opales qui jouissent de la propriété de devenir transparentes en les plongeant dans l'eau; on les appelle *hydrophanes*, ou *opales changeantes*, et *oculus mundi*.

2°. OPALE COMMUNE.

Existe en filons avec la précédente, dans du porphyre argileux, ainsi qu'en filons métallifères, en Islande, dans le nord de l'Irlande, etc. Cette opale est d'un blanc de lait très-éclatant, avec une diversité de nuances, telles que le blanc grisâtre, verdâtre, jaunâtre, etc., demi-transparente, rayant le verre, cassure conchoïde, facile à casser, infusible, demi-dure; poids spécifique de 1,958 à 2,144, et adhérent à la langue.

Composition :	Silice	93,5
	Oxide de fer	1,0
	Eau	5,0
		99,5

3°. OPALE FEU.

On ne l'a trouvée encore qu'au Mexique (à Zimapan), dans une variété particulière de pierre de corne porphyrique.

Cette opale est rouge hyacinthe, très-éclatante, très-transparente, dure, cassure conchoïde; poids spécifique, 2,12, et acquérant, par l'action du calorique, une couleur de chair faible.

Composition :	Silice	92,00
	Fer	0,25
	Eau	7,75
		100,00

4°. OPALE MÈRE DE PERLE (Cacholong).

Nous l'avons décrite à l'article des variétés de la calcédoine produites par la décomposition.

5°. DEMI-OPALE.

On avait classé cette variété parmi les pechsteins; elle est très-commune dans les diverses parties du monde, où elle se trouve en morceaux angulaires et en filons, dans le porphyre, etc., tantôt en masses, sous différentes formes imitatives, etc. Cette pierre prend une diversité de couleurs, qui sont : le blanc, le gris, le jaunâtre, le gris verdâtre, le gris de cendre, le gris noirâtre, le vert poireau, le vert pomme, le vert olive, le jaune de cire, le brun marron, etc.; ces couleurs sont le plus souvent ternes et offrent quelquefois des dessins tachetés, nuagés ou rubanés. Cette opale est translucide, peu éclatante, demi-dure, cassure conchoïde ; poids spécifique, 2,0.

Composition, d'après Klaproth :

Silice	85,00
Carbone	5,00
Alumine	3,00
Oxide de fer	1,75
Eau ammoniacale	8,00
Huile bitumineuse	0,38
	103,13

Il est difficile de concevoir, dans cette pierre, l'existence de l'eau ammoniacale et d'une huile bitumineuse; il nous paraît plus naturel de les attribuer à la décomposition d'une substance organique, lors de son analyse.

6°. OPALE JASPE OU OPALE FERRUGINEUSE.

C'est une véritable silicate de fer. *Voy.* JASPE OPALE.

7°. OPALE LIGNIFORME.

C'est, à proprement parler, du bois imprégné d'opale ; on trouve cette opale dans un terrain d'alluvion en Hongrie, sous forme de branches ou autres parties d'arbre. Ses couleurs sont le blanc grisâtre et jaunâtre, le jaune d'ocre, etc. Elle est translucide, éclatante, cassure conchoïde, demi-dure, un peu plus que l'opale; poids spécifique, 2,6.

Les lapidaires établissent plusieurs variétés d'opales, qu'ils désignent ainsi :

Opale à paillettes. Les reflets de celle-ci sont disposés en taches.

Opale à flammes. Les reflets sont en lignes allongées et parallèles.

Opale jaunâtre. Stimatre peu estimée.

— *Noirâtre.* Ses reflets sont presque semblables à ceux d'un charbon près de s'éteindre.

— *Vitreuse.* D'un rouge veineux, très-estimée des anciens, e'est une sous-variété de l'opale feu.

— *Arlequines.* Celles qui réflectent toutes les couleurs, mais par petites parties.

— *Prime* ou *matrice d'Opale.* C'est le gangue ou les *roche d'opale* que l'on polit et qui, contenant dans sa pâte des fragmens ou paillettes d'opale de diverses couleurs, produisent des effets d'autant plus beaux qu'elles sont plus riches en opales.

OPALE COMMUNE.

En filons avec l'opale noble dans du porphyre argileux, blanc de lait très-éclatant, avec une diversité de nuances telles que le blanc grisâtre, verdâtre, jaunâtre et elle est demi-transparente, rayant le verre, cassante, à cassure conchoïde, demi-dure, infusible et d'un poids spécifique de 1,958, elle est composée de

Silice	93 5
Oxide de fer	1
Eau	5

Les opales étaient très-estimées des anciens; l'Apocalypse les nomme *les plus nobles des pierres.* Les opales sont en effet les plus belles pierres de parure avec les diamans; on les monte en bagues, boucles, épingles, etc. quand elles sont un peu grosses on les taille en *cabochon* ou *goutte* de *suie*, imitant la poire, les pendeloques et l'amande, presque toutes celles qu'on trouve en France dans le commerce viennent de la Hongrie.

ZIRCONOXIDES.

Corps composés d'oxide de zirconium, soit seul, soit uni à d'autres substances.

OXIDE DE ZIRCONIUM OU ZIRCONE.

MM. Klaproth et Vauquelin ont trouvé le zircone dans le jargon ou zircon de Ceylan, et M. Guyton de Morveaux, dans l'hyacinthe. Les sables des ruisseaux d'Expailly, près du *Puy en Velay* et de *Piso*, charient également de petits zircons.

La zircone, ou oxide de zirconium, extraite de ces pierres par des procédés chimiques. est blanche, insipide, inodore, un peu rude au toucher, insoluble dans l'eau; mais, en la faisant sécher lentement, elle se rassemble en une masse jaunâtre demi-transparente, semblable à de la gomme arabique; c'est un hydrate qui contient le tiers de son poids d'eau ; poids spécifique, 4,3.

La zircone s'unit à la silice et à l'état salin ; nous examinerons ces compositions à la famille des silicates.

ALUMINOXIDES SIMPLES.

Oxide d'aluminium (alumine), seul ou uni à d'autres corps.

OXIDE D'ALUMINIUM OU ALUMINE.

Cette terre est le principe constituant principal des terres argileuses, des ardoises, des mines d'alun, etc. Elle n'a été désignée comme une terre particulière qu'en 1754, par Margraaff, et comme un oxide, que depuis les travaux importans de M. Davy sur la potasse et la soude.

L'alumine native, la plus voisine de son état de pureté, existe dans le saphir, le rubis, les pierres orientales, la wavellite, etc. Elle est la base des kaolins, des terres à pipe, des terres à foulon, des bols, des ocres, etc., etc.

L'alumine pure est blanche, pulvérulente, douce au toucher, happant la langue, et formant, avec la salive, une pâte douce ; elle est inodore, insipide, fusible seulement au chalumeau oxihydrogène ; le calorique ne fait que diminuer son volume en augmentant sa dureté ; c'est sur cette propriété qu'est construit le pyromètre de Wedwood ; son poids spécifique est de 2,000. Elle se mêle en toutes proportions avec l'eau, en garde une partie, sans cependant s'y dissoudre. On éprouve la plus grande peine à en séparer les dernières portions de celle qu'elle a absorbée. L'alumine unie à l'eau jouit d'une propriété plastique qu'elle perd par la calcination; on la lui rend en la faisant dissoudre dans les acides; elle a la plus grande affinité pour les matières colorantes végétales, avec lesquelles elle s'unit et se précipite pour former les diverses laques.

La famille des aluminoxides comprend deux genres, qui sont eux-mêmes divisés en espèces et en variétés; nous nous bornerons à faire observer que nous n'avons pas cru devoir regarder les combinaisons de l'alumine avec une base comme des aluminates; parce que nous ne pensons pas que l'alumine y joue le rôle d'un acide; nous avons donc préféré leur donner le nom d'*aluminides*.

PREMIER GENRE. — ALUMINOXIDES.

1re ESPÈCE.

CORINDON.

Cette pierre est si dure, qu'à l'exception du diamant, elle raye tous les corps ; son poids spécifique est de 3,97 à 4,16.

Composition :	Oxigène	47
	Aluminium	53

M. Jameson a divisé cette espèce en trois sous-espèces.

Iʳᵉ SOUS-ESPÈCE. L'*octaèdre* comprend l'*automalite*, la *ceylanite* et le *spinelle*. L'*automalite* et le *spinelle*, par leur composition, rentrent dans le genre aluminide.

Variété. — *Ceylanite, pléonaste d'Haüy*.

Ce minéral a pris son nom de l'île de Ceylan, d'où on l'a porté; il est le plus souvent en masses arrondies et quelquefois en cristaux, dont la forme primitive est l'octaèdre régulier. Il se présente souvent sous cette forme; mais le plus souvent les bords de l'octaèdre manquent et sont remplacés par des facettes.

Le ceylanite est d'une couleur bleu indigo, qui, examinée attentivement, paraît être le noir verdâtre; surface rude au toucher, peu d'éclat à l'extérieur, très-brillant à l'intérieur, cassure conchoïde aplatie, plus mou que le spinelle, et rayant légèrement le quartz; poids spécifique, 3,77, infusible au chalumeau.

IIᵉ SOUS-ESPÈCE. *Corindon rhomboïdal.* Quatre variétés; le *salamstone*, le *saphir*, l'*émeri* et le *corindon* ou *spath adamantin*.

SAPHIR.

Télésie d'Haüy ou *corindon parfait de Bournon*.

Après le diamant, le saphir est la pierre précieuse la plus estimée (1); les plus beaux se trouvent dans les Indes orientales, et particulièrement dans le royaume de Pégu et dans l'île de Ceylan; on le rencontre aussi en Bohême, en Saxe et en France, au ruisseau d'Expailly. C'est dans un terrain d'alluvion, dans le voisinage des roches de formation secondaire ou de trap secondaire qu'on le découvre. Les principales couleurs du saphir sont le bleu et le rouge; ses variétés sont le blanc, le vert, le jaune, etc.; il est le plus souvent cristallisé; ses cristaux sont d'une petite dimension; leur forme primitive est un rhomboïde, dont les angles alternes sont de 86 et de 94. M. Bournon a décrit huit modifications de cette forme; il paraît cependant que ses formes ordinaires sont une pyramide à six faces parfaites; une pyramide à six faces, double, aigue, etc.

(1) Suivant Jameson, un saphir du poids de 10 carats est estimé 1200 fr.

Le saphir est d'un éclat se rapprochant de celui du diamant ; il tient le milieu entre le transparent et le translucide ; il jouit d'une réfraction double, a une cassure conchoïde, est cassant, le plus dur de tous les corps après le diamant, d'un poids spécifique de 4 à 4,2, électrique par le frottement, et conservant pendant plusieurs heures son électricité, n'en acquérant plus étant chauffé ; il est infusible au chalumeau.

Composition :

S. Bleue.	Alumine	98,0	S. Rouge	90,5
	Chaux	0,5		7,0
	Oxide de fer	1,0		1,2
	Perte	0,5		1,3
	Klaproth	100	Chenevix	100,0

Variétés du saphir. 1° Les blancs sont très-rares ; sans la différence de leur éclat, on pourrait les confondre avec le diamant ; cependant, quand ils sont coupés, ils sont presque aussi éclatans que lui ; ces variétés et celles d'un bleu pâle, par leur exposition à la chaleur, deviennent d'un blanc de neige ; 2° Les variétés de la plus grande valeur sont celles cramoisies et d'un rouge carmin : c'est le *rubis oriental* des joailliers, qui diffère beaucoup du *rubis ordinaire ;* 3° le *corindon vermeil* ou *vermeil oriental,* rubis calcédonien. Au lieu de la belle couleur des *rubis d'orient,* il a un aspect laiteux, semblable à celui des *calcédoines ;* 4° après le rubis oriental, la variété constituant le saphir bleu est la plus estimée ; c'est le vrai saphir oriental ; il est très-rare. Après celle-ci vient la jaune ou la *topaze orientale,* qui est celle qui a le plus de valeur ; enfin la variété violette, ou l'*améthiste orientale,* tient le troisième rang ; 5° il est aussi une autre pierre connue sous le nom d'*astérie* ou *pierre étoile,* parce que, vue au soleil, en la tournant sur elle-même, elle offre l'image d'une étoile, dont le centre est au milieu de la pierre. C'est une très-belle variété du saphir ; elle est, en général, d'un beau violet rougeâtre, avec un éclat opalescent, ayant la forme rhomboïdale à sommets tronqués.

Les saphirs sont susceptibles de prendre un très-beau poli. On les taille avec l'*égrisée* ou poudre de diamant ;

on les polit avec de l'aimant ; on taille ceux qui sont connus sous le nom de *vrai rubis* en brillant.

Les saphirs sont très-recherchés. Comme les diamans, ils paraissent avoir une valeur intrinsèque : ainsi, un saphir oriental de 10 carats peut valoir 1200 fr. ; un saphir de 20 carats, de 4500 à 5000 fr. ; au-dessus de ce poids, il n'est point de règle fixe ; au-dessous de 10 carats, on peut les estimer à 12 fr. le premier carat ; multipliés le nombre des carats l'un par l'autre et le produit par douze, le produit sera le prix du saphir. Le plus beau saphir est celui du jardin du Roi ; il est de forme rhomboïdale dont le plus grand côté a 3 centimètres 3 millimètres.

ÉMERIL OU CORINDON GRANULAIRE.

Existe en abondance dans l'île de Naxos, ainsi qu'à Smyrne ; on le trouve en Allemagne, en Espagne, en Italie, en Saxe, etc. : il est toujours en masses informes, mêlé avec d'autres minéraux. Sa couleur tient le milieu entre le noir grisâtre et le gris bleuâtre, peu brillant, cassure inégale et à grains fins, translucide sur les bords, cédant à peine à l'action de la lime et rayant la topaze ; poids spécifique 4,0.

Composition :	Alumine	86
	Silice	3
	Fer	4
	Perte	7
		100

Ce minéral, réduit en poudre fine, sert à polir les métaux et les corps durs, à user le verre, etc.

CORINDON.

Spath adamantin de Klaproth *et* Kirvan ; *corindon d'*Haüy *et* Gmelin ; *corivindon de* Wodward.

Werner a sous-divisé ce minéral en deux sous-espèces, le *corindon* et le *spath adamantin ;* mais il est démontré que la principale différence consiste dans la couleur, qui paraît due à un peu plus d'oxide de fer ; 1° le *corindon* a été trouvé dans l'Inde, dans le Carnate et sur la côte de Malabar ; il est en masses, en cristaux ou en morceaux roulés ; il est d'un blanc verdâtre qui passe au gris de cette couleur, et quelquefois au gris de perle passant au rouge de chair ; il raye le quartz ; éclat du verre ; poids spécifique de 3,710 à 4,180 ; 2° *Spath adamantin*. On croit qu'il n'a encore été trouvé qu'en Chine. Il est, comme le précédent, en masses, en morceaux roulés, ou en prismes hexaèdres à sommets tronqués ; sa couleur est brunâtre, bel éclat nacré, cassure lamelleuse, dur; poids spécifique 3,581.

Composition du *corindon* : terme moyen des analyses de MM. Klaproth et Chenevix.

Alumine	89,5
Silice	5,88
Oxide de fer	2,20
Perte	2,42
	100,00

Composition du *spath adamantin* : terme moyen des analyses de ces deux chimistes.

Alumine	85,25
Silice	5,875
Oxide de fer	7,000
Perte	1,875
	100,000

III° SOUS-ESPÈCE. *Corindon prismatique* ou *chrysobéril*.

On a compris, dans les variétés de cette sous-espèce, le *chrysolite*, l'*olivine*, la *coccolite*, l'*augite* et la *vésuvienne*, qui, par leurs principes constituans, rentrent dans la famille des silicates. Nous allons donc borner ici notre examen au chrysobéril, qui, à la rigueur, devrait être rangé parmi les aluminides.

CHRYSOBÉRIL.

Cymophane d'Haüy ; *chrysopade* de Lametherie ; *chrysobéril* de Werner ; *chysolite opalissante, chatoyante*, ou *orientales* des lapidaires.

On ne doit point confondre ce minéral avec celui de

Pline, qui devait être une variété du béril ; d'un jaune verdâtre. Werner est le premier qui l'a séparé des autres espèces ; on ne l'a encore découvert qu'au Brésil, dans l'île de Ceylan, dans le Connecticut, et, dit-on, en Sibérie, à Nortschink.

Le chrysobéril se trouve le plus souvent en masses arrondies, de la grosseur d'un poids, et parfois en cristaux prismatiques octaèdres, terminés par des sommets hexaèdres ; couleur vert d'asperge, passant tantôt au gris jaunâtre et tantôt au gris verdâtre ; cette nuance peu agréable est relevée par un globule lumineux d'un blanc violâtre qui se promène dans les divers points de la pierre au fur et à mesure qu'on la fait changer de position. C'est ce caractère qui en fait le principal mérite et qui lui a fait donner, par Haüy, le nom de *cymophane* ou *lumière flottante*. Cette pierre est demi-transparente, cassure conchoïde, cassant, rayant le béril et le quartz ; poids spécifique 3,76, infusible au chalumeau, réfraction double, électrique par le frottement.

Composition, d'après Klaproth :

Alumine	71
Silice	18
Chaux	6
Oxide de fer	1,5
	96,5

M. Beudant y regarde la chaux comme accidentelle.

On taille les cymophanes transparentes en facettes ; et, celles qui sont chatoyantes, en cabochon : on les monte en bagues, boucles d'oreilles, épingles, etc. ; quand la couleur de cette pierre tombe sur le *doré*, non-seulement elle soutient la comparaison avec les plus belles topazes d'orient, mais avec le diamant jaune même. Cette variété est très-recherchée au Brésil.

DEUXIÈME GENRE. — ALUMINHYDROXIDES.

Ce genre comprend l'oxide d'alumine hydraté.

GIOSITE.

Minéral blanchâtre ou verdâtre en stalactites petites

et groupées sur leur longueur ; leur structure est fibreuse, radiée, et leur poids spécifique de 2,40.

Composition :	Alumine	65
	Eau	35
		100

TROISIÈME GENRE. — ALUMINOXIDES COMPOSÉS.

Minéraux composés d'oxide ou d'hydroxide d'aluminium, avec une autre base.

1re ESPÈCE.

ALUMINOXIMAGNÉSIE OU SPINELLE.

Rubis balai de Kirvan ; *rubis spinelle octaèdre de* Delisle ; *spinelle de* Gmelin ; *rubis des* Allemands, *rubis spinelle* des lapidaires.

A proprement parler, on ne doit comprendre sous le nom de *rubis* que le R. *spinelle* des lapidaires, à l'exclusion du *rubis oriental* et de ceux dits du *Brésil*, de *Bohême*, de *Barbarie*, de *Rothe*, etc., qui sont des pierres différentes. *Voyez*, pour le rubis oriental, l'article *Saphir* ; pour le rubis balai et du Brésil, l'article *Topaze*.

On trouve ce minéral dans une pierre calcaire, primitive en Sudermanie, ainsi que dans le royaume de Pégu et dans l'île de Ceylan. Considéré comme pierre précieuse lorsqu'il pèse quatre carats (un gramme), son prix est égal à celui d'un diamant ne pesant que la moitié de ce poids. Le rubis spinelle se trouve le plus souvent cristallisé en octaèdres très-réguliers, en tétraèdres parfaits ou modifiés, en une table épaisse équiangle à six côtés, en un dodécaèdre rhomboïdal, etc. ; il a l'éclat de verre, la cassure conchoïde, aplatie ; il passe du translucide au transparent, raye la topaze et est rayé par le saphir ; il est cassant, à réfraction simple, d'une couleur rouge, passant au bleu d'un côté, et de l'autre au jaune et au brun ; poids spécifique de 3,5 à 3,8 fusible au chalumeau, avec addition de sous-borate de soude.

Composition, suivant M. Vauquelin.

Alumine	82,47
Magnésie	3,78
Acide chrômique	6,18
Perte	2,57
	95,00

Le rubis spinelle a quelques rapports d'analogie avec le grenat et surtout le saphir rouge ; il est cependant moins dur que ce dernier, et diffère du grenat en ce que celui-ci a une teinte noirâtre qui en altère toujours la couleur.

On taille le rubis en brillant à degré, à haute culasse et à table médiocre. Le lapidaire ne doit point lui donner trop d'étendue.

Les variétés principales en rubis sont :

1° Le *Rubis spinelle ponceau ;*

2° Le *spinelle rubis,* improprement nommé aussi *rubis-balai*, couleur rose, nuance violet, reflet laiteux.

3° Le *spinelle-vinaigre;* teinte rousseâtre.

4° *Rubis brun-rouge* pâle enfumé, jaunâtre ou noirâtre ; éclat faible ; peu estimé.

5° *Rubis alamandin ;* couleur rouge tirant sur le pourpre : elle tient le milieu entre le rubis et l'améthiste.

Le prix des rubis est fort élevé :

Dutems les évalue à

1 carat	240
2 ——	960
3 ——	3,600
4 ——	9,600
5 ——	14,400
6 ——	24,000

IIe ESPÈCE.

ALUMINOXIZINC ou GAHNITE, AUTOMOLITE.

Couleur vert foncé, cristaux octaèdres réguliers ayant la même forme que le spinelle, moins dur que lui, rayant le quartz, cassure lamelleuse, et un peu conchoïde ; poids spécifique 4,261, infusible au chalumeau sans addition, avec le borax donnant un vert verdâtre qui est incolore quand il est froid.

Composition :	Alumine	72
	Oxide de zinc	28
		100

Gehlen dit y avoir trouvé 9,25 d'oxide de fer, et 4,75 de silice.

IIIe ESPÈCE.

ALUMINHYDROXIPLOMB.

Plomb gommé.

Jaune ou rougeâtre, donnant de l'eau par l'action du calorique ; ses solutions produisent un précipité blanc par les sulfates solubles, et un précipité gélatineux par l'ammoniaque.

Composition :	Alumine	38
	Bi-oxide de plomb	42
	Eau	20
		100

IVe ESPÈCE.

DIASPORE DE HAUY.

Se trouve en masses composées de lignes légèrement curvilignes et faciles à séparer les unes des autres ; sa couleur est le gris et le blanc jaunâtre ou verdâtre, éclat vif et nacré, rayant le verre, décrépitant par l'action du calorique, et donnant de l'eau ; poids spécifique, 3,4324.

Composition ; peu connue, mais attribuée à l'alumine, à une substance alcaline et à l'eau.

Nous traiterons des argiles à l'article *Silicates.*

YTTRIOXIDES.

L'yttria, oxide d'yttrium ou gadolinite, est un des principes constituans de l'*yttro-tantalite*, l'*yttro-cérite*, le *gadolinite*, etc. Il existe dans les minérais en combinaisons salines, et dans le dernier à l'état de silicate ; nous aurons donc occasion d'en parler lorsque nous traiterons de ces sels ; nous allons nous borner à faire connaître ici cet oxide pur.

OXIDE D'YTTRIUM.

La découverte de cet oxide a été faite en 1754, par Gadolin, dans la Gadolinite, minéral qui porte son nom,

Cette terre pure est blanche, insipide, inodore, insoluble dans l'eau, inaltérable à l'air, infusible, absorbant le gaz oxigène à froid, et l'abandonnant par l'action du calorique.

THORINOXIDES.

L'oxide de *thorinium*, ou *thorine*, tire son nom d'une divinité scandinave, nommée *Thor*, que Berzélius, à qui nous devons la connaissance de cet oxide, lui a conservé.

La thorine est encore peu étudiée ; elle est blanche, inodore, infusible et irréductible par l'électricité ; elle absorbe l'acide carbonique à froid, et s'unit à plusieurs acides. Elle diffère de l'alumine et de la glucine par son insolubilité dans l'hydrate de potasse ; l'oxalate d'ammoniaque la précipite de sa dissolution dans l'acide sulfurique.

MAGNÉSOXIDES.

La magnésie, ou oxide de magnésium, resta confondue avec la chaux jusqu'en 1722, époque à laquelle Frédéric Hoffmann soupçonna sa nature particulière, que Black démontra en 1755. Cette terre est une des parties constituantes d'un grand nombre de minéraux ; elle ne se trouve cependant seule à l'état natif qu'à celui d'hydrate.

Cet oxide pur est blanc, doux au toucher, insipide, inodore, infusible et phosphorescent par la chaleur, verdissant le sirop de violettes, insoluble dans l'eau, inaltérable à l'air, formant des sels avec les acides, dégageant l'oxigène de l'eau oxigénée, sans éprouver aucun changement ; poids spécifique, 2,3.

On rencontre la magnésie dans l'amiante, quelques carbonates calcaires, le mica, la pierre ollaire ; elle donne à ces minéraux un tact pour ainsi dire onctueux.

SEULE ESPÈCE.

MAGNÉSHYDROXIDE.

L'hydrate de magnésie natif fut découvert par le docteur Bruce, de New-Yorck, dans de la serpentine, dans le New-Jersey ; elle est en masses, blanche, éclat nacré, lamelleuse, douce au toucher, demi-transparente, un peu élastique, happant légèrement à la langue ; poids spécifique, 2,13.

Composition : Oxide de magnésie 70
Eau 30

100

GLUCINOXIDES.

L'oxide de glucinium, ou glucine, a été découvert en 1798, dans l'aigue marine, et puis dans l'émeraude par M. Vauquelin ; il lui donna ce nom, parce que ses sels solubles sont très-doux.

La glucine pure est blanche, insipide, infusible, légère, douce au toucher, insoluble dans l'eau, soluble par la potasse, la soude et le carbonate d'ammoniaque, donnant des sels sucrés ; poids spécifique, 2,967 ; sans action sur l'air ni l'oxigène, absorbant l'acide carbonique à froid ; le calorique l'en dégage.

IIe SECTION.

Métalloxides décomposant l'eau à froid et s'unissant à l'oxide à la chaleur même la plus forte. Ils sont sapides, verdissent le sirop de violette, rétablissent la couleur bleue des végétaux rougis par un acide, et rougissent l'infusion de curcuma.

CALCIOXIDE OU CHAUX.

Le calcium est susceptible de s'unir à deux proportions d'oxigène : dans celle de métal 100, et d'oxigène 38,1 ; il constitue le protoxide ; celles du peroxide sont à celui-ci : : 2 : 1.

Le protoxide de chaux, chaux vive, terre calcaire, est connu de temps immémorial ; il fait partie d'une foule de minéraux, et constitue à l'état de carbonate les marbres et une partie des montagnes qui existent sur la surface du globe ; à celui de sulfate la chaux produit les gypses ou plâtres ; à celui de phosphate, elle constitue les os, etc. Comme cet oxide est très-employé, on le prépare en grand, en calcinant les pierres à chaux ou carbonates calcaires.

La chaux est d'un blanc sale, susceptible de cristalliser en hexaèdres, d'une saveur âcre et très-caustique, irréductible par la chaleur, verdissant le sirop de violettes, infusible dans nos fourneaux, et se fondant au chalumeau de Blooc, en un verre jaune; le fluide électrique la décompose; elle est inaltérable à l'air et l'oxigène secs; humide, attirant l'eau, se gonflant, se délitant, blanchissant, dégageant beaucoup de calorique, et passant successivement de l'état de sous-carbonate à celui de carbonate calcaire. On produit le même effet sur la chaux, en y jetant de petites portions d'eau qui, en s'unissant à cet oxide, produisent une si grande quantité de calorique, qu'elle est suffisante pour enflammer le soufre, la poudre à canon, etc. La quantité d'eau que la chaux peut *solidifier*, sans perdre elle-même son état solide, est de 0,31; en se combinant ainsi avec ce liquide, le protoxide de chaux devient par fois lumineux dans l'obscurité, et passe à l'état d'hydroxide ou hydrate. La chaux est plus soluble à froid qu'à chaud dans l'eau; cette solution, placée sous le récipient de la machine pneumatique, à côté d'une capsule pleine d'acide sulfurique, cristallise, suivant M. Gay-Lussac, en prismes hexaèdres transparens.

La chaux a, pour caractères distinctifs, d'être précipitée de ses dissolutions par l'acide oxalique ou mieux par l'oxalate d'ammoniaque.

BARIOXIDE OU BARITE.

La *barite*, terre pesante ou *spath* pesant, *protoxide de barium*, fut découverte par Schéèle en 1774; elle n'existe dans la nature qu'à l'état salin. A l'état de pureté, elle est en morceaux poreux, d'un blanc grisâtre, très-caustique, verdissant les couleurs bleues végétales, est décomposée par le fluide électrique, d'un poids spécifique, suivant Fourcroy, de 4,000; l'eau agit sur elle comme sur la chaux, avec cette différence que l'hydrate de barite ne retient que 0,1175 d'eau; l'eau bouillante en dissout le tiers de son poids et l'eau froide un vingtième. Cette solution bouillante donne, par le refroidissement, des cristaux octaèdres ou des prismes hexaèdres terminés par des sommets tétraèdres, etc. Les solutions de barite enlèvent l'acide sulfurique à toutes les solutions salines, et y produisent un précipité blanc, insoluble, qui est un sulfate de barite.

Composition : Barium 100
Oxigène 11,669

111,669

L'oxide de barium forme aussi, avec l'oxigène, un deutoxide qui est composé de :

Barium 100
Oxigéne 23,338

123,338

STRONTIANOXIDES.

Strontiane, ou protoxide de strontium.

N'existe dans la nature qu'à l'état de carbonate ou de sulfate. Le docteur Crawfort découvrit cette terre dans un fossile, accompagnant la mine de plomb de strontiane ; quatre ans après, Hope et Klaproth firent connaître sa nature particulière.

La strontiane, à l'état de pureté, est d'un blanc grisâtre, très-caustique, agissant sur les couleurs bleues végétales, l'eau, l'oxigène et l'air, comme la barite ; elle est soluble dans vingt parties d'eau bouillante et dans quarante de froide ; la solution bouillante cristallise par le refroidissement ; son poids spécifique est le même que celui de la barite.

Composition : Strontium 100
Oxigène 18,273

Une propriété particulière, c'est qu'elle communique une couleur rouge à la flamme de l'esprit de vin.

Il est un procédé très-simple dû à MM. Julia de Fontenelle et Quesneville, fils, pour distinguer la barite de la strontiane. Il consiste à les réduire en poudre et à y verser dessus quelques gouttes d'acide sulfurique ; si c'est de la barite, elle deviendra incandescente avec dégagement de lumière ; si c'est de la strontiane, il se dégage de la chaleur sans lumière.

LITHIOXIDES.

Lithine, oxide de lithium.

Alcali puissant, découvert en 1818, dans le pétalite, le triphane et certaines tourmalines vertes, par Arfwedson, et depuis dans la rubellite, par Berzélius.

Cet oxide est blanc, inodore, très-caustique, verdissant le sirop de violettes, attirant l'humidité de l'air, réductible par l'électricité, plus soluble dans l'eau que la barite.

Caractère principal : la lithine attaque le platine, quand on la calcine dans un vase de ce métal avec le contact de l'air, et en favorise l'oxidation.

Composition :	Lithium	100
	Oxigène	78,25
		178,25

POTASSOXIDES.

Potasse, alcali végétal, oxide de potassium.

Cet alcali n'existe jamais pur dans la nature, mais bien à l'état de sel avec les divers acides ; les cendres des végétaux en donnent plus ou moins à l'état de sous-carbonate. Tout porte à croire que cet alcali est contenu dans les bois, puisque ceux qui ont resté long-temps en immersion dans l'eau, et qu'on appelle à cause de cela *bois flottés*, donnent des cendres qui n'en contiennent presque pas. Ce sous-carbonate, extrait par la combustion des végétaux, retient souvent le nom du végétal qui le produit ; c'est ainsi qu'il a reçu ceux *de sel de tartre, sel d'absinthe, sel de centaurée*, etc. Kennedi dit avoir trouvé cet oxide dans la *pierre ponce*.

La potasse pure est blanche, très-caustique, très-déliquescente, verdissant le sirop de violettes, fusible à la chaleur rouge, irréductible par le calorique et réductible par l'électricité, très-soluble dans l'eau et l'alcool, dégageant l'oxigène de l'eau oxigénée sans l'absorber, désorganisant les substances animales, et d'un poids spécifique de 1,7085.

D'après les belles recherches de M. Serulla, l'acide perchlorite la précipite de ses solutions salines, en sépare l'acide et forme un perchlorate de potasse insoluble. Ce procédé est excellent pour distinguer cet alcali de la soude.

Composition :	Potassium	100
	Oxigène	19,945

Il existe aussi deux autres oxides de potassium ; mais

c'est le protoxide qui constitue les sels de potasse qu'on trouve dans la nature.

SOUDOXIDES.

Soude, alcali minéral, protoxide de sodium.

On prétend que cet alcali fut découvert par des marchands, que la tempête avait jetés à l'embouchure du fleuve Bélus, en Syrie, lesquels ayant fait cuire leurs alimens avec des kali, les cendres qui en résultèrent, mêlées avec du sable, donnèrent, par la fusion, une matière vitreuse. Jusqu'à Bergmann, la soude a été confondue avec la potasse.

L'oxide de sodium se trouve très-abondamment dans la nature uni à divers acides; les plantes marines, telles que les *salsola*, les *fucus*, etc., en donnent beaucoup, etc. Les liquides de plusieurs animaux, et tous les animaux en contiennent aussi. La soude native se trouve unie à d'autres substances. Klaproth l'a démontrée par 0,36, et M. Vauquelin par 0,33, dans la *chrysolite du Groënland;* les basaltes et divers produits volcaniques en comptent aussi parmi leurs principes constituans.

Les propriétés de la soude sont les mêmes que celles de la potasse, avec cette différence que son poids spécifique n'est que de 1,336; que ses sels offrent des caractères particuliers, et qu'ils ne donnent pas des précipités par l'hydro-chlorate de platine, ni par l'acide tartrique, comme ceux de potasse.

Composition :	Sodium	100
	Oxigène	33,995

Le sodium, uni à de nouvelles doses d'oxigène, donne lieu à un deutoxide, qui est un produit de l'art.

IIIe SECTION.

Oxides dont les métaux absorbent l'oxigène à la plus haute température, et qui ne décomposent l'eau qu'à la chaleur rouge.

1re ESPÈCE.

MANGANÉSOXIDES.

La manganèse est susceptible d'absorber divers degrés d'oxigène : aussi admet-on quatre de ces oxides.

1° Le protoxide est blanc à l'état d'hydrate ; il n'existe naturellement qu'uni à l'acide carboniqne et probablement à la silice ; il est composé, d'après M. Arfwedson,

de manganèse	100
et d'oxigène	28,10

2°. Le deutoxide est brun rouge ; il ne se trouve dans la nature qu'à l'état de silicate. D'après le chimiste précité, il est composé

de manganèse	100
d'oxigène	37,47

3° Tritoxide pur, brun noirâtre ; il existe à l'état natif uni à l'eau. C'est celui dont nous allons parler.

Hydroxide de manganèse.

Cet hydrate est quelquefois à l'état métalloïde, gris de fer, à poussière brune ; il donne de l'eau par la calcination.

Composition :	Tritoxide de manganèse	90
	Eau	10
		100

Il est souvent mêlé avec de l'argile, du protoxide de manganèse et de l'hydroxide de fer.

Variétés.

Hydroxide de manganèse cristallisé. Ses cristaux sont indiqués comme étant octaèdres et prismatiques. — *Dendritique.* — *Fibreux.* — *Mamelonné.* — *Globulaire.* — *Stalactitique.* — *Terreux.* — *Ferrifère.* — *Gris lamelleux.* — *Compacte.* — *Terreux.* — *Noir compacte.* — *Fibreux.* — *Lamelleux*, etc.

Peroxide. C'est celui qu'on trouve le plus communément : aussi le décrivons-nous avec plus de détail.

Peroxide de manganèse.

Se trouve fréquemment dans les terrains primitifs, et les intermédiaires, tant dans les dépôts qui se rattachent à l'*euphotide*, que dans les roches arénacées ou schisteuses. Dans plusieurs endroits, il repose sur le granit ou les roches anciennes; mais, comme il est recouvert de matières argileuses et quartzeuses, il est difficile de déterminer à quel âge il appartient.

Le peroxide de manganèse est souvent en cristaux qui dérivent d'un prisme rhomboïdal droit de 100° et 80°; ils ont l'aspect métallique et donnent une poudre noire; son poids spécifique est de 3,5 à 3,8.

Composition :	Manganèse	100
	Oxigène	56,215

Ce peroxide se trouve uni souvent à diverses substances; dans un état voisin de celui de pureté, il affecte diverses formes que nous allons exposer.

Variétés.

Peroxide de manganèse cristallisé. Il est en prismes qui se trouvent modifiés sur les arêtes latérales, ayant par fois des sommets dièdres ou tétraèdres. — *Mamelonné.* —*Stalactitique, bacillaire, fibreux* à fibres divergentes ou entrelacées.—*Compacte.* — *Terreux;* en ces deux états, il est en masses informes d'un brun noirâtre, etc.

M. Julia de Fontenelle en a trouvé une variété dans les Pyrénées, que M. Bouïs y a également rencontrée. Cette manganèse est en masses irrégulières, dures, cohérentes, rayant légèrement le verre; d'une action bien faible, mais sensible sur l'aiguille aimantée; couleur terne, brune, noirâtre à l'intérieur; les morceaux les plus concrétionnés font feu au briquet.

M. Bouïs a trouvé le minérai composé de

Peroxide de manganèse	47,82
Hydrate de *idem*	30,00
Deutoxide de fer	3,00
Matière siliceuse	17,00
Acide fluorique	0,75
Chaux, indéterminée.	

Tout porte à croire que la chaux saturait l'acide fluorique.

Peroxide pur. Brun noirâtre, réductible par l'électricité en poudre très-fine; mis en contact avec l'eau oxigénée concentrée, en opère de suite la désoxigénation avec un dégagement considérable de calorique. Très-employé dans les laboratoires de chimie pour obtenir le gaz oxigène et le chlore.

ZINCOXIDES.

L'oxide de zinc se trouve ordinairement en masses concrétionnées, uni à la silice, l'alumine, l'oxide de fer et le carbonate de chaux, quelquefois en petits cristaux contenant de la silice, et colorés par les oxides de fer ou de manganèse ; la variété en octaèdres, que l'on nomme *zinc gahnite*, et qui est d'un vert foncé, contient 0,17 de soufre. A proprement parler, on ne doit considérer comme zinc natif que l'espèce suivante :

SEUL GENRE.

1re ESPÈCE.

ZINCOXIDE DE FER MANGANÉSIEN, OU FERROMANGANÉSIEN.

Ce minérai a été trouvé dans le New-Jersey, près de la ville de Franklin, en couches et amas considérables unis à la siénite intermédiaire. Cet oxide est lamellaire, rouge ou noir.

Composition :	Zinc	100,000
	Oxigène	24,797

Variétés.

Noire ou *Franklinite* est composée de

Oxide de zinc	17
— de fer	66
— de manganèse	16
	99

Rouge. Même gisement, couleur rouge de sang, en masse ou disséminée, très-cassante, et cassure conchoïde, et éclatante quand elle est récente, translucide sur les bords, se rayant facilement par le couteau. Poids spécifique, 6,22.

Composition, suivant Bruce :

Zinc	76
Oxigène	16
Oxide de fer et de manganèse	8
	100

Oxide de zinc pur.

Blanc sale, non volatil, très-difficile à fondre, indécomposable par le calorique, réductible par l'électricité, insoluble dans l'eau, sans action sur l'air ni sur le gaz oxigène. Dans les anciens ouvrages de chimie, il porte le nom de *fleurs de zinc, laine philosophique, nihil album* et *pompholix*.

Il existe un second oxide de zinc qui est le produit de l'art; il contient un peu plus du double d'oxigène que le naturel.

FEROXIDES OU SIDEROXIDES DE M. BEUDANT.

Le fer se trouve abondamment répandu dans la nature sous trois degrés d'oxigénation. Un caractère qui est propre aux minérais qui en contiennent, c'est de donner du gaz hydrogène quand on les traite par l'acide sulfurique; les hydro-cyanates font acquérir une belle couleur bleue aux solutions salines de ces oxides. Nous allons les diviser en deux genres.

PREMIER GENRE.

1re ESPÈCE.

FER OLIGISTE, FER SPÉCULAIRE.

Ce minéral ne se rencontre que dans les montagnes primitives et dans celles de transition, en filons et en couches. Plusieurs minéralogistes ont partagé cette espèce en deux sous-espèces : le *fer spéculaire commun* et le *fer micacé*.

1°. Le *fer oligiste*, proprement dit, a un aspect métalloïde, gris d'acier dans la cassure ; il est légèrement attirable à l'aimant ; sa poussière est brune ou rouge; son poids spécifique 5,10 ; ses cristaux dérivent d'un rhomboèdre obtus de 86° 10′ et 93° 50′.

Composition encore peu connue. M. Vauquelin en a examiné un échantillon venant du Brésil, et qui était attirable à l'aimant.

Il a indiqué pour ses composés :

Peroxide de fer	72
Protoxide	28
	100

Il n'est pas certain, dit M. Beudant, que ce minérai soit comparable à celui de l'île d'Elbe, qui est presque toujours titanifère. M. Julia de Fontenelle, qui en a analysé divers échantillons, y a trouvé depuis 0,35 jusqu'à 65 de protoxide de fer.

Variétés.

Fer oligiste cristallisé. Il est tantôt en prismes hexagones réguliers, et tantôt en rhomboèdres plus ou moins modifiés.

Lenticulaire. Cette variété offre elle-même plusieurs sous-variétés. Son éclat est demi-métallique; sa couleur est d'un rouge brunâtre qui passe au gris d'acier et au brun rougeâtre et noirâtre. On le trouve en masses; on en porte de fort beaux échantillons de l'île d'Elbe.

Granuleux. — *Lamellaire.* — *Compacte noir.* On le trouve ordinairement en masses sous diverses formes imitatives. Sa couleur tient un juste milieu entre le gris d'acier et le noir bleuâtre; éclat métalloïque; cassure le plus souvent conchoïde, très-cassant.

Irisé. La surface offre une variété de couleurs très-belles.

Spéculaire. Cristaux étendus, d'un beau poli; cassure vitreuse et conchoïde.

2°. *Fer spéculaire micacé.* Noir de fer, brillant métallique très-prononcé, clivage simple, légèrement attirable à l'aimant, en petites tables minces à six faces, râclure d'un rouge cerise, poids spécifique, 5,07.

On le trouve en masses et disséminé, en Angleterre, en Norwège, etc. Il donne de 0,70 à 0,80 de fer, qui est quelquefois cassant à froid.

IIe ESPÈCE.

DEUTOXIDES DE FER.

Fer magnétique, fer oxidulé d'Haüy.

Le fer magnétique commun se trouve souvent dans

les montagnes primitives, particulièrement dans celles de *gneiss*, de *schiste-mica*, de *schiste-chlorite*, dans la pierre calcaire primitive, etc. Ce minérai est très-abondant en Suède, ainsi qu'en Norwège, en Suisse, en Russie, à l'île d'Elbe, etc. La forme primitive de ses cristaux est l'octaèdre régulier; au reste, il offre une foule de variétés dans sa forme cristalline.

Le fer magnétique est d'une couleur noire, métalloïde; il est non-seulement très-attirable à l'aimant, mais il est magnétique; son poids spécifique est de 4,24 à 4,94. Cassure inégale; râclure noire, plus dure que l'*apatite.*

Composition :	Fer	72
	Oxigène	28
		100

Ce degré d'oxigénation est à peu de chose près celui du deutoxide de fer.

Variétés.

Fer magnétique cristallisé. Ses cristaux sont des dodécaèdres rhomboïdaux, ou des octaèdres plus ou moins modifiés.

Granulaire ou *sablonneux.* En couches, dans des roches de basalte et de wacke, ainsi que sur les bords des fleuves et des torrens. La couleur de ce sable est noire, sa surface rude, un peu brillante, sa forme est en petits grains angulaires, en petits octaèdres, etc. Poids spécifique, 4,6.

Composition, d'après Klaproth :

Oxide de fer	85,5
— de titane	14,0
— de manganèse	0,5
	100,0

En rognons. Il se trouve disséminé dans certaines roches talcqueuses. — *Lamellaire.* — *Compacte*, c'est la variété à laquelle on donne le nom d'*aimant.* — *Terreux*, noir bleuâtre, opaque, tendre, éclatant; cassure inégale, à grains fins. — *Titanifère*, ou contenant du titane; il est ou en masse, ou à l'état de sable.

III

IIIe ESPÈCE.

PEROXIDE DE FER.

Tous les minérais qui appartiennent à cette espèce ne sont point attirables à l'aimant ; ils ont quelquefois un aspect métalloïde et à poussière rouge, ou bien non métalloïde et de couleur rouge. Poids spécifique, de 3,5 à 39.

Composition :	Oxigène	31
	Fer	69
		100

Variétés.

Peroxide de fer cristallisé, ou peut être *pseudomorphique*. Ses formes cristallines sont en cubes et en octaèdres plus ou moins modifiés.

Pseudomorphique. Les cristaux sont modelés sur ceux du carbonate de chaux.

L'*écailleux*, ou *Eisenrham, écume de fer*. Assez rare. Elle existe en Allemagne, en Angleterre et en Hongrie. Sa couleur tient le juste milieu entre le rouge brun et le rouge cerise ; éclat demi-métallique, ordinairement friable, composé de petites écailles qui tachent les doigts ; couleur gris d'acier foncé, passant au rouge brunâtre ; friable, tachant, etc.

Composition, d'après Henri :

Fer	66,00
Oxigène	28,50
Silice	4,25
Alumine	1,25
	100,00

Stalactitique et *mamelonné*, ou *hématite rouge*. En masses et sous toutes les variétés de formes de stalactites ; réniforme, globuleuse, etc. ; couleur entre le gris d'acier et le rouge brun ; éclat peu métallique ; cassure fibreuse ; poids spécifique de 3,005 à 4,74.

Compacte. Commun en Allemagne, en France, etc. En masses et disséminé, affectant quelquefois des formes imitatives, et se présentant aussi en cubes et en pyramides tétraèdres à sommets tronqués. Couleur entre le gris d'acier et le rouge brun. Poids spécifique de 3,423 à 3,76. Cette variété est quelquefois recouverte d'une ocre rouge rose.

Composition, d'après Bucholz :

Fer	70,5
Oxigène	29,5
	100,0

Elle fournit de très-bon fer fondu en barres.

—*Structure fibreuse* ou *testacée.* — *Terreux* ou *almagre, rouge naturel, rouge indien*, etc.

— *Argileux.* Très-abondante dans les formations primitives, de transition et stratiformes ; on la sous-divise en sept sous-variétés : le *crayon rouge,* le *fer argileux scapiforme,* le *fer argileux lenticulaire*, le *jaspoïde,* l'*argileux commun,* les *ætites* ou *pierres d'aigle,* et le *pisiforme.* La plupart de ces sous-variétés diffèrent entre elles par leurs principes constituans. Enfin, c'est l'oxide de fer qui colore les diverses argiles et ocres rouges et jaunes, etc.

DEUXIÈME GENRE. — HYDROXIDE DE FER.

Le fer hydraté doit être considéré comme une combinaison du peroxide de fer avec l'eau. Il est connu dans les arts sous le nom d'*hématite brune.* Il a un aspect lithoïde non métallique ; sa couleur est d'un brun plus ou moins foncé, tirant quelquefois sur le noirâtre, et passant au jaune ; sa poussière est jaune, et passe au rouge par la calcination. Poids spécifique, 3,37. Cristaux dérivant du cube.

Composition :	Fer peroxidé	80
	Eau	20
		100

Le fer hydraté est souvent uni à des substances argileuses.

Variétés.

Hydrate cristallisé. En cubes et en octaèdres.

— *Pseudomorphique.* En cristaux cubiques, etc.; en boules recouvertes de cristaux dues à la décomposition du sulfure de fer; en dodécaèdres à triangles scalènes, incrusté sur du carbonate calcaire; enfin, modelé en coquilles, en madrépores, etc.

— *Fibreux.* Tantôt ses fibres sont serrées à côté les unes des autres, et tantôt éparses dans du quartz; il contient presque toujours du manganèse. Il se présente sous diverses formes imitatives. Sa couleur est le brun de girofle; opaque, cassant, brillant à l'extérieur, et peu éclatant à l'intérieur. Poids spécifique, 3,9.

Composition, d'après M. Vauquelin :

Oxide de fer	80,25
Eau	15,00
Silice	3,75
	99,00

— *Compacte.* Texture non fibreuse, formant quelquefois des espèces de rognons géodiques; il porte alors les noms de *pierres d'aigle*, *fer d'aigle*, *fer hydraté célite.* Il forme des masses *oolitiques*, lorsqu'il est en globules testacés et agglomérés.

Composition :	Peroxide de fer	84
	Eau	11
	Silice	2
	Perte	3
		100

On en retire 0,50 de bon fer en barres.

— *Granuleux* ou *terreux.* Il se trouve en couches dans des terrains récens, accompagnant des coquilles anciennes. Le volume des grains varie depuis celui d'un pois jusqu'à celui de la poudre à tirer. Il est toujours plus ou moins rouge; la terre argileuse qui lui sert de gangue est jaunâtre; la structure de chaque grain est compacte, quelquefois fibreuse.

— *Polyédrique.* Produit par retrait, en se desséchant.

— *Bacillaire.* Très-rare; se trouve à Altenberg, en Saxe. Quand sa couleur se rapproche de celle du foie cuit, on l'appelle *fer hépatite.*

Fer brun d'ocre. Brun jaunâtre, cassure terreuse, tachant, sectile, mat, en masses.

Composition :	Peroxide de fer	83
	Eau	12
	Silice	5
		100

— *Rouge fibreux* ou *hématite rouge.* Couleur entre le rouge brun et le gris d'acier; en masses, et sous plusieurs formes imitatives; éclat métalloïque, opaque, cassant, râclure rouge de sang. Poids spécifique, 4,74.

Composition, suivant Daubuisson :

Oxide de fer	90
Silice	2
Chaux	1
Eau	3
Perte	4
	100

Ce minérai donne du fer fondu excellent et malléable; sa poudre est employée pour polir les vases d'argent, d'or et d'étain.

— *Cloisonné.* Il a des infiltrations, dans des fissures, de matières qui postérieurement ont été détruites.

— *Limoneux.* Dû à la formation la plus nouvelle; on attribue son origine à des dépôts successifs opérés par les eaux tenant en dissolution des substances ferrugineuses dans des lieux marécageux; aussi l'a-t-on divisé en trois sous-variétés.

1°. *Fer des marais.* Brun jaunâtre, quelquefois friable; d'autres fois ses molécules sont presque adhérentes; maigre au toucher, léger, tachant, et cassure terreuse.

2°. *Des lieux bourbeux.* Brun jaune foncé, amorphe, vésiculaire et criblé, mat à l'intérieur, très-tendre, cassure terreuse. Poids spécifique, 2,944.

3°. *Des prairies.* En masses, en grains, criblé, etc. Couleur brun noirâtre, quand il est récemment cassé; cette cassure est imparfaitement conchoïde, à petites cavités, pesant, tendre, un peu cassant.

Composition du fer limoneux en général :

Peroxide de fer	0,61
Eau	0,17
Silice	0,06
	0,84

Ces divers oxides de fer unis à d'autres minérais donnent lieu à un grand nombre de variétés, que les bornes de cet ouvrage ne nous ont pas permis d'embrasser. Nous renvoyons à la *Minéralogie* de M. Haüy.

SEUL GENRE. — STAMNOXIDES.

SEULE ESPÈCE.

DEUTOXIDE D'ÉTAIN.

Quoique l'étain soit susceptible de former, avec l'oxigène, un protoxide et un deuto ou peroxide, ce n'est qu'en ce dernier état qu'on le trouve natif dans plusieurs mines en Bohême, en Espagne, dans les îles orientales, en France, etc. Il est quelquefois en filons; il forme plus souvent des amas, et souvent il est disséminé dans des roches. On le trouve dans les terrains primitifs, au milieu du *gneiss*, des *granits grossiers*, des roches quartzeuses qui lui sont subordonnées; plus particulièrement dans le *granit graphique* dont la formation est postérieure à celle des roches précédentes. Ce peroxide se rencontre aussi dans quelques terrains secondaires, dans les dépôts d'alluvion dont l'âge n'est pas bien reconnu.

La partie méridionale de l'Asie offre des mines très-riches d'oxide d'étain; la presqu'île de Malaca donne seule, annuellement, plus de 70,000 quintaux d'étain. Les mines de Cornouailles sont les principales d'Europe; on en extrait tous les ans plus de 100,000 quintaux de ce métal. C'est des mines de peroxide d'étain que l'on retire presque tout celui que nous employons.

Le minérai est d'une couleur qui varie du noir brunâtre presque opaque au gris jaunâtre limpide; il est assez dur pour faire feu avec le briquet; il est souvent cristallisé en prismes à quatre pans qui se terminent par des pointemens à facettes plus ou moins nombreuses. Poids spécifique, 6,9.

Composition : Etain 79
Oxigène 21

100

Cet oxide est coloré par les oxides de fer ou de manganèse. Celui qui est un produit de l'art est blanc, fusible, insoluble dans l'eau, décomposable par l'électricité, et non par le calorique.

Composition : Etain 100,0
Oxigène 27,2

127,2

SEUL GENRE. — CADMIOXIDES.

SEULE ESPÈCE.

OXIDE DE CADMIUM.

Se trouve en petite quantité dans quelques espèces de minérais de zinc. Cet oxide est brun jaunâtre, noirâtre, brun clair ou foncé ; il est blanc à l'état d'hydrate. Il est irréductible par le calorique ; l'ammoniaque est le seul alcali qui le dissolve ; il s'en sépare à l'état d'hydrate gélatineux.

Composition : Cadmium 100,000
Oxigène 14,352

IVe SECTION.

Oxides irréductibles par la chaleur, et dont les métaux ne décomposent l'eau à aucune température.

SEUL GENRE. — ARSÉNIOXIDES.

1re ESPÈCE.

PROTOXIDE D'ARSÉNIC.

Ne se trouve dans la nature qu'à la surface de quelques fragmens d'arsénic ; il est noir, très-vénéneux, réductible par l'électricité. La plupart des chimistes le regardent comme un composé d'arsénic et de son deutoxide. MM. Thénard et Julia de Fontenelle ne partagent pas cette opinion.

11ᵉ ESPÈCE.

DEUTOXIDE D'ARSÉNIC.

Il est connu aussi sous les noms d'*arsénic*, *arsénic blanc* et *mort aux rats*. Plusieurs chimistes, considérant sa propriété de s'unir aux bases salifiables, le regardent comme un acide auquel ils donnent le nom d'*arsénieux*. Ainsi, quoique nous le classions parmi les oxides, nous examinerons ses composés salins dans la classe des salinoïdes.

Le deutoxide natif est tantôt en poudre blanche et tantôt en cristaux transparens octaédriques, indécomposable par le calorique, réductible par la pile, sans action sur l'air, soluble dans l'eau; poids spécifique, 3,71. Projeté sur le feu, il dégage une vapeur blanche avec une forte odeur d'ail.

Composition :	Arsénic	76
	Oxigène	24
		100

C'est un poison violent.

Variétés.

Capillaires; cristaux brillans d'un blanc de neige, soyeux, capillaires. — *Terreux;* blanc jaunâtre, mat, opaque et friable.

CHROMOXIDES.

PREMIER GENRE.

SEULE ESPÈCE.

OXIDE DE CHROME.

Substance verte, terreuse. — Unie à plusieurs autres. — Colorant des minérais siliceux.

Composition :	Chrôme	70
	Oxigène	30
		100

DEUXIÈME GENRE. — OXIDE DE CHROME A L'ÉTAT DE COMBINAISON.

SEULE ESPÈCE.

OXIDE DE CHROME ET DE FER,

Chrômo-ferroxide, ou chrômite de M. Beudant (1).

Vitro-métalloïde, couleur noire, non attirable à l'aimant; on en trouve qui est cristallisé en octaèdres; poids spécifique, 4,31.

Composition. Dans ce minérai, les proportions de ces deux oxides sont indéterminées; on ignore même si celui de fer est à l'état de deuto ou de peroxide.

Variétés.

Oxide de chrôme et *de fer lamellaire, compacte;* granulaire; on le trouve en rognons dans les roches serpentineuses.

N. B. Les oxides (proto) de molybdène, de tungstène et de columbium, ne se trouvent dans la nature que dans ce degré d'oxigénation; au-delà, ils sont considérés comme des acides; c'est aussi sous ce point de vue que nous les examinerons.

ANTIMONOXIDES.

1re ESPÈCE.

PROTOXIDE D'ANTIMOINE.

Blanc grisâtre, fusible au rouge brun, volatil, communiquant une couleur verte à la flamme; lorsqu'il est fondu, il donne une masse cristalline en fibres blanches.

M. Thénard dit qu'il n'existe point dans la nature; nous pensons cependant que c'est l'espèce que M. Beudant a décrite sous le nom de *tritoxide*, pour la décom-

(1) Nous n'avons pas cru devoir admettre cette dénomination de chrômite de M. Beudant, parce qu'elle indique une union saline de l'oxide de fer avec l'acide chrômeux, d'après la nouvelle nomenclature chimique, et nous ne connaissons point encore d'acide chrômeux.

position duquel il indique : antimoine, 084, et oxigène, 16, tandis que l'analyse du protoxide a donné à M. Thénard : antimoine, 100; oxigène, 18,5, ou bien 84 de métal et 15,55 d'oxigène, et qu'enfin, le tritoxide est formé, d'après Barzélius, de 100 antimoine et 30,993 d'oxigène, ou bien antimoine, 76, oxigène, 23,56.

IIe ESPÈCE.

DEUTOXIDE D'ANTIMOINE.

Blanc, souvent nacré, insoluble, donnant un peu d'eau par la calcination, irréductible par le feu et réductible par la pile, *fusible* à une chaleur rouge et cristallisant par le refroidissement. Quelques chimistes lui donnent le nom d'*acide antimonieux*, parce qu'il jouit de quelques propriétés des acides; poids spécifique, de 5,0 à 5,6.

Composition :	Métal	100
	Oxigène	26,07

IIIe ESPÈCE.

TRITOXIDE D'ANTIMOINE. (*Voy.* Acide antimonique.)

GENRE UNIQUE. — URANOXIDES.

Ire ESPÈCE.

PROTOXIDE D'URANE.

Semi-métalloïde, éclat résineux, gris noir avec une nuance bleuâtre, solution jaune, dans laquelle l'hydrocyanate de potasse forme un précipité couleur de sang; poids spécifique, 6,60.

Composition :	Urane	94
	Oxigène	6
		100

Cette espèce paraît être la même que celle de M. Beudant a décrite sous le nom de *bi-oxide*, dont les principes constituans sont ceux que nous venons d'exposer, lesquels se rapportent avec ceux qu'a trouvés Berzélius pour le protoxide, qui sont, sur 100 de métal, 6,360 d'oxigène, tandis que le deutoxide est formé, d'après le même chimiste, de 100 urane et 9,529 d'oxigène.

Ce minérai existe en petite quantité à *Johan-Georgen-Stadt* et à *Schnéeberg*, *en Saxe*, ainsi qu'en Saxe.

11e ESPÈCE.

HYDROXIDE D'URANE.

Jaune, pulvérulent et en poussière à la surface du précédent, dont il paraît être une décomposition; même action de l'hydro-cyanate dans sa solution; par la calcination, il donne un peu d'eau, mais pas assez pour en avoir fait un genre à part.

Composition :	Urane	91
	Oxigène	9
	Eau	x
		100

Dans cet hydroxide, l'urane est à l'état de deutoxide, puisque, d'après l'analyse de Berzélius, 100 parties de deutoxide d'urane contiennent 91 de métal et 8,69 d'oxigène.

GENRE UNIQUE. — CÉRIOXIDES.

ESPÈCE UNIQUE.

DEUTOXIDE DE CÉRIUM, OU CÉRITE.

Rose pâle et quelquefois violâtre; il n'a encore été trouvé que dans la mine de cuivre de Bastnaès, à Riddarhyta, en Suède. L'analyse qu'en a faite M. Vauquelin lui a donné :

Oxide de cérium	67
Silice	17
Chaux	2
Oxide de fer	2
Acide carbonique et eau	12
	100

Il paraît que la chaux et le fer y sont à l'état de

carbonate et de simple mélange, tandis qu'une partie de l'oxide de cérium y est à l'état de silicate.

Au reste, les principes constituans de ce minérai sont très-variables, puisque la *cérite*, que M. Beudant a rangée parmi les silicates, se trouve composée de :

Silice	68
Oxide de cérium	20
Eau	12
	100

Les principes constituans de cet oxide sont :

Métal	100
Oxigène	26,115

Variété.

Cérite compacte, ou légèrement granulaire ; c'est aussi un vrai silicate.

COBALTOXIDES.

ESPÈCE UNIQUE.

PEROXIDE DE COBALT.

Se trouve en petite quantité en Saxe, à Schnéeberg et Kamsdorf; en Thuringe, à Saalfeld ; il est tantôt mêlé avec des substances terreuses et à l'oxide de fer, qui en font varier les couleurs, ou bien il est à la surface de l'arsénide de cuivre.

Ce minérai est noir, terreux, il tache les doigts, sans action sur l'air; par la fusion, avec le borax, il donne des verres d'un très-beau bleu.

Composition :	Cobalt	71
	Oxigène	29
		100

PREMIER GENRE. — TITANOXIDES.

1re ESPÈCE.

RUTHILE.

Schorl rouge ; titanite de Kirwan ; *sagénite de* Saussure ; *nadelstein.*

Couleur rougeâtre, brune ou jaune, plus dur que le

quartz ; en gros cristaux prismatiques, cannelés, à bases carrées ; poids spécifique, de 4,4 à 4,24.

Composition :	Titane	66
	Oxigène	34
		100

Ce minérai est souvent uni à des titaniates de fer et de manganèse et même de chaux en proportions diverses ; il se trouve dans toutes les époques de formations.

Variétés.

Ruthile cristallisé ; en prismes octogones, à sommets tétraèdres.

Aciculaire ; en petites aiguilles presque parallèles.

Réticulé ; résulte du précédent, dont les aiguilles sont disposées en réseau.

Géniculé ; les axes se joignent perpendiculairement par leurs extrémités. Les faces ainsi accollées sont le résultat de décroissemens très-simples ; il y a quelquefois plusieurs géniculations.

IIe ESPÈCE.

ANATASE.

Bleue ou brune ; sa forme primitive est l'octaèdre à triangles isocèles, plus dur que le verre, cassure lamelleuse, facile à casser, infusible, donnant, par sa fusion avec le borax, un verre, qui passe du verdâtre au rougeâtre ; par le refroidissement, ces couleurs disparaissent ; poids spécifique, 3,8.

Composition : l'anatase est un oxide de titane pur, mais on ignore quel est son degré d'oxidation.

Il n'a encore été trouvé que dans le Dauphiné.

Variété.

Anatase cristallisé ; les cristaux sont en octaèdres plus ou moins modifiés sur les arêtes ou sur les angles.

DEUXIÈME GENRE. — TITANOXIDES COMPOSÉS.

Ire ESPÈCE.

NIGRINE.

Noire, aspect vitro-métalloïde, opaque, demi-dure,

cassante, cassure imparfaitement lamelleuse, à lames droites, non attirable à l'aimant; poids spécifique, de 3,5 à 3,96; cristallisée en octaèdres réguliers.

Composition :	Oxide de titane	58,7
	Protoxide de fer	36,0
	Oxide de manganèse	5,3
		100,0

Dans les roches d'alluvion, dans l'île de Ceylan, la Sibérie, la Transylvanie, etc.

Variétés.

Cristallisé en cristaux très-petits qui constituent des sables mêlés de plusieurs substances pierreuses.

IIe ESPÈCE.

ISÉRINE.

Noire tirant sur le brun, éclat métalloïde, opaque, dure, cassante, cassure conchoïde; poids spécifique 4,5.

Composition, d'après Jameson :

Oxide de titane	59,1
— de fer	30,1
— d'urane	10,2
Perte	0,6
	100,0

Se trouve dans les sables de l'Isère, petite rivière de la Bohême, en morceaux roulés ou en petits grains arrondis.

IIIe ESPÈCE.

CHRICHTONITE.

Noir violet, aspect vitro-métalloïde, non attirable à l'aimant, cristaux provenant d'un rhomboèdre aigu.

Composition. Oxides de titane et de fer dans des proportions non encore déterminées.

Variétés.

Chrichtonite cristallisée. Cette variété a pour caractères distinctifs ses cristaux en rhomboèdres très-aigus, tronqués aux sommets jusqu'aux diagonales, ou en rhomboèdres très-surbaissés, comme les précédens, tronqués aux sommets et donnant des lames hexagones.

IVe ESPÈCE.

SPHÈNE.

Tantalite de Kirwan, Haüy, Brochant *et* Jameson, *rutilite, ou mine brune de titane; silicio-titaniate de chaux*, de M. Beudant.

Brun rougeâtre, passant au brun jaunâtre ou noirâtre, aspect vitreux, cassure scapiforme rayonnée ; en travers elle est conchoïde aplatie; dur, cassant; poids spécifique, 3,51 ; cristaux très-beaux et de formes très-variées, le plus souvent en prismes tétraèdres.

Composition. Terme moyen des analyses de MM. Klaproth et Abilgaard.

Oxide de titane	44,5
Silice	28,5
Chaux	26,5
	99,5

Il est certain que ces 0,285 de silice, se trouvant unis à la chaux, n'ont pu saturer complètement les 0,445 d'oxide de titane. Nous croyons donc que ce minérai est un composé d'oxide de titane et d'un silicate de chaux titanifère.

Variétés.

Sphène cristallisée; prisme fondamental modifié d'un grand nombre de manières, ou bien en cristaux octaèdres cunéiformes; en *petites masses lamelleuses.*

SEUL GENRE. — BISMUTHOXIDES.

ESPÈCE UNIQUE.

OXIDE DE BISMUTH.

Minérai jaune; aspect non métalloïde; sans action sur l'air ni le gaz oxigène; fusible à la température rouge cerise.

Composition :	Bismuth	90
	Oxigène	10
		100

Il existe en très-petite quantité, sous forme efflorescente, à la surface du bismuth natif et de quelques minérais de cobalt et de nickel.

CUPROXIDES.

1re ESPÈCE.

PROTOXIDE DE CUIVRE ROUGE.

Non métalloïde, rouge, cassure vitreuse, cristaux en petits octaèdres ou sous forme de filets capillaires; poids spécifique : 5,69.

Composition :	Cuivre	89
	Oxigène	11
		100

Ce minérai se trouve dans diverses sortes de terrains, en veines ou en petits amas dans les roches environnantes des mines de sulfure et de carbonate de cuivre, ainsi que dans la gangue des filons; il est souvent uni à l'oxide de fer, surtout dans les variétés compactes dont la cassure est terreuse.

Variétés.

Cristallisé. En octaèdres, en dodécaèdres rhomboïdaux, qui sont parfois modifiés sur les angles ou sur les arêtes.

Capillaire. Formé par de petites aiguilles entre-croisées, d'un rouge très-vif et en tables; éclat de la nature de celui du diamant.

Rouge compacte. Eclat métalloïque, semi-dur, cassant, pesant, opaque, cassure unie, couleur rouge-foncé, qui passe au gris de plomb. On le trouve en masses ou disséminé, rarement en concrétions distinctes.

Lamelleux. Couleur rouge du précédent; souvent cristallisé en cubes et en octaèdres, le plus souvent tronqué; cassure imparfaitement lamelleuse, demi-dur, cassant; poids spécifique, 3,95. Il est en masse ou disséminé; très-rarement en concrétions distinctes, grenues.

Terreux, ou le *ziegelerz.* Couleur d'un rouge hyacinthe, qui passe au rouge brunâtre ou au gris de plomb, pesant, demi-dur, cassure entre l'unie et la conchoïde à grandes cavités, tachant légèrement les doigts, infusible au chalumeau, mais y acquérant une couleur noirâtre.

Ce minéral contient de l'oxide de fer; il est en masses ou disséminé; il sert, pour ainsi dire, d'incrustation à la pyrite cuivreuse.

IIe ESPÈCE.

DEUTOXIDE DE CUIVRE.

En poudre noire, qui tache les doigts, rarement pur.

Composition :	Cuivre	80
	Oxigène	20
		100

Presque toujours le deutoxide est dû à la décomposition des carbonates.

TELLUROXIDES.

Ne se trouvent point dans la nature.

NICKELOXIDES.

OCRE DE NICKEL.

Couleur vert pomme, rarement en masse, mat, cassure esquilleuse, tendre, maigre au toucher, presque toujours recouvrant le kupfernickel et quelques mines de cobalt; poids spécifique, 8,66, infusible au chalumeau, et donnant au borax une couleur hyacinthe.

Cet oxide est quelquefois uni au chrysoprase; en cet état, on lui avait donné le nom de *primérilo*, et on en avait fait une espèce particulière.

Composition, suivant Lampadius :

Oxide de nickel	67	0
— de fer	23	2
Eau	1	5
Perte	8	3
	100	0

PLOMBOXIDES.

L'existence de l'oxide de plomb natif n'est pas bien encore démontrée; cependant Kirwan regarde le plomb terreux comme un mélange d'un oxide de ce métal avec une substance terreuse ; il le divise même en deux espèces.

Ire ESPÈCE.

PLOMB TERREUX ENDURCI.

Sa couleur la plus ordinaire est le gris jaunâtre, qui passe au jaune paille, au gris verdâtre, au vert pomme, et au brun jaunâtre ; opaque, pesant, tendre, éclat gras, cassure inégale, à grains fins. On la trouve en masse.

IIe ESPÈCE.

PLOMB TERREUX FRIABLE.

Gris jaunâtre et jaune de paille, friable, pesant, maigre et rude au toucher, formé de parties pulvérulentes mattes. Quelquefois en masses ou en couche superficielle.

Ve SECTION.

Oxides réductibles par l'action seule du calorique, etc.

Cette section renferme les deux oxides de mercure et celui d'osmium. Comme on n'en a encore trouvé aucun à l'état natif, nous les passerons sous silence.

VIe SECTION.

Oxides réduits aisément par le calorique, dont les métaux ne décomposent point l'eau à aucune température, et n'absorbent point l'oxigène ni au degré ni au-dessous de la chaleur rouge cerise.

Cette section renferme les oxides d'argent, d'or, d'iridium, de palladium, de platine et de rhodium.

Le peu d'affinité qu'ont pour l'oxigène les bases métalliques de ces oxides fait qu'on n'en a encore rencontré aucun à l'état natif. Comme nous n'aurions pu les examiner que comme étant un produit de l'art, nous renvoyons aux traités de chimie modernes.

APPENDICE.

Moyens propres à imiter les pierres précieuses et à distinguer les pierres factices des naturelles.

Depuis les progrès de la chimie pneumatique, les arts se sont enrichis d'un si grand nombre de nouveaux procédés, que, naguère nous avons vu une cause portée devant les tribunaux, pour décider si les pierres précieuses, qui avaient été vendues, agréées et livrées, étaient vraies ou fausses. Les pierres factices sont toutes formées d'un très-beau cristal coloré de diverses manières par des oxides métalliques; elles diffèrent des pierres naturelles, en ce qu'elles sont en général moins dures, qu'on peut les rayer facilement, et qu'elles perdent leur poli par le frottement. Il arrive souvent aussi que les pierres factices ont quelques petites bulles dans leur épaisseur, surtout si la fusion n'a pas été bien faite. A cela près, les pierres précieuses factices les plus dures, sans bulles, d'une belle transparence et parfaitement colorées, lorsqu'elles sont bien montées, ne sont pas toujours faciles à reconnaître au coup d'œil : il faut souvent recourir à la lime ou au burin. Nous allons offrir la recette de quelques-unes de ces pierres.

STRAS.

Prenez deux onces de cailloux siliceux calcinés, une once de potasse pure et six gros de sous-borate de soude (borax) calciné ; réduisez les cailloux en poudre ; tamisez ; mêlez toutes les substances ensemble et faites-les fondre à un feu violent ; vous obtiendrez un verre très-blanc, très-dur, brillant et de la plus grande beauté. L'éclat en sera encore plus beau, si vous y ajoutez deux gros de bonne céruse. C'est ce produit qui porte le nom de *stras* Pour que l'opération réussisse bien, il faut se servir d'un creuset qui n'abandonne rien au mélange fondu, et qui soit propre à tenir la matière en fusion environ dix heures.

AUTRE.

On doit à M. Donault-Wieland une recette qui produit un très-beau stras. Voici les proportions des matières qui le composent.

Cristal de roche en poudre fine et tamisé	6 onces.	» gros	» grains.
Minium en poudre, très-pur	9	2	»
Potasse pure	3	5	»

Acide borique extr. du borax artificiel	» onces	3 gros.	» grains.
Deutoxide d'arsénic	»	»	6

Faites fondre le tout dans de bons creusets de Hesse, laissez en fusion pendant vingt-quatre heures. Plus la fusion est prolongée et tranquille, plus le stras est dur et beau.

Nous avons un grand nombre d'autres recettes pour faire le stras; j'ai cru qu'il suffisait d'en rapporter deux.

TOPAZES.

Faites fondre deux parties de bonne céruse avec une de cailloux calcinés et pulvérisés, et vous obtiendrez un beau cristal bien net et bien transparent, dont la couleur imite celle de la topaze.

AUTRE TOPAZE.

Stras	1 once	6 gros	» grains.
Verre d'antimoine	»	»	43
Pourpre de cassius	»	»	1

Si la fusion n'est pas bien conduite, la matière est opaque; on l'emploie alors à faire des rubis.

RUBIS.

Topaze opaque	1
Stras	8

Donnent au chalumeau un superbe rubis.

RUBIS ET GRENATS.

Faites fondre ensemble une once de stras, dont nous avons donné la préparation, avec quelques grains de pourpre de cassius; le cristal que vous obtiendrez imitera les différens rubis et le grenat, suivant les quantités d'oxides d'or que vous aurez employées.

ÉMERAUDES.

Prenez une once de stras et quatre grains d'oxide de cuivre précipité de son nitrate par la potasse; faites-les fondre, et vous aurez un cristal imitant très-bien l'émeraude par sa jolie couleur bleue verdâtre. Les autres oxides de cuivre peuvent également servir à donner cette couleur, en y ajoutant un peu de nitrate de potasse.

HYACINTHE.

Pour faire ce cristal, il suffit de fondre une once de stras avec vingt-quatre grains de deutoxide de fer. On fait passer les nuances du rouge au brun marron, en augmentant les doses de l'oxide de fer.

SAPHIRS.

Faites fondre une once de stras avec deux grains d'oxide de cobalt précipité de son nitrate; le produit sera un beau cristal bleu, qui imite très-bien le saphir.

AMÉTHYSTES.

Pour obtenir les fausses améthystes, on fait fondre le stras avec un peu d'oxide de cobalt et de pourpre de cassius; on peut aussi, avec le manganèse, obtenir un beau verre violet. Il est évident qu'on augmente la couleur du cristal en augmentant les quantités d'oxide.

OPALES OU GIRASOLS DE VENISE.

Ce procédé est très-simple : il suffit de faire entrer, dans la composition de stras, un peu d'oxide d'étain, pour obtenir ce cristal très-brillant, mais un peu opaque, qui, suivant les quantités de cet oxide, constitue la fausse opale et la girasole de Venise.

AIGUE-MARINE.

Stras	6 onces.	» gros.	» grains.
Verre d'antimoine	»	»	24
Oxide de cobalt	»	»	1 0,5

IIIe CLASSE.

COMBUSTIDES NON MÉTALLIQUES ET LEURS COMBINAISONS.

Ce nom a été donné à tous les corps non métalliques simples, susceptibles de se combiner avec l'oxigène, et d'être, jusqu'à présent, indécomposés. Ces corps sont au nombre de neuf, dont trois, l'azote, le chlore et l'hydrogène, sont à l'état gazeux. Les six autres sont divisés en fusibles et volatils, et en fixes et infusibles ; à la première division appartiennent le soufre, le phosphore, le sélénium et l'iode ; à la seconde, le bore et le carbone.

Pour rendre notre travail plus intéressant et plus propre à faciliter l'étude minéralogique, nous faisons précéder la famille que constitue chacun de ces corps d'un exposé de leurs propriétés.

COMBUSTIDES GAZEUX.

FAMILLE DES HYDROGÉNIDES.

Corps composés d'hydrogène et d'un autre combustible.

HYDROGÈNE.

Ce gaz, à l'état de pureté, n'a ni saveur ni odeur; il est très-inflammable, brûle avec une flamme bleue, éteint les corps enflammés qu'on plonge dans son atmosphère ; son poids spécifique est 0,0688; il est donc quinze fois plus léger que l'air; c'est en raison de cette propriété qu'on peut le conserver dans des vases découverts, en plaçant l'ouverture en bas. C'est de tous les corps gazeux celui qui réfracte le plus la lumière. Il peut se mêler avec le gaz oxigène sans contracter d'union avec lui ; pour qu'elle ait lieu, il faut que la température soit portée à la chaleur rouge. Par sa combustion, il produit beaucoup plus de calorique qu'aucun des autres combustibles; en brûlant avec l'oxigène, il en absorbe la moitié de son volume, ou bien 88,90 d'oxigène et 11,90 d'hydrogène en poids : le produit est de l'eau pure. Il se mêle à froid avec certains corps gazeux, tels que l'oxigène, l'azote et l'air atmosphérique ; en se combinant avec le chlore, l'iode, le phtore, le cyanogène et le soufre, il donne lieu à une classe d'acides connus sous le nom d'*hydracides*.

On ne l'a jamais trouvé pur dans la nature, mais uni à quelques combustibles.

PREMIER GENRE. — HYDRURE.

Combinaison de l'hydrogène avec un corps combustible.

Ire ESPÈCE.

HYDRURE GAZEUX.

Hydrure de carbone, ou *gaz hydrogène proto-carboné*.

Ce gaz est également connu sous le nom de *gaz inflammable des marais* et de *mofette des mines*, *feu grizon* des mineurs, parce qu'il se dégage des mines de houille uni à de l'azote et de l'acide carbonique, et que c'est à lui qu'on doit les détonations et les événemens malheureux qui ont lieu lorsqu'on entre dans les mines, sans précaution, avec une lampe allumée. Les propriétés de ce gaz sont d'être incolore, insipide, brûlant avec une flamme jaune, détonant avec son volume de gaz oxigène, et donnant de l'eau et un volume d'acide carbonique égal à celui de ces deux gaz réunis ; poids spécifique, 0,5564.

Composition :	Hydrogène	2 volumes.
	Vapeur de charbon	1
En poids :	Hydrogène	26
	Carbone	74
		100

Ce gaz est l'aliment des feux naturels et des fontaines ardentes ; lorsqu'il est à l'état de deuto-carboné, il constitue le gaz appliqué avec tant de succès à l'éclairage, par M. Lebon.

IIe ESPÈCE.

GAZ HYDROGÈNE PERPHOSPHORÉ.

Découvert, en 1783, par Gingembre ; incolore, odeur alliacée, saveur amère, s'enflammant dès qu'il a le contact de l'air ; s'enflammant également, avec détonation, aussitôt qu'on l'unit au chlore (1) ; poids spécifique, 0,9022.

Composition en volume :	Gaz hydrogène	70
	Vapeur de phosphore	30
		100

C'est ce gaz qui forme les *feux follets*, les *dragons volans*, la *lampe de macaybo* des cimetières, et qui s'enflamme aussi à la surface de certaines mares.

(1) Il ne faut faire passer ce gaz hydrogène perphosphoré que par bulles sous une cloche remplie de chlore ; sans cette précaution, il arriverait des accidens fâcheux.

IIᵉ ESPÈCE.

GAZ HYDROGÈNE SULFURÉ. (*Voyez* ACIDE HYDRO-SULFURIQUE.)

DEUXIÈME GENRE. — OXIDE D'HYDROGÈNE.

SEULE ESPÈCE.

EAU.

De tous les produits naturels, l'eau est un des plus propres à fixer l'attention de l'homme, tant à cause des services infinis qu'elle nous rend, que parce qu'elle est indispensable à notre existence. Elle est si abondamment répandue dans la nature, que les philosophes grecs l'avaient classée parmi les quatre corps qu'ils regardaient comme les élémens de tous les autres. Cette opinion prévalut jusqu'en 1781, époque à laquelle Priestley et Cavendish préludèrent à sa décomposition, que Lavoisier et ses collaborateurs Monge, Laplace et Meunier, démontrèrent en 1783 et 1785.

L'eau est inodore, incolore, transparente, insipide, sans doute à cause que nos organes sont, depuis notre enfance, familiarisés avec son goût ; élastique, réfractant fortement la lumière, susceptible de transmettre les sons, légèrement compressible, mauvais conducteur du calorique et de l'électricité ; se dilatant par le calorique, entrant en ébullition à 100 0°, sous la pression de 76 ; se congelant par un abaissement de température qui diffère suivant la pureté de ce liquide, ainsi :

Elle se congèle à 0° quand elle contient du limon.
à — 3,5 quand elle est aérée.
à — 5,0 si elle est distillée.

On peut dimininuer la température de l'eau, introduite dans un matras fermé à la lampe, jusqu'à 5° et même 6° sans la congeler ; si on l'agite, cette congélation a lieu aussitôt. Les substances salines en retardent beaucoup aussi la congélation ; exemple :

L'eau de la mer se congèle à	6 2/9—0
L'eau saturée d'hydro-chlorate de chaux à	40 —0

En se congelant, l'eau cristallise en aiguilles qui se croisent sous des angles de 60° à 120°, et augmentent de volume.

L'eau réduite en vapeur par le calorique acquiert un volume 1700 fois plus grand, et, outre son calorique thermométrique, elle en contient une si grande quantité de latent, qu'un kilogramme de cette vapeur à 100° élève la température de 4 kil. 66 d'eau de 0 à 100.

Composition :	Oxigène	89
	Hydrogène	11
		100

Ou bien 1 atôme d'oxigène et 2 d'hydrogène.

Variétés.

1° *Solide ou glace, cristallisée* en prismes hexaèdres qui sont presque toujours évidés à l'intérieur, et formés de couches concentriques placées à distance, lesquelles sont réunies par des filets qui vont du centre aux angles. La glace affecte aussi diverses formes ; elle est *dendritique,* superficielle ou saillante.

— *Stalactitique*, *mamelonnée*, *globulaire testacé* (grelon), *granulaire*, *fibreuse*, *compacte*, etc. La glace peut diminuer beaucoup de température ; sa dureté devient alors telle que, dans les régions septentrionales, elle est à peine sensible au choc du marteau. C'est d'après la connaissance de cette propriété que, dans l'hiver de 1740, on construisit à Pétersbourg, avec de la glace tirée de la *Newa*, d'une épaisseur de 3 à 4 pieds, un très-beau palais de glace d'une longueur de 52 pieds, d'une largeur de 16, et d'une hauteur de 20. On fit et l'on plaça, devant ce palais, six canons de glace, épais de quatre pouces, avec leurs affuts, également de glace, ainsi que deux mortiers d'un calibre égal à ceux de bronze ; on chargea les canons avec douze onces de poudre chacun ; l'explosion fut très-forte, le boulet d'un perça une planche épaisse de deux pouces, à soixante pas, et aucun de ces canons ne creva.

Il est un fait digne de remarque, c'est que la glace, portée même à — 40, contient un peu d'eau liquide, ainsi qu'on peut s'en convaincre en en usant un morceau.

— *Liquide*, constitue les fleuves, les rivières, les fontaines, etc. L'eau est divisée en froide et thermale ;

la température de la froide ne dépasse pas + 17 ; au-dessus, et jusqu'à + 90 elle est thermale. Les eaux sont encore divisées en pures ou potables, et en minérales. Les premières sont propres à la boisson, dissolvent le savon, et cuisent bien les légumes ; les secondes contiennent divers principes minéralisateurs, et sont sous-divisées, 1° en acidules ou gazeuses, quand le gaz acide carbonique prédomine ; 2° en salines, quand ce sont les sels ; 3° en ferrugineuses, quand c'est le sur-carbonate de fer, et quelquefois le sulfate de ce métal ; 4° en hépatiques, quand elles sont minéralisées par l'acide hydro-sulfurique ou l'hydro-sulfate de soude ou de chaux ; 5° en *iodurées*, quand elles contiennent un hydriodate. Ces eaux minérales portent le nom de *médicinales* pour les distinguer de celles qui ont des substances délétères, comme les sels de cuivre, etc.

— *Vapeur*, en solution dans l'air, en suspension, formant les brouillards et les nuages.

FAMILLE DES AZOTIDES.

SEUL GENRE.

SEULE ESPÈCE.

AIR ATMOSPHÉRIQUE.

Tel est le nom qu'on donne à cette masse gazeuse qui, abstraction faite de toutes les exhalaisons, les vapeurs, etc., qu'elle contient, enveloppe de toutes parts le globe terrestre, s'élève à une hauteur inconnue, pénètre dans les abîmes les plus profonds, fait partie de tous les corps et adhère à leur surface. L'épaisseur de la couche d'air qui environne le globe ne saurait être exactement déterminée, puisque sa densité diminue en raison directe de son élévation ; on l'évalue cependant de dix à onze lieues. Or, comme le poids de cette couche d'air fait équilibre à celui d'une colonne d'eau de 32 pieds ou d'une de mercure de 28 pouces, et que le pied cube d'eau pèse 64 livres, en multipliant 64 par 32, on obtient 2,048 pour celui d'une colonne d'eau de 32 pieds carrés. En multipliant la surface de la terre évaluée à

5,547,800,000,000,000 pieds carrés par 2,048, l'on a pour produit 11,361,894,400,000,000,000, valeur approchante du poids avec lequel l'air comprime en tous sens la masse des corps.

L'air atmosphérique est l'agent indispensable à la vie de l'homme, des animaux, et des végétaux, et celui de la combustion; dans cet acte et dans celui de la respiration, c'est l'oxigène, l'un de ses principes constituans, qui est absorbé, et l'azote, autre principe, est mis à nu. Il est donc aisé de voir le rôle important que l'air joue dans la nature; c'est à sa décomposition, ainsi qu'à celle de l'eau, et à l'union des métaux avec leur oxigène, que sont dus les oxides métalliques.

Composition, reconnue en 1774 par Lavoisier.

Azote	79
Oxigène	21
	100

Ces gaz ne sont qu'à l'état de simple mélange; l'air contient aussi de l'acide carbonique. L'azote combiné avec l'hydrogène forme l'ammoniaque ou alcali volatil; avec l'oxigène, l'acide nitrique, que nous examinerons ailleurs.

FAMILLE DES CHLORIDES.

DU CHLORE.

Corps gazeux découvert en 1774 par Schéele qui lui donna le nom d'*acide marin déphlogistiqué;* lors de la nouvelle nomenclature on lui imposa celui d'*acide muriatique oxigéné*, parce qu'on le regardait comme un composé d'acide muriatique et d'oxigène; depuis, MM. Thénard et Gay-Lussac, ayant reconnu que c'était un corps simple, l'ont nommé *chlore*, et M. Davy *euchlorine*.

Le chlore est un gaz jaune verdâtre, saveur et odeur très-fortes *sui generis;* bien sec, son poids spécifique est de 2,4216; liquéfié, il paraît être égal à 1,33. Il est électro-positif, inaltérable par la plus forte chaleur, détruit les couleurs végétales, même celle de l'indigo, éteint les corps en combustion, et donne à leur flamme, avant de disparaître, une couleur pâle qui devient rougeâtre;

l'eau en dissout une fois et demie son volume ; cette solution cristallise à 2 ou 3 + o en lames d'un jaune doré ; le chlore gazeux, contenant un peu d'eau, est également susceptible de cristalliser à quelques degrés — o. Le chlore sec décompose à une haute température la plus part des oxides métalliques avec lesquels il forme des chlorures et l'oxigène se dégage. Il se combine aussi avec l'azote, l'iode, le phosphore, le soufre, le sélénium, et tous les métaux.

CHLORURES.

Il est permis d'élever quelques doutes sur la composition des chlorures, puisque l'on voit qu'en évaporant à siccité un hydro-chlorate, et calcinant le résidu, il se forme de l'eau et un chlorure, et qu'il suffit de dissoudre dans l'eau quelques chlorures solides pour les convertir en hydro-chlorates, et *vice versâ*. Cette théorie n'est pas à l'abri de toute objection. Nous n'entrons point ici dans d'autres détails ; ils seraient étrangers à la nature de cet ouvrage ; nous renvoyons à ceux de chimie.

1re ESPÈCE.

CHLORURE D'ARGENT.

Lune d'argent, argent corné, argent muriaté.

Ce composé est assez mou pour se couper comme de la cire ; quand on le frotte sur une lame de fer ou de cuivre trempé dans l'eau il y dépose de l'argent ; sa couleur varie du grisâtre au jaunâtre et au verdâtre ; éclat très-vif, cristaux en cubes ; mais il est le plus souvent en masses irrégulières et mamelonnées, fusible, volatil ; poids spécifique, 474.

Composition :	Chlore	25
	Argent	75
		100

Il est uni quelquefois au fer, à l'alumine, à la chaux, etc. Ce minérai, sous forme de couches noirâtres, couvre certaines mines d'argent natif du Pérou ; il est aussi disséminé quelquefois dans des terrains, etc.

Variétés.

Cristallisé, en petits cubes réguliers (très-rare). —*Compacte*, recouvrant d'autres minérais.

IIe ESPÈCE.

PROTO-CHLORURE DE MERCURE.

Mercure muriaté, calomel.

Blanc, fragile, presque insipide, volatil, cristaux en prismes à bases carrées, dont la hauteur et le côté sont comme les nombres 64 et 53 ; poids spécifique, 7,175 ; déposant du mercure coulant quand on le frotte sur une lame de cuivre plongée dans l'eau, presque insoluble dans ce liquide.

Composition :	Chlore	15
	Mercure	85
		100

Variétés en petits cristaux pyramidés, — mamelonné ou fibreux.

IIIe ESPÈCE.

CHLORURE DE SODIUM.

Sel marin, sel gemme, soude muriatée.

Ce sel est un des corps les plus répandus de la nature ; à l'état solide il porte le nom de *sel gemme*. On en trouve des mines en Pologne dont la longueur est de plus de 200 lieues, et la largeur, sur certains points, de 40 ; la Hongrie, la Transylvanie, l'Allemagne, le Tyrol, l'Angleterre, l'Espagne, la Russie, en offrent également ; la Suisse n'en possède qu'une à Bex ; l'Italie, la Suède, la Norwège en sont dépourvues ; mais en revanche on en trouve de très-riches en Asie, en Amérique, et surtout en Afrique. On n'en connaissait point encore en France, lorsqu'on en a découvert une très abondante près de Vic.

Les grandes mines de ce sel ne se rencontrent pas dans tous les terrains, quelques-unes se trouvent entre les couches moyennes des intermédiaires ; le plus grand nombre sont situées vers la base des secondaires, à peu de distance des grandes houillières. C'est le plus souvent au milieu d'immenses lits d'argile qu'existent les couches de sel gemme qu'accompagne presque toujours le sulfate de chaux, anhydre dans les plus anciennes mines, et hydraté dans celles qui le sont moins.

Les mines de sel gemme ne se trouvent pas à d'égales profondeurs; en général elles sont situées au pied de hautes chaînes de montagnes. Cependant, en Afrique elles sont à la surface de la terre; celles des Cordilières, en Amérique, de Narbonne, de la Savoie, sont situées à de grandes hauteurs, tandis que celles de Pologne sont à plus de 300 mètres de profondeur, c'est-à-dire à environ 50 mètres au-dessous du niveau de la mer.

Le sel gemme est presque toujours transparent : il est blanc, et souvent coloré en rouge, en brun, en jaune, en gris, en violet et en vert; ces couleurs sont dues aux oxides de fer et de manganèse; il a une saveur salée, il décrépide sur le feu, est très-soluble dans l'eau, et passe alors à l'état d'hydro-chlorate; système cristallin cubique; clivage en cube; poids spécifique, 2,12.

Composition :	Chlore	60
	Sodium	40
		100

Variétés.

—*Cristallisé* en cubes réguliers ou tronqués sur les angles solides, ou modifiés par deux facettes sur les bords. *Compacte*, vitreux et clivable. — *Lamellaire.* — *Granulaire.* — *Fibreux.* — *En trémie*, etc.

IVe ESPÈCE.

CHLORURE DE POTASSIUM.

Ce sel a été rencontré d'abord par M. Vollaston, bientôt après par M. Vogel, dans plusieurs sels gemmes, dont il partageait les propriétés physiques.

COMBUSTIDES SOLIDES.

FAMILLE DES SULFURIDES.

Solides, liquides ou bien gazeux, seuls ou en combinaison chimique; c'est une des familles les plus nombreuses.

PREMIER GENRE.

SEULE ESPÈCE.

SOUFRE.

Connu dès la plus haute antiquité, il existe dans la nature, uni à une foule de substances qui en altèrent la pureté; on le trouve plus rarement sous forme de très-beaux cristaux octaèdres à base rhombe (réductibles en prisme rhomboïdal), d'une belle couleur citrine et d'une belle transparence. Le soufre existe aussi dans les dépôts formés par quelques eaux sulfureuses, ainsi qu'en couches dans l'intérieur de la terre. On le rencontre rarement dans les terrains primitifs, plus souvent dans les secondaires, tantôt uni à la marne, comme celui de Conilla en Espagne; à de la marne et du carbonate de chaux, tel que celui de Bex en Suisse; à de l'argile, ainsi que celui des environs de Lemberg, au cercle de *Samba, en Silésie,* à l'île de *Saba;* au sulfate de *strontiane,* comme celui de Val di Noto et Mazzara, en Sicile; enfin dans quelques terrains tertiaires, tel que celui que M. Julia de Fontenelle a découvert aux environs de Narbonne.

Le soufre natif est solide, d'une belle couleur jaune ou verdâtre, brûlant avec une flamme bleue suffocante, très-cassant, insipide, légèrement odorant par le frottement, et développant l'électricité résineuse, très-réfringent; poids spécifique, 19,907.

Composition : Corps simple.

Variétés.

Aciculaire. — *Bitumineux.* Couleur brune, plus ou moins forte. — *Brunâtre.* — *Compacte.* — *Dendritique.* — *Granulaire.* — *Gris.* — *Mamelonné.* — Jaune plus ou moins foncé. — *Pulvérulent.* — *Terreux.* — *Verdâtre.*

DEUXIÈME GENRE. — MONOSULFURES OU SULFURES SIMPLES.

Corps composés de soufre et d'une substance métallique; presque tous donnent du soufre par la calcination; les acides nitriques ou hydro-chloro-nitriques en dégagent du gaz nitreux, avec production d'acide sulfurique; ces sulfures ont presque tous un éclat métallique, et sont formés de 1 atôme de base sur 1, 2, 3, 4 de soufre.

Ire ESPÈCE.

SULFURE D'ARGENT.

A. *Mine d'argent vitreuse.*

On trouve ce sulfure dans les mines d'argent d'Allemagne et de Hongrie; il est en masses et quelquefois dendritique, filiforme, mamelonné ou cristallisé en cubes, en octaèdres, ou en dodécaèdres rhomboïdaux dont les angles et les bords sont tronqués de diverses manières. Ce minérai est d'un gris de plomb tirant sur le noir, éclat métalloïde, souvent terni à la surface, cassure inégale à petits grains, flexible et malléable, se laissant entamer par le couteau comme le plomb : poids spécifique de 6,215 à 6,9.

Composition : terme moyen de MM. Sage, Haüy et Klaproth.

Argent	84,5
	15,5
	100,0

IIe ESPÈCE.

SULFURE D'ANTIMOINE.

C'est la mine d'antimoine la plus commune. La nature nous l'offre en abondance sur un grand nombre de points; en France, une des plus riches est celle que M. Julia de Fontenelle a découverte à Cascastel. Le sulfure d'antimoine gris est en masse, disséminé ou cristallisé; il a un aspect métalloïde; son système cristallin est un prisme rhomboïdal de 91° 1/2 et 88° 1/2. On en trouve des variétés dont les cristaux sont des prismes quadrangulaires un peu comprimés, à pans à-peu-près rectangles, terminés par de petites pyramides tétraèdres; poids spécifique, 4,3.

Composition : terme moyen de Bergmann et Julia de Fontenelle.

Antimoine	74,4
Soufre	25,6
	100,0

Variétés.

— *Gris compacte.* Couleur gris de plomb faible, éclat métallique à l'intérieur, souvent terne à la surface, cassure inégale à grains fins, un peu tachant; poids spécifique 4,368.

On le trouve en masse ou disséminé, et quelquefois en petites concrétions distinctes et grenues.

— *Gris lamellaire.* Se trouve en masse ou disséminé, en concrétions distinctes, grenues, à grains gros ou petits, et le plus souvent allongés. Couleur du précédent, éclat métallique, tendre, cassure lamelleuse, qui passe parfois à la rayonnée à larges rayons, clivage simple; poids spécifique, 4,368. C'est une des variétés les plus rares.

— *Gris rayonné.* En masse ou disséminé, et en concrétions minces, quelquefois grenues et alongées, ou bien en cristaux tétraèdres ou hexaèdres striés sur leur longueur, ordinairement très-éclatans. La couleur de ce sulfure est le gris de plomb clair, et son poids spécifique de 4,2 à 4,5.

Composition, suivant Bergmann :

Antimoine	74
Soufre	26
	100

— *En plumes.* En masse, mais ordinairement en cristaux capillaires très-petits, couleur tirant sur le gris d'acier, éclat métallique, cassure à fibres très-déliées et entrelacées, très-tendre; poids spécifique 4.

— *Noire.* Couleur de fer, éclat métallique, tendre, facile à se diviser, cassure conchoïde, cristaux en tables rectangulaires tétraèdres à bords tronqués.

— *Cylindroïque, aciculaire*, etc.

IIIe ESPÈCE.

A. SULFURE ROUGE D'ARSÉNIC.

Réalgar.

On trouve ce minérai le plus souvent dans des filons métalliques, dans certains produits volcaniques, quelquefois disséminé dans des roches, etc. Ses principaux gisemens sont en Allemagne, en Hongrie, en Sicile, en Transylvanie, en Bohême, en Saxe, à la Chine, au Japon, etc., etc. Ce minérai est d'un rouge orangé, éclat tenant le milieu entre le nacré et celui du diamant, idio-électrique, acquérant l'électricité résineuse par le frottement, insipide, vénéneux, cristaux dérivant d'un prisme rhomboïdal oblique, plus fusible que l'arsénic et que l'orpiment, brûlant avec une flamme bleuâtre, et répandant une odeur alliacée; poids spécifique 3,3.

Composition de minérai cristallisé, d'après M. Laugier.

Arsénic	100
Soufre	43,74

B. SULFURE JAUNE D'ARSÉNIC.

Orpiment.

Ce sulfure n'est pas aussi abondant que le précédent; on le trouve dans la Hongrie, en Géorgie, en Valachie, dans la Turquie asiatique, en Transylvanie, tantôt dans l'intérieur des filons, et tantôt en petites masses dans des gangues argileuses, ou bien dans des productions de nature volcanique. Ce minerai est d'un jaune d'or ordinairement nacré, le plus souvent en masses formées par des lames tendres, flexibles et demi-transparentes, faciles à séparer. Il se présente aussi en cristaux prismatiques rhomboïdaux obliques; il est inodore, insipide, vénéneux; cassure lamelleuse à lames courbes, plus fusibles que l'arsénic, se comportant au feu comme le précédent et acquérant la même électricité; poids spécifique de 3,048 à 3,521.

Composition, d'après M. Laugier :

Arsénic	100
Soufre	61,65
	161,65

IVe ESPÈCE.

SULFURE DE BISMUTH.

Ce minéral se rencontre rarement dans la nature; on le trouve principalement en Bohême, en Saxe, en Suède, etc., en masses et quelquefois en aiguilles, jamais seul en filons, mais dans ceux de quelques autres métaux, surtout dans ceux d'argent et dans quelques mines d'étain et de cuivre de Cornouailles, etc.

Couleur gris de plomb clair et quelquefois jaunâtre, éclat métallique, cassant; cassure lamelleuse et parfois rayonnée, tachant, et d'un poids spécifique de 6,131 à 6,467.

Composition, suivant Lagerhielm :

Bismuth	100
Soufre	22,52

Variétés.

Sulfure de bismuth aciculaire. Cristaux en aiguilles rhomboïdales dans des gangues quartzeuses.

Ve ESPÈCE.

PROTO-SULFURE DE CUIVRE.

On le trouve en divers lieux, principalement en Sibérie, où il est en masses considérables. Il accompagne aussi le cuivre pyriteux, dans la composition duquel il entre pour environ la moitié. Il est en cristaux dans celui de Cornouailles; il fait partie de quelques schistes cuivreux, tels que ceux de Mansfeld.

Ce minérai est d'une couleur gris d'acier, compacte, fragile, plus fusible que le cuivre, indécomposable par le calorique; cristaux en prismes hexaèdres réguliers diversement modifiés; poids spécifique de 4,8 à 5,4.

Composition, d'après Berzélius :

Cuivre	100
Soufre	24,42

Variétés.

Cristallisation en prismes hexaèdres terminés par des facettes annulaires. — En dodécaèdres bi-pyramidaux réguliers ou à sommets tronqués. — *Compacte, mamelonné, en forme d'épis*, etc.

VIe ESPÈCE.

SULFURE DE MANGANÈSE.

Ne se trouve à l'état natif qu'en petites quantités avec le tellure et le carbonate de manganèse. On le rencontre en Transylvanie, faisant accidentellement partie des filons argentifères et aurifères; couleur noire, pulvérulent, sans éclat, plus fusible que le manganèse.

Composition :	Manganèse	100
	Soufre	56,32

VIIe ESPÈCE.

SULFURE DE MERCURE.

Cinabre.

Les gisemens principaux de ce minérai sont au pied des terrains secondaires, dans les grés houiller et rouge, ou dans les calcaires dont ils sont recouverts; de ce nombre sont les minérais d'Almaden en Espagne, du duché des Deux-Ponts, d'Idria en Carniole et du Mexique, etc. Dans la Hongrie, il existe à Sylana, dans les terrains primitifs; en France, on n'en a encore trouvé de traces qu'à Menildot. C'est de la Chine que nous sont apportés les plus beaux cristaux de ce sulfure; ils forment des prismes héxaèdres réguliers, tandis que ceux d'Europe sont des combinaisons rhomboèdres.

Le cinabre est rouge ou brun; sa poudre est d'un très-beau rouge, volatil et se condensant en petites aiguilles; il est inattaquable par les acides, si ce n'est l'hydrochloro-nitrique; poids spécifique, 7.

Composition :	Mercure	100
	Soufre	15,88

Variétés.

Fibreux. — A fibres divergentes. — *Compacte.* — *Granulaire.* — *Mamelonné.* — *Terreux.* — *Testacé.* — Dans cet état il est le plus souvent bitumineux.

VIIIe ESPÈCE

SULFURE DE MOLYBDÈNE.

Appartient aux terrains primitifs; il y existe en filons, en amas, parmi le gneiss, le granit et le micaschiste; il fait partie aussi de quelques minérais, surtout de ceux d'étain. On le trouve dans toutes les contrées primitives de l'Europe, mais en petites quantités.

Ce sulfure ressemble à la plombagine, il tache le papier comme ce carbure, avec cette différence que les traits que laisse la plombagine sur la porcelaine sont gris, et que ceux qu'il y trace sont verdâtres. Il est en paillettes disséminées dans les roches, et quelquefois, mais rarement, en prismes hexaèdres réguliers ou modifiés; poids spécifique de 4,5 à 4,74.

Composition, d'après Bucholz :

Molybdène	60
Soufre	40
	100

Variétés.

— *En rognons* ou *couches*, à structure feuilletée ou *lamellaire*.

IXe ESPÈCE.

SULFURE DE NICKEL.

Couleur d'un vert tirant sur le jaune, métalloïde, cristallisant en aiguilles déliées qui forment de petites houppes; sa solution prend une couleur violâtre par l'ammoniaque, et donne, par la potasse, un précipité d'un vert clair.

Composition :	Nickel	65
	Soufre	35
		100

Variétés.

Sulfure de nickel capillaire, ou pyrite capillaire de haarkies.

Xe ESPÈCE.

BI-SULFURE DE FER.

Pyrite martiale.

C'est ce minéral, l'un des plus répandus, que le vulgaire prend pour de l'or natif; il accompagne le plus grand nombre des mines, même plusieurs de celles de houille. Ses formes cristallines sont le cube, le dodécaèdre pentagonal, l'icosaèdre, l'octaèdre et leurs divers composés. Sa couleur est le jaune d'or ; son éclat est métallique ; il n'est point attirable à l'aimant, fait feu au briquet, est inodore et insipide ; il abandonne, par la chaleur, 22 de soufre, et se fond; poids spécifique de 4,1 à 4,74.

Composition :	Fer	100
	Soufre	118,62

Ire SOUS-ESPÈCE.

QUADRI-SULFURE CUBIQUE.

Couleur d'or, faisant également feu au briquet, cristaux cubiques ; poids spécifique de 4,6 à 4,8. Ce minéral contient un peu de réalgar.

Variétés.

Pyrite globuleuse, en morceaux arrondis avec des cristaux bien marqués à la surface. — *Dentritique.* — *Mamelonnée.* — *Compacte.* — *Argentifère.* — *Aurifère.* — *Cuprifère.* — *Bacillaire et fibreuse ;* ses fibres sont droites et divergentes. *Pseudomorphique.* — *Conchyloïde.* L'ammonite est sa forme la plus ordinaire. — *Sélénifère,* etc.

IIe SOUS-ESPÈCE.

QUADRI-SULFURE PRISMATIQUE.

Minéral d'un jaune livide ou verdâtre, qui, par son exposition à l'air, se décompose bientôt; ses cristaux dérivent d'un prisme rhomboïdal droit de 106° 2', et 73° 58'. Poids spécifique, 4,75.

Variétés.

— En prismes rhomboïdaux réguliers à sommets à deux faces, ou bien en octaèdres surbaissés à base rectangulaire ou rhomboïdale. — *Conchyloïde.* — *Maclé.* — *Mamelonné.* — *Pseudomorphique.* — *Stalactique*, etc.

IIIe SOUS-ESPÈCE.

SULFURE DE FER MAGNÉTIQUE.

Couleur tirant sur le bronze, poudre d'un gris noirâtre, magnétique, faisant feu au briquet, très-fusible, cristaux en prismes hexaèdres réguliers. Poids spécifique, 4,52.

Composition : d'aprés M. Thenard, elle contient sur

Fer	100,00
Soufre, tantôt 67,78, ou	79,08

M. Beudant indique les proportions données par M. Hatchett, qui sont de

Fer	63
Soufre	37
	100

Cette analyse se rapporte avec la composition du sulfure de fer de Proust. M. Hatchett pense que, dans la pyrite magnétique, tout le fer n'est pas à l'état métallique, et qu'il contient d'oxigène environ 0,077 de son poids.

Variétés.

— En prismes hexaèdres avec facettes annulaires (rare). — *Compacte.* — *Lamellaire*, etc.

M. Hatchett s'est beaucoup occupé de l'analyse des pyrites ; nous allons présenter, dans le tableau suivant, les résultats qu'il a obtenus.

PYRITES.	POIDS SPÉCIFIQUE.	PARTIES CONSTITUANTES.		
		FER.	SOUFRE.	TOTAL.
En dodécaèdres.	4,830	47,85	52,15	100
— cubes striés.	»	47,50	52,50	100
— cubes lisses.	4,831	47,30	52,70	100
Radiées.	4,698	46,40	53,60	100
Plus petites.	4,775	45,66	54,34	100

L'on voit, par ce tableau, 1° que les pyrites en cristaux réguliers sont celles qui contiennent le moins de soufre; 2° que les striées en ont le plus ; 3° que la plus grande différence est de 0,021.

XI

XIe ESPÈCE.

PROTO-SULFURE DE PLOMB.

Galène, alquifoux.

Se trouve en masses considérables dans les terrains primitifs, intermédiaires ou secondaires, il se rencontre aussi en filons; on en trouve un grand nombre de mines. Les principales en exploitation sont en Angleterre, en Carinthie, en Savoie, etc. En France, on en rencontre beaucoup, quoiqu'il n'il n'y en ait guère que deux qui soient exploitées, en Bretagne et dans la Lozère.

Le proto-sulfure de plomb est d'un gris noirâtre, éclat métallique plus brillant que celui de son métal, aigre, clivable parallèlement aux faces du cube; poids spécifique, 7,58.

Composition :	Plomb	87
	Soufre	13
		100

Variétés.

En cubes, en octaèdres et tous leurs dérivés, rarement cependant en dodécaèdre rhomboïdal. — *Lamellaire*, à grandes ou petites facettes. — *Compacte.* — *Terreux.* — *Stalactitique* (rare). — *Pseudomorphique.* — *Globuleux*, petites masses arrondies avec des cristaux à la surface, etc.

Les variétés en cristaux sont presque pures; les autres sont unies à d'autres sulfures.

XIIe ESPÈCE.

SULFURE DE ZINC.

Blende.

Le sulfure de zinc est le plus répandu des minérais de ce métal ; il se trouve dans les terrains secondaires et de transition; outre les mines qui existent à l'étranger, la

France nous en offre dans les départemens de l'*Isère*, du *Pas de Calais*, des *Hautes-Pyrénées*, du *Finistère*, etc. Ellesaccompagnent presque toujours le sulfure de plomb.

Les blendes sont souvent transparentes et quelquefois opaques; leur couleur varie entre le jaune presque pur, tirant sur le verdâtre, le jaune ocracé, le rougeâtre, le brun noir, etc. M. Berthollet attribue ces variétés de couleur à des corps étrangers et à un mode particulier d'agrégation ; elles sont phosphorescentes par le frottement ; leur structure est le plus souvent lamellaire, fibreuse, à fibres divergentes, et quelquefois en cubes et en octaèdres plus ou moins modifiés. Poids spécifique, 4,16.

Composition :	Zinc	100,00
	Soufre	49,88

Les diverses blendes contiennent plus ou moins de fer non oxidé. M. Thénard en donne 0,12 ; quelques-unes sont unies à un peu de cadmium, probablement à l'état de sulfure.

Variétés.

Mamelonnée. — *Globuleuse.* — *Grenue.* — *Testacée*, etc.

TROISIÈME GENRE.

SULFURES MULTIPLES.

1re ESPÈCE.

SULFURE D'ANTIMOINE ET D'ARGENT.

Argent rouge.

Couleur rouge, non métalloïde; exposé à l'action du calorique, il se volatilise du soufre et de l'antimoine. Le résidu est un bouton d'argent; cristaux affectant diverses formes, les principales sont le prisme à six faces régulier, ou à sommet rhomboédrique, le dodécaèdre bi-pyramidal à triangles scalènes ou isocèles. Poids spécifique de 5 à 6.

Composition :

Sulfure d'antimoine	32	Soufre	18
d'argent	68	Argent	59
		Antimoine	23
	100		100

Variétés.

Botrioïde. — Compacte. — Granulaire.

IIe ESPÈCE.

SULFURE D'ANTIMOINE ET CUIVRE.

Métalloïde, couleur grise ; solution colorée en bleu par l'ammoniaque, et déposant du cuivre sur les lames de fer.

Composition :

Tri-sulfure d'antimoine	53	Soufre	24
Sulfure de cuivre	47	Antimoine	38
		Cuivre	38
	100		100

IIIe ESPÈCE.

SULFURE D'ANTIMOINE, DE CUIVRE ET DE PLOMB.

Bournonite.

Minéral rare, qu'on a trouvé, pour la première fois, dans le Cornouailles, et qui avait peu fixé l'attention des naturalistes jusqu'en 1804, époque à laquelle MM. Bournon et Hatchett le décrivirent et l'analysèrent. Ce polysulfure est gris de plomb, tirant sur le noir, cristallisé tantôt en prismes rectangulaires simples, ou modifiés sur ses arêtes; en octaèdres rectangulaires plus ou moins variés. Ces cristaux sont gros et éclatans, à cassure inégale et à gros grains ; il raie le spath calcaire, tache le papier, moins cependant que le plomb; projeté en poudre sur du fer rouge, il produit une lueur phosphorique inodore d'un blanc bleuâtre. Poids spécifique, 6775.

Composition :

Tri-sulfure d'antimoine	36	Soufre	19
Bi-sulfure de plomb	48	Antimoine	26
Sulfure de cuivre	16	Plomb	42
		Cuivre	13
	100		100

Variétés.

Bacillaire. — *Compacte*, etc.

IVe ESPÈCE.

SULFURE D'ARSÉNIC ET ARGENT.

Sprodglanzerz.

Minéral d'un gris noirâtre, semi-métalloïde, répandant une odeur alliacée très-forte lorsqu'on l'expose à une température très-élevée : le résidu est un bouton d'argent. Poids spécifique, 7.

Composition : peu étudiée.

Variétés.

Cristallisé, en prismes hexaèdres réguliers ou bien à sommets pyramidaux. — *Compacte.* — *Granulaire.* — *Lamellaire*, etc.

Ve ESPÈCE.

SULFURE D'ARSÉNIC ET COBALT.

Cobalt gris.

Ce minérai est métalloïde, d'une couleur d'acier très-brillante, clivage en cubes; cristallisé en dodécaèdres à cinq angles, en cubes dodécaèdres, icosaèdres, etc. Poids spécifique, 6,45.

Composition :

Quadri-sulfure de cobalt	37	Soufre	20
Bi-arséniure de cobalt	63	Arsénic	45
		Cobalt	35
	100		100

Variétés.

Compacte. — *Lamellaire.*

VIe ESPÈCE.

SULFURE D'ARSÉNIC ET FER.

Mispikel.

Métalloïde, couleur parfois jaunâtre et le plus souvent d'un blanc d'argent; cristaux variés, mais ordinairement en prismes rhomboïdaux, en octaèdres et en prismes à sommets dièdres. Poids spécifique, 5,6 ; solution donnant un précipité bleu par les hydro-cyanates de potasse ou de soude.

Compostition :

Quadri-sulfure de fer	37	Soufre	20
Bi-arséniure de fer	63	Arsénic	46
		Fer	34
	100		100

VIIe ESPÈCE.

SULFURE D'ARSÉNIC ET NICKEL.

Métalloïde, couleur analogue à celle de l'étain ; exposé à l'action du calorique dans un vase fermé, il se sublime de sulfure d'arsénic. Poids spécifique, 6,12.

Composition :

Quadri-sulfure de nickel	37	Soufre	19
Bi-arséniure de nickel	63	Arsénic	46
		Nickel	35
	100		100

Presque toujours ce minéral contient du fer, uni probablement au soufre.

VIIIe ESPÈCE.

SULFURE DE BISMUTH ET PLOMB.

Wismuth nadelerz.

Couleur gris d'acier, cristaux en aiguille entourée d'une gangue de nature quartzeuse. Poids spécifique, 6,12.

Composition, suivant le docteur John :

Soufre	11,68
Bismuth	43,20
Plomb	24,32
Cuivre	12,10
Nickel	1,58
Tellure	1,22
	94,00

IXe ESPÈCE.

SULFURE DE BISMUTH, PLOMB ET ARGENT.

Wismuth Bleierz.

Gris de plomb, rudimens de cristallisation informes; elle appartient plutôt au sulfure de plomb.

Composition, d'après Klaproth :

Soufre	16,30
Bismuth	27,00
Plomb	33,00
Argent	15,00
Fer	4,3
Cuivre	0,90
	96,50

Xe ESPÈCE.

SULFURE DE CUIVRE ET ARGENT.

Compacte et amorphe, métalloïde, couleur de l'acier très-brillante et très-fusible.

Composition :

Sulfure de cuivre	39	Soufre	16
Bi-sulfure d'argent	61	Cuivre	31
		Argent	53
	100		100

Ce sulfure devrait plutôt appartenir au sulfure d'argent.

XIe ESPÈCE.

SULFURE DE CUIVRE ET BISMUTH.

Métalloïde, gris jaunâtre, cristaux en aiguilles réunies en groupes.

Composition d'après Klaproth :

Soufre	12,58
Cuivre	34,96
Bismuth	47,24
	94,48

XIIe ESPÈCE.

SULFURE DE CUIVRE ET ÉTAIN.

Métalloïde, gris jaunâtre. Poids spécifique, de 4,35 à 4,78.

Composition, d'après Klaproth :

Bi-sulfure de cuivre	39	Soufre	26
Bi-sulfure d'étain	61	Cuivre	26
		Etain	48
	100		100

XIIIe ESPÈCE.

SULFURE DE CUIVRE ET FER.

Cuivre pyriteux, pyrite cuivreuse.

Métalloïde, bronze jaunâtre ; l'ammoniaque et les hydro-cyanates produisent un précipité bleu dans ses solutions. Ce minéral cristallise en octaèdres, en tétraèdres irréguliers, simples ou modifiés diversement, etc. Poids spécifique, 3,5 à 4,5.

Composition, suivant M. Rose :

Bi-sulfure de cuivre	52	Soufre	35
Bi-sulfure de fer	48	Cuivre	35
		Fer	30
	100		100

Variétés.

Compacte. — *Jaune de bronze.* — *Verdâtre.* — *Mamelonné.* — *Stalactitique.* — *Panaché.* (Buntkupfererz), en cubes ou en octaèdres réguliers. M. Beudant pense que cette variété peut constituer une espèce à part.

XIVe ESPÈCE.

Sulfure de cuivre gris.

Nous comprenons sous ce nom trois variétés qui ont pour caractères généraux d'être métalloïdes, d'une couleur semblable à celle de l'acier, plus ou moins foncé, tant à l'extérieur que dans la cassure, lorsqu'elle est récente.

A. CUIVRE GRIS ARSÉNIFÈRE.

Tennantite.

Sa couleur varie du gris de plomb à celle du fer ; se trouve en masse, mais le plus souvent en cubes, en octaèdres, et surtout en dodécaèdres rhomboïdaux ; il est très-éclatant et parfois mat ; clivage en dodécaèdres, râclure gris-rougeâtre, cassant, donnant au chalumeau une flamme bleue, suivie d'une odeur d'ail, et laissant un résidu attirable à l'aimant. Poids spécifique, 4,375.

Composition, suivant Richard Phillips ;

Soufre	28,74
Cuivre	45,32
Arsénic	11,84
Fer	9,26
Silice	5
	100,16

B. CUIVRE GRIS ANTIMONIFÈRE.

Mine de cuivre noir.

On rencontre ce minéral à la surface et dans les crevasses des autres mines de cuivre, surtout dans les fentes des sulfures. Sa couleur est entre le noir bleuâtre et le noir brunâtre ; il est friable, souvent pulvérulent, un peu tachant.

Composition, d'après Klaproth :

Soufre	28
Cuivre	37,75
Antimoine	22
Zinc	5
Fer	3,25
Argent	0,25
	96,25

C. CUIVRE GRIS ANTIMONIFÈRE ET PLOMBIFÈRE.

Fahlerz.

En masse ou disséminé, quelquefois aussi cristallisé en tétraèdres réguliers, ayant le plus souvent ses angles ou ses bords, même les uns et les autres, tronqués ou en biseaux. Couleur gris d'acier, poussière noirâtre avec une teinte rouge, éclat métallique, cassure presque conchoïde. Poids spécifique, 4,864.

Composition, d'après Klaproth :

Soufre	13,50
Cuivre	16,25
Plomb	34,50
Antimoine	16
Fer	13,75
Argent	2,25
	96,25

XVe ESPÈCE.

SULFURE DE PLOMB ET ARGENT.

Lichte. Weissgültigerz.

Substance métalloïde, couleur gris de plomb. Poids spécifique, 5,32.

Composition, d'après Klaproth :

Soufre	12,25
Plomb	48,06
Argent	20,40
Antimoine	7,88
Fer	2,25
	90,84

XVIe ESPÈCE.

SULFURE DE PLOMB ET D'ANTIMOINE.

Dunkles Weissgültigerz.

Substance également métalloïde, et gris de plomb.

Composition, d'après le même chimiste :

Soufre	22
Plomb	41
Antimoine	21,50
Argent	9,25
Fer	1,75
	95,50

QUATRIÈME GENRE. — OXISULFURES.

Ces combinaisons diffèrent des précédentes en ce que le métal, en tout ou en partie, est à l'état d'oxide.

SEULE ESPÈCE.

OXI-SULFURE D'ANTIMOINE.

Antimoine rouge.

Ce minéral se trouve à Braunsdorf, en Saxe, à Kremnitz, en Hongrie, en France, en Allemagne, etc. Il est le plus souvent en cristaux capillaires, groupés en faisceaux, couleur rouge cerise, éclat de la nature de celui du diamant, cassure fibreuse, opaque, tendre, peu cassant.

Composition, d'après Klaproth :

Soufre	19,7	Tri-oxi-sulfure d'antim.	30
Oxide d'antimoine	78,3	Tri-sulfure d'antimoine.	70
Perte	2		
	100		100

FAMILLE DES SÉLÉNIDES.

SÉLÉNIUM.

La découverte du sélénium est due à Berzélius, qui le rencontra dans une espèce de pyrite de fahlun et dans l'eukaïrite. Ce chimiste l'a classé parmi les métaux; mais, comme il pense qu'en raison de ses diverses propriétés, on pourrait, avec autant de raison, l'admettre parmi les combustibles non métalliques, nous avons adopté ce parti à cause de quelques analogies avec le soufre.

Le sélénium est très-rare; il est inodore, insipide, cassant comme du verre, facile à réduire en poudre, très-mauvais conducteur du calorique et du fluide électrique, fusible de 100 à 150°, entrant en ébullition à une température un peu plus élevée, passant à l'état de vapeurs jaunâtres, et susceptible d'entrer en combinaison avec l'oxigène, l'hydrogène, le chlore et les métaux. Poids spécifique, 4,30.

Composition : Corps simple.

SÉLÉNIURES.

Ire ESPÈCE.

SÉLÉNIURE DE CUIVRE.

Ce minéral a été trouvé par Berzélius, dans la pyrite de fahlun, dans les fissures d'un carbonate de chaux lamellaire, auquel il donne une couleur noire; il est métalloïde, sous forme dendritique, d'un blanc d'argent et ductile (rare).

Composition :	Sélénium	39
	Cuivre	61
		100

IIe ESPÈCE.

SÉLÉNIURE DE CUIVRE ET D'ARGENT.

Eukaïrite.

Se trouve dans une ancienne mine de cuivre abandonnée à Skrickerum, en Smoland : métalloïde, couleur gris de plomb, ductile (rare et dans la même gangue que la précédente).

Composition, d'après Berzélius :

Séléniure de cuivre	41	Sélénium	26
		Argent	38,93
		Cuivre	23,05
Bi-séléniure d'argent	59	Subst. terreuses	8,90
		Perte	3,12
	100		100,00

D'après sa composition, l'eukaïrite doit être considérée comme un *séléniure d'argent cuprifère*.

N. B. Les borures n'existant pas dans la nature, nous décrirons le bore en parlant de l'acide borique.

FAMILLE DES PHTORIDES.

Corps dont l'acide sulfurique concentré dégage une vapeur blanche qui corrode le verre, et qui est connue sous le nom d'*acide fluorique* (1).

(1) Nous ne donnons point ici la description du phtore, parce qu'il n'est connu que dans son état de combinaison avec l'oxigène, et constituant l'acide fluorique, qui n'a point encore été décomposé. On ne sait donc rien de positif à ce sujet. Ne serait-ce point un hydracide ? c'est une question, dit M. Thénard, qui n'a point encore été résolue.

PHTORURES OU FLUATES.

Les phtorures sont regardés, par bien des auteurs, comme des fluates ou phtorates, parce que ce qu'on nomme *acide fluorique* ou *phtorique* n'est connu que par ses propriétés, et non par sa composition. Ces sels ont été découverts par Schéèle, en 1771.

PREMIER GENRE.

Minérais qui, par leur fusion avec la potasse ou la soude, ne donnent point, ou du moins fort peu de silice.

Ire ESPÈCE.

PHTORURE DE CALCIUM.

Spath fluor, fluate de chaux, chaux fluatée.

Ce sel existe abondamment dans la nature, le plus souvent cristallisé en cubes dont les angles ou les bords sont quelquefois tronqués; cette forme cristalline varie; elle est aussi en octaèdres, en dodécaèdres rhomboïdaux, en cristaux oblitérés sphéroïdaux, etc. La forme primitive est l'octaèdre régulier. Ce fluate est insipide, insoluble dans l'eau, inaltérable à l'air, *blanc* limpide et opaque, ou bien *bleu*, *jaune*, *rose*, *vert*, *violet*, plus ou moins prononcés, phophorescent par l'action du calorique, et d'un poids spécifique égal à 3,15.

Composition :	Phtore	48
	Calcium	52
		100

Variétés.

Aluminifère. — *Compacte.* — *Granulaire.* — *Lamellaire.* — *Quartzifère.* — *Terreux.* — *Testacé.* — *Pseudomorphique.* — *Stalactitique* (très-rare).

IIe ESPÈCE.

PHTORURE DE CÉRIUM.

Amorphe, couleur rougeâtre ou brunâtre, poids spécifique et composition peu connus. Il en est de même du phtorure d'yttrium.

IIIe ESPÈCE.

PHTORURE DE SODIUM ET D'ALUMINIUM.

Cryolite.

Ce minéral, aussi curieux que rare, n'a encore été trouvé qu'à l'extrémité du bras de mer nommé *Arksut*, à trente lieues de la colonie de *Juliana Hope*; il est en masse, disséminé, et en concrétions lamelleuses épaisses; il est blanc ou jaune brun; son éclat tire sur le nacré; il est translucide, devient plus transparent dans l'eau; sa cassure est inégale, il fond à la chaleur d'une bougie, et est d'un poids spécifique égal à 2,95.

Composition, selon M. Vauquelin :

Phtore ou acide et eau	47
Soude	32
Alumine	21
	100

DEUXIÈME GENRE. — SILI-PHTORURES.

Ses caractères distinctifs sont de donner un résidu siliceux, si on les fond avec la potasse caustique.

SEULE ESPÈCE.

SILI-PHTORURE D'ALUMINIUM.

Topaze.

La topaze forme une partie constituante essentielle d'une roche primitive particulière qui est un agrégat de topaze, de quartz et de schorl, et qui porte le nom de *roche topaze*. On la trouve, en gros cristaux et en masses roulées, dans l'Aberdeenshire; en filons en Angleterre; elle existe aussi en cavités drusiques dans le granit, etc. Jameson divise les topazes en trois sous-espèces; nous allons suivre cette classification.

Ire SOUS-ESPÈCE.

TOPAZE COMMUNE.

Couleur d'un jaune vineux, très-éclatante, transparente, à réfraction double, plus dure que le quartz, cassure, en petit, conchoïde, en concrétions granulaires, disséminée et cristallisée en prismes tétraèdres diversement modifiés. Poids spécifique, de 3,4 à 3,6.

Composition :	Topaze du Brésil,	— de Saxe,	*id.*
Alumine	58,38	57,45	59
Silice	34,01	34,24	35
Acide fluorique	7,79	7,75	5
	100,18	99,54	99
	Berzélius.	Klaproth.	*Id.*

Il existe une grande différence dans les topazes, suivant les localités où elles gisent. Ainsi, une température très-élevée fait perdre à celles de Saxe leur éclat et leur transparence, tandis que celles du Brésil se colorent en rouge rose, et à une température encore plus forte, en bleu violet. Les topazes du Brésil, de Mucla, de Saxe et de Sibérie développent plus l'action du calorique, l'électricité négative à une extrémité, et la positive à l'autre. Toutes les topazes sont électriques par le frottement, et conservent long-temps cette électricité.

Variétés.

Topaze *blanche, bleue, rosâtre, jaune* plus ou moins foncé, *opaque, transparente, — Cylindroïde. — Laminaire, grenue, roulée*, etc.

Topazes du Brésil et de Saxe.

Les topazes du Brésil offrent diverses nuances de couleurs qui constituent autant de variétés. Les principales sont le blanc, le jaune foncé, rougeâtre et verdâtre, le bleu, etc.

A. *Topaze incolore du Brésil.*

Les lapidaires la nomment *goutte d'eau;* on l'extrait de *Minas-Novas*, au Brésil, à la Nouvelle-Hollande, en Sibérie, aux monts Ourals, etc. Taillée et polie, elle a l'éclat et l'aspect du diamant.

Les autres sont les *topazes jaunes foncées* du Brésil, la *topaze orangée*, la *topaze jonquille*, la *rouge pourpre*, et les *violettes* ou *rubis du Brésil*, la *topaze bleu verdâtre*, confondue avec le béril, les *topazes brûlées*, qui doivent leur couleur à l'action de la chaleur.

B. *Topazes de Saxe.*

Elles sont d'un jaune pâle et fort peu recherchées. Elles se décolorent par l'action du calorique. La valeur des topazes, même des plus belles, a beaucoup diminué. Celles du Brésil se taillent en carré ou en ovale, à degrés moirés à de petites facettes ; elles n'ont quelque valeur que lorsqu'elles pèsent plus de 3 carats : au-dessous de ce poids, on les vend par parties et quelquefois au carat, si elles sont très-belles. Une topaze orangée, taillée à carrés, ayant 8 lignes de diamètre, vaut de 240 à 300 fr. Si elle était d'un beau violet, elle aurait une valeur double.

IIe SOUS-ESPÈCE.

PHYSALITE OU PYROPHYSALITE.

Se trouve en masses, en concrétions grenues, dans du granit, à Finbo, en Suède. Couleur blanc verdâtre, cassure inégale, translucide sur les bords, éclatante dans le clivage, qui est parfait. Poids spécifique, 3,451. Blanchit au chalumeau.

Composition : Alumine	57,74
Silice	34,36
Acide fluorique	7,77
	99,87

Cette sous-espèce pourrait également figurer parmi les silicates.

IIIe SOUS-ESPÈCE.

SCHORLITE OU TOPAZE SCHORLIFORME.

Plénite de Werner.

Ce minéral se rencontre à Altenberg, en Saxe, dans une roche de quartz et de mica, dans du porphyre. Il est en masse, composé de concrétions prismatiques parallèles, et cristallisé en prismes hexaèdres alongés. Couleur jaune paille, éclat résineux très-vif, cassure presque conchoïde, translucide sur les bords, cassant, infusible, électrique par la chaleur. Poids spécifique, 3,53.

Composition, d'après Berzélius :

Alumine	51,0
Silice	38,43
Acide fluorique	8,84
	98,27

Cette sous-espèce pourrait être également classée parmi les silicates. Il en est de même de la *Piknite*, dont les principes constituans sont :

Alumine	54
Silice	37
Acide fluorique	9
	100

N. B. Les phosphures n'existant point dans la nature, nous parlerons du phosphore dans la classe des acides.

FAMILLE DES ANTHRACIDES.

Corps formés de carbone, soit pur, soit uni à d'autres substances.

PREMIER GENRE. — CARBONE.

On est convenu de donner le nom de *carbone* à la substance qui fait la base des charbons. Il constitue en grande partie le squelette végétal. Aucune expérience positive n'a démontré s'il en était séparé par la combustion, ou s'il en était un des produits ; cependant on regarde les divers charbons comme des oxides de carbone, et leur couleur noire comme l'effet de cette oxidation. Le carbone est mauvais conducteur du calorique, quoique bon conducteur du fluide électrique. Avec l'oxigène, à volumes égaux de ce gaz et de vapeur de carbone, il forme un volume d'acide carbonique. Le carbone est susceptible de s'unir à divers combustibles. Ce que nous dirons du diamant se rapportera à ses propriétés. Le carbone, à l'exception du diamant, ne se trouve point dans la nature à l'état de pureté, mais bien à celui de combinaison, ou bien sous celui de charbon. Il est alors en masses, dans le sein de la terre, uni à une substance huileuse, au sulfure de fer, etc.

1re ESPÈCE.

DIAMANT.

Le diamant était connu des anciens sous le nom d'*adamas*, d'où vient le nom d'*éclat adamantin*, que l'on donne aux pierres précieuses dont le brillant se rapproche du sien. Les Perses, les Turcs et les Arabes le nomment *almas*, les Allemands, *diamant*, les Anglais, *A diamand* ou *adamand stone*, les Italiens et les Espagnols, *diamante*.

De toutes les pierres précieuses le diamant est la plus estimée. L'Inde est le premier lieu où il a été trouvé; on le rencontre principalement dans les royaumes de Golconde et de Visapour, dans le district de Serra-do-Frio, au Brésil, ainsi qu'au Bengale, sur les frontières de Missore, dans l'île de Bornéo, etc., etc. Tavernier signale, comme étant les plus abondantes, les mines de *Gani*, de *Raolconda* et de *Gonel*: la 1re appartient au royaume de Golconde; elle est très-renommée par la grosseur des diamans qu'on y a trouvés. Leur valeur a diminué, parce qu'ils sont par fois colorés. La mine de *Raolconda*, découverte vers le milieu du 14e siècle, appartient au roi de Visapour; elle est à près de neuf journées de cette ville. Les diamans de *Gonel* se trouvent dans la rivière de ce nom, qui coule dans le Bengale. Quand les eaux se retirent, on les extrait des sables qu'elles ont déposés. Le gonel donne ces diamans connus dans le commerce sous le nom de *pointes naïves*. La mine de diamant du Brésil a été découverte, vers le commencement du 18e siècle, dans la province de *Minas-Geraes*, district de *Serra-do-Frio*; le produit annuel de ces terrains diamantifères fut d'abord de 15 livres; maintenant, il est de 12 à 13 livres, ou de 24 à 30,000 carats qui, après la taille, se trouvent réduits à 8 ou 900 carats propres à la bijouterie. Le plus gros des diamans trouvés au Brésil est de forme octaèdre naturelle; il pèse, sans avoir été taillé, 95 carats, ou environ 5 gros 80 grains. Les diamans existent toujours dans des terrains de transport qui paraissent être de nature moderne, et qui sont ordinairement composés de susbtances terreuses et de cailloux quartzeux roulés, ayant pour ciment un mélange argilo-ferrugineux et quartzeux. C'est disséminés dans ces dépôts que gisent toujours les diamans, en très-petite quantité, presque toujours écartés les uns des autres, et entourés d'une croûte terreuse plus ou moins adhérente et à peu de profondeur.

Le diamant est incolore ; on en trouve cependant de colorés en bleu, brun, jaune, gris, noir, rouge et vert (1). Sa forme primitive est l'octaèdre, et sa molécule intégrante, le tétraèdre régulier; il se présente en morceaux roulés et sous plus de quinze formes cristallines différentes, qui constituent autant de variétés. C'est le plus dur de tous les corps. Quelque soit la dureté du diamant, sa structure lamelleuse le rend facile à *cliver* ou à diviser, en prenant adroitement, avec une pointe d'acier très-aiguë, le joint des lames. Ceux qui ne se prêtent pas bien à cette opération, à cause que leurs lames sont curvilignes ou contournées en divers sens, sont nommés, par les lapidaires, *diamans de nature.* On ne peut l'user qu'au moyen de sa poussière. Lorsqu'il est ainsi taillé, il décompose les rayons solaires, et offre un jeu agréable de couleurs irisées. Il a cet éclat vif qui lui est propre; sa cassure est lamelleuse, les fragmens ont la forme de l'octaèdre ou du tétraèdre. Il est demi-transparent, à réfraction simple ; il raie tous les corps connus. Il développe l'électricité positive par le frottement, tandis que le quartz brut donne la résineuse; il est phosphorescent par son exposition au soleil, ou par le choc électrique. Après l'orpiment et le plomb rouge, c'est le corps qui réfracte le plus la lumière ; il la réfracte en entier, sous un angle d'incidence excédant 24° 13′, ce qui donne lieu au grand éclat dont il jouit. Poids spécifique, de 3,4 à 3,6.

Les diamans étaient regardés comme infusibles. Cependant le docteur Silliman en a opéré un commencement de fusion, ainsi que de l'anthracite, en les exposant, dans une cavité pratiquée dans un morceau de chaux, à l'action du chalumeau à gaz hydrogène et oxigène.

(1) Le rouge et le vert sont très-rares ; le noir porte le nom de *diamant savoyard.*

Voici les noms divers que les lapidaires et joailliers donnent à diverses espèces de diamans :

1°. *Diamans paragons ;* on nomme ainsi les plus gros.

2°. *Diamans de première eau,* ceux qui ont la plus belle blancheur.

3°. *Diamans de seconde eau,* ceux qui viennent après.

4°. *Diamans pointes naïves,* en octaèdres naturels.

5°. *Diamans bruts* ou *ingénus.* Ils sont dodécaèdres à faces convexes ; ils sont presque sphéroïques.

6°. *Diamans de nature ;* nous les avons fait connaître.

7°. *Diamans grains de sel ;* ce sont les très-petits.

Composition. Newton entrevit la combustibilité du diamant. En 1794, l'Académie de Florence annonça cette combustion au foyer d'un miroir ardent. Plusieurs chimistes répétèrent cette curieuse expérience, et l'un d'eux, l'illustre et malheureux Lavoisier, a reconnu qu'il se convertissait en acide carbonique. Depuis, MM. Arago et Biot pensaient qu'il pouvait contenir de l'hydrogène, vu l'énergie de sa force réfringente. H. Davy y soupçonna un peu d'oxigène ; cet habile chimiste opéra un grand nombre de fois la combustion du diamant, et le résultat de ses diverses expériences, faites avec la plus minutieuse exactitude, fut que ce corps ne donne, par la combustion, que du gaz acide carbonique pur sans aucun changement dans le volume du gaz : de sorte que l'on doit regarder le diamant comme du carbone pur dont les molécules sont unies par une grande force de cohésion.

Observations sur les diamans.

La valeur des diamans est relative à leur eau, c'est-à-dire à leur blancheur, et à leur épaisseur et grosseur. Leur poids s'exprime par carats, dont chacun est égal à 4 grains (26 centigrammes). Le prix d'un diamant est à celui d'un autre qui a la même transparence, la même couleur, la même forme, la même pureté, etc., comme les carrés de leurs poids respectifs.

Le prix moyen des diamans bruts qui méritent d'être taillés est d'environ 50 francs pour le premier carat. La valeur d'un diamant taillé étant égale à celle d'un diamant brut de poids double, outre la main-d'œuvre, un diamant travaillé, du poids de

1 carat, coûtera	....		200 fr.
2 *id.*	....	$2^2 \times 200 =$	800
3 *id.*	....	$3^2 \times 200 =$	1,800
4 *id.*	....	$4^2 \times 200 =$	3,200
de 100 *id.*	....	$100^2 \times 200 =$	2,000,000

Cette règle cependant ne s'étend pas aux diamans dont le poids excède 20 carats. Ceux qui sont plus gros se vendent à des prix inférieurs à la valeur qu'ils auraient d'après ce calcul. Nous allons fournir un exemple de la manière d'évaluer le prix d'un diamant. Le diamant taillé a déjà perdu la moitié de son poids primitif; on doit donc doubler son poids : admettons donc que ce diamant pèse un carat ; il faut donc le doubler, et prendre la racine carrée de 2 qui donne quatre. C'est cette racine carrée 4 qui, multipliée par 48, prix ordinaire du carat brut, donne 192 pour un diamant d'un carat.

Prenons un second exemple :

Soit un diamant taillé, de 3 carats ;

Doublez 3, c'est 6.

Prenez la racine carrée de 6; c'est	36
Multiplié par	48
C'est	1728 pour un dia-

mant de trois carats taillé.

Ces prix sont sujets à varier, suivant la beauté de leur eau, leur degré de perfection.

Les diamans les plus estimés sont ceux qui sont d'un blanc de neige; c'est ce que les joailliers appellent *première eau*.

Les diamans de 5 à 6 carats sont fort beaux; ceux de 12 à 20 sont rares ; à plus forte raison ceux au-dessus de ce poids. Quelques-uns dépassent seulement celui de 100.

Le plus gros diamant connu est celui du raja de Matun, à Bornéo; il est évalué à plus de 300 carats (près de 2 onces 1 gros). Celui de l'empereur du Mogol est de 279 carats; Tavernier l'a estimé 11,723,000 fr. Celui de l'empereur de Russie pèse 193 carats; il est de la grosseur d'un œuf de pigeon, et de mauvaise forme ; il a été acheté 2,160,000 fr. et 96,000 de pension viagère. Celui de l'empereur d'Autriche pèse 139 carats, est taillé en rose, et de mauvaise forme; il est estimé 2,600,000 fr. Le diamant du roi de France, nommé le *Régent*, pèse 136 carats 3/4; il en pesait 410 avant d'être taillé; il est remarquable par sa belle forme, ses belles proportions, et sa parfaite limpidité. Il est regardé comme le plus beau de l'Europe ; il fut acheté, par le duc d'Orléans, alors régent, 2,250,000 francs; il est estimé plus du double. Le *Sancy* fut apporté de Constantinople par M. le baron de Sancy; il a coûté 600,000 francs : on l'évalue à 1,000,000. Suivant quelques-uns, il pèse 55 carats ; M. Caire le porte à 33 carats 12/16. Il fait partie des diamans de la couronne. Tous ces beaux diamans ont été trouvés dans l'Inde. Celui que possède le roi de Portugal est le plus gros qu'on ait trouvé au Brésil. On a estimé son poids à 120 carats; M. Maw ne le porte qu'à 95 trois quarts ; il n'a pas été taillé; il est sous la forme octaèdre naturelle.

Les lapidaires taillent le diamant de quatre sortes :

1°. La pierre faible. 3°. La rose.
2°. La pierre épaisse. 4°. Le brillant.

Voyez mon Manuel du bijoutier, orfèvre, joaillier.

Les mines de diamans exploitées au Brésil ont rapporté au gouvernement, depuis 1730 jusqu'en 1814, 3,024,000 carats, ou bien 36,000 par an (un peu plus de 15 livres). Ce produit a considérablement diminué. La dépense des frais d'exploitation du diamant brut coûte, déduction faite du produit de l'or des lavages, 38 fr. 20 cent. par carat.

Ces curieux détails sont extraits en partie du *Dictionnaire de chimie* du docteur Ure, traduit par M. Riffault, et de la *Minéralogie* de M. Beudant.

IIe ESPÈCE.

ANTHRACITE.

Houille éclatante, houille de Kilkenny.

Substance charbonneuse noire, opaque, amorphe, brûlant difficilement, sans répandre ni flamme ni fumée, ni odeur, excepté lorsqu'elle est unie à des grains de pyrite ferrugineuse. L'anthracite existe dans toutes les contrées où se trouvent des sols intermédiaires d'une vaste étendue. La France, la Savoie, l'Espagne, la Saxe, la Bohême, l'Angleterre, les Etats-Unis, etc., nous en offrent beaucoup. Elle est en couches ou en amas, tantôt au centre des plus anciennes roches arénacées, qui sont connues sous le nom de *grauwackes*, et souvent au centre des roches schisteuses nommées *grauwackes schisteuses* ou schistes argileux intermédiaires. Ces gisemens ne sont pas les seuls; on en rencontre aussi entre des couches de roches amygdaloïdes, de porphyre, de quartz, etc. Poids spécifique, de 1,5 à 1,8.

Composition : Carbone contenant un peu d'hydrogène;
Substance terreuse formée d'alumine, chaux, silice, et parfois de carbure de fer de 0,3 à 0,5.

On la taille souvent en vases et en ornemens divers.

L'anthracite offre trois sous-espèces et un grand nombre de variétés. Nous allons exposer les principales.

Ire SOUS-ESPÈCE.

ANTHRACITE SCHISTEUSE.

On la rencontre dans les roches primitives et secondaires sur divers points en Angleterre, en Espagne, etc. M. Julia de Fontenelle l'a trouvée accompagnant quelques mines de houille à Graissessac. Couleur brun noirâtre foncé, léger éclat métallique, cassante, imparfaitement schisteuse, brûlant sans flamme. Poids spécifique, 1,4 à 1,8.

Composition :	Carbone	72,0
	Silice	13,0
	Alumine	3,3
	Oxide de fer	3,5
		91,8

IIe SOUS-ESPÈCE.

ANTHRACITE EN COLONNES.

Elle forme un lit très-épais près de Sanguhar, à Saltcoats et New-Cumnock, dans l'Ayrshire; elle existe aussi à Messner, dans la Hesse, etc. Elle est en petites concrétions prismatiques, ayant une couleur foncée de fer, ainsi qu'un éclat métallique terne. Elle est douce au toucher, légère et cassante.

Variétés.

Compacte feuilletée par retrait. — *Granulaire.* — *Polyédrique.* — *Terreuse.* — *En rognons.* — *Xiloïde*, *etc.*

IIIe ESPÈCE.

HOUILLE OU CHARBON DE TERRE.

Les mines de houille sont abondamment répandues sur la surface du globe. Elles font la richesse du pays où elles se trouvent. M. Beudant a été si convaincu de cette vérité, que, dans son *Discours sur la Minéralogie*, lu à la séance publique du 5 juin 1825 de l'Académie royale des sciences, il n'a pas craint de dire que l'Angleterre leur devait en grande partie sa prospérité. C'est ordinairement au milieu de ces bancs arénacés dits *grès houillers*, qui servent pour ainsi dire de commencement aux terrains secondaires, que se trouvent les houillères. Leur gisement est en couches, dont l'épaisseur est depuis huit pouces jusqu'au delà de vingt pieds. Ces couches ont pour intermédiaires des bancs de grès houillers plus ou moins épais; elles sont placées les unes sur les autres. Leur nombre varie; dans certains lieux il dépasse cinquante. Les couches très-épaisses doivent être considérées comme le résultat de beaucoup d'autres couches qui n'ont entre elles que des couches très-minces de substances terreuses. Les grès houillers qui séparent les couches de houille sont plus chargés de charbon que ceux qui les entourent. Souvent aussi ces espèces de cloisons sont dues à des substances schisteuses plus ou moins dures, la plupart d'un assez beau noir, et quelques-unes, comme celles d'Hérépian, sont très-brillantes et d'un beau poli. En minéralogie elles sont connues sous les divers noms d'*argile schisteuse* ou *schieferthon* des Allemands, de *schiste charbonneux*, de *grès schisteux*, *kohlenschiefer*, *kohlensandschiefer*, de *schiste bitumineux*, *brandschiefer*. Le schiste dont MM. Julia de Fontenelle et Payen ont constaté le pouvoir décolorant est probablement de cette nature.

La houille est le plus souvent d'une belle couleur noire, et quelquefois d'un noir grisâtre. Dans ce cas, elle s'exfolie plus facilement; elle est opaque, est très-inflammable, et brûle avec flamme, en donnant lieu à une fumée noirâtre et à une odeur bitumineuse et parfois plus ou moins sulfureuse, suivant qu'elle contient plus ou moins de pyrites ferrugineuses ou qu'elle est unie à des terres de nature alumineuse. L'un de nous a vu, dans les riches mines de Graissessac, département de l'Hérault, des blocs de houille parsemés de couches de ces pyrites de trois à six lignes d'épaisseur. La houille, soumise à une température élevée, dans des vaisseaux clos, subit une décomposition partielle. La matière huileuse ou bitumineuse est décomposée en grande partie, et se convertit en acide carbonique, en gaz hydro-sulfurique, et en gaz hydrogène carboné; le résidu est un charbon léger, plus volumineux que la houille employée, auquel on donne le nom de *coak*, et qui est très-employé en Angleterre, et maintenant en France, pour le chauffage domestique. Le gaz hydrogène carboné qui se dégage par cette opération, qu'on opère dans de vastes cornues de fonte, après avoir été purifié, est conservé dans un immense réservoir, nommé *gazomètre*, d'où il est distribué par des conduits souterrains pour servir à ce bel éclairage, qui l'emporte, tant par la beauté que par l'économie et la propreté, sur celui par l'huile. Le poids spécifique des houilles varie suivant les matières étrangères auxquelles elles sont unies; le terme moyen est de 1,3 à 1,9.

Composition. Les meilleures qualités de houille sont celles qui sont exemptes des sulfures de fer et des terres alumineuses soufrées. En général, les plus estimées sont celles qui ont de 30 à 40 pour 100 de bitume, et dont le résidu terreux, que laisse la combustion complète, est de 3 à 5; dans les plus mauvaises, il va jusqu'au-delà de 0,50, et il n'y existe presque point de bitume.

Variétés.

Brunâtre. — *Granulaire.* — *Lamellaire.* — *Limoneuse.*

— *Noire.* — *Isisée.* — *Organofibreuse.* — *Polyédrique.* — *En rognons.* — *Schisteuse.* — *Scapiforme.* — *Xiloïde*, etc.

IVe ESPÈCE.

LIGNITE.

Corps solide, opaque, couleur variant du beau noir foncé au brun terreux, cassure compacte, conchoïde, et parfois résinoïde, présentant un tissu presque toujours semblable à celui du bois. Poids spécifique, de 1,2 à 1,4. Par la combustion, il produit une flamme assez claire accompagnée d'une odeur âcre et fétide, et ne se boursoufle presque pas. Ce combustible est dû à la décomposition du bois; aussi varie-t-il par son aspect et ses propriétés suivant qu'elle est plus ou moins avancée. On le rencontre dans les dépôts secondaires et tertiaires. Il existe en très-grande quantité à la base de ses derniers; aussi l'emploie-t-on comme la houille.

Variétés.

Lignite jayet, houille piciforme. — On le trouve dans les trois formations houilleuses, mais plus communément dans les montagnes de trapp, et parfois dans des dépôts argileux entremêlés de succin. Ainsi MM. Julia de Fontenelle et Reboulh l'ont rencontré à Sainte-Colombe, où il a fait long-temps l'objet d'une grande exploitation. Le jayet est en masse ou en lames, ou bien sous forme de branches d'arbres, sans contexture régulière; il est d'un beau noir et d'une grande compacité; éclat gras, cassure conchoïde à grandes cavités, cassant. Poids spécifique, 1,308. Quelquefois il surnage l'eau; alors il est moins compacte à grain moins fin et bien moins estimé, Il brûle en répandant une odeur de houille, qui est quelquefois aromatique. On taille le jayet en France pour en faire des bijoux de deuil et des objets d'ornement, qui sont principalement expédiés en Espagne, en Allemagne, dans le Levant et en Turquie.

Lignite terreux ou friable.

Couleur brun noirâtre, passant quelquefois au gris jaunâtre, presque toujours en poudre, tant est faible la force de cohésion de ses molécules; aussi en fait-on une pâte avec de l'eau, qu'on moule comme les briques, et que l'on applique au chauffage après la dessiccation. Cette variété est connue sous le nom de *terre de Cologne*.

Lignite fibreux.

C'est, à proprement parler, du bois altéré; il est brunâtre, à tissu ligneux, très combustible, brûlant avec ou sans flamme et sans fumée, ou avec une fumée piquante répandant une odeur un peu bitumineuse parfois agréable et parfois fétide, presque toujours surnageant l'eau et donnant à la distillation les produits du bois. Ce combustible est souvent confondu avec le précédent; il en diffère cependant en ce qu'il conserve la forme et le tissu du bois. Pour ne pas dépasser les bornes que nous nous sommes prescrites, nous allons nous borner à indiquer les variétés suivantes :

Lignite bacillaire. — *Carbonisé*, réduit à l'état de braise par l'inflammation spontanée des dépôts. — *Débituminisé.* — *Eclatant.* — *Noir* ou *brun.* — *Terne.* — *Polyédrique.* — *Compacte*, à structure xiloïde, *schisteux*, etc.

Ve ESPÈCE.

TOURBE.

La tourbe ne diffère du combustible précédent qu'en ce qu'elle paraît plus particulièrement due à l'altération des plantes herbacées; aussi offre-t-elle le plus souvent des débris d'herbes qui ne sont point encore décomposées. La tourbe est brune et quelquefois noirâtre; elle est très-combustible avec ou sans flamme, en répandant une fumée dont l'odeur se rapproche de celle des plantes sèches. Le résidu est un charbon très-léger. La meilleure tourbe est celle qui est compacte; elle est fibreuse quand elle renferme des végétaux non décomposés.

VIe ESPÈCE.

TERREAU.

On donne ce nom au résidu de la décomposition des plantes et des substances animales qui s'opère dans les lieux bas et humides; cette décomposition est toujours la suite de la putréfaction. La nature du terreau varie suivant la nature des plantes et suivant qu'il est dû à des substances animales, ou qu'il en contient plus ou moins. En général le terreau végétal contient du carbone dans le plus grand état de division, de l'ulmine, du carbonate et du phosphate de chaux, de la silice, de la magnésie, de l'alumine, du fer, du manganèse, etc. Le terreau animal donne, outre la plupart de ces principes, des sels alcalins et ammoniacaux.

Le terreau sec est semblable à une terre brunâtre; il brûle facilement en produisant l'odeur végétale ou animale.

DEUXIÈME GENRE. — BITUMES.

On a donné le nom de *bitume* à diverses substances liquides ou bien solides et fusibles à une température peu élevée, en répandant une odeur *sui generis*, plus ou moins forte, ils sont très-combustibles, ne laissant qu'un faible résidu charbonneux très-léger et très-facile à incinérer.

1re ESPÈCE.

BITUME NAPHTE.

Ce bitume se trouve en abondance en Perse, sur les bords de la mer Caspienne, près de Bakou, etc. Il se dégage sans cesse du sol qui en est chargé, des vapeurs inflammables et très-odorantes, que les habitans allument pour leurs divers besoins (1), en pratiquant des puits de 10 à 12 mètres de profondeur, et à 600 mètres de distance de ces vapeurs; on recueille le naphte qui filtre à travers les terres pour se réunir dans les cavités : on le distille pour le purifier. Ce combustible existe aussi en Calabre, en Sicile, en Amérique, etc. La ville de Parme est éclairée par du Naphte que fournit une source qui a été trouvée en 1802 près d'*Amiano*.

Le naphte pur est liquide, transparent, un peu jaunâtre, d'une odeur très-forte, si combustible qu'il suffit de placer un corps enflammé à quelque distance pour lui faire prendre feu ; volatil, sans résidu, à moins qu'il

(1) Ces vapeurs doivent être du gaz hydrogène carboné chargé de naphte.

ne contienne de l'asphalte, soluble dans l'alcool, dissolvant l'asphalte, les résines, etc., poids spécifique, de 7 à 8,3.

IIe ESPÈCE.

ASPHALTE.

Bitume de Judée, poix juive.

On le recueille à l'état liquide sur la surface de la mer Morte. Avec le temps il se dessèche et durcit; on en trouve aussi enfoui dans la terre en Amérique, à la Chine, dans l'île de la Trinité, en France, dans les montagnes de Carpathian, etc. L'asphalte est noir ou brun, solide, dur, cassant, à cassure polie, très-fusible, à l'état de pureté insoluble dans l'alcool, très-combustible et laissant un résidu qui va quelquefois jusqu'à 0,15.

Les Egyptiens l'employaient pour embaumer les morts.

Variétés.

Pétrole, huile pétrole, huile de Gabian. On trouve bien souvent l'asphalte et le naphte combinés; leur consistance varie, ainsi que le nom de cette combinaison suivant la proportion des principes constituans; si c'est le naphte qui prédomine, ce fluide prend le nom de *pétrole*. Cette espèce d'huile est plus consistante que le naphte. Elle est d'un brun foncé, presque opaque et d'une odeur très-forte; on la recueille en divers lieux : en France, on l'extrait à Gabian, près de Béziers, d'une source au-dessus de laquelle elle surnage.

Malthe, pissasphalte, ou *goudron minéral;* combinaison d'asphalte et de naphte, dans laquelle cette première substance prédomine. Elle est plus brune et plus cousistante que l'huile pétrole : l'une et l'autre se trouvent dant les mêmes lieux.

IIIe ESPÈCE.

RÉTIN-ASPHALTE.

Solide, brun clair, cassure résineuse et parfois terreuse, très-fusible, soluble en partie dans l'alcool, répandant, quand il brûle, une odeur agréable, suivie de celle du bitume; poids spécifique 1,15.

Composition, d'après M. Hatchett :

Résine	55
Asphalte	41
Terre	3
	99

IVe ESPÈCE.

HATCHÉTINE.

Blanc sale ou jaunâtre, éclat le plus souvent gras et parfois nacré, opaque ou translucide, très-fusible; quand on la distille, elle donne pour produit une matière butyreuse, d'un jaune tirant sur le vert.

Ve ESPÈCE.

BITUME ÉLASTIQUE.

Caoutchouc minéral ou fossile.

Ce combustible n'avait encore été trouvé qu'en Angleterre, dans la mine de plomb d'Odin, dans le Derbyshire, où il existe au milieu d'un filon de plomb sulfuré, qui traverse la pierre calcaire stratiforme, associé avec le sulfate de barite, le spathfluor, le sulfure et le carbonate de zinc. En 1816, M. Ollivier a découvert en France ce fossile dans les mines de houille de Moutrelais, à quelques lieues d'Angers, où il gît à une profondeur de 35 toises, au milieu d'une roche d'ophiolite entremêlée de veines de quartz et de chaux carbonatée. Ce bitume est contenu dans les interstices que laissent entre elles les extrémités libres de cristaux implantés sur les deux parois qui comprennent chaque veine, et y forme de petits amas plus ou moins rapprochés, isolés ou confondus ensemble. Il est probable que ce bitume a été primitivement liquide, puisqu'il a pu couler dans l'intérieur de ce filon. Nous allons donner un examen comparatif de ces deux bitumes.

Caoutchouc fossile d'Angleterre.

En masses brunes ou noirâtres, un peu translucide sur les bords, d'une couleur verdâtre, vue par réfraction.

Il est plus ou moins mou et élastique, efface les traces

du crayon en salissant un peu le papier; il brûle facilement avec une flamme blanche et une odeur bitumineuse et des vapeurs blanches, très-fusible et prenant l'aspect d'une substance noire visqueuse; il est plus léger que l'eau, à peine soluble dans l'alcool.

Coutchouc fossile de France.

Solide, brun noirâtre très-foncé, inodore, opaque, compressible, très-ténace et très-élastique, lisse et luisant quand on le déchire. Vu par réfraction, il est plutôt noir que verdâtre : il efface très-bien les traces du crayon en salissant le papier, surnage l'eau, brûle avec une flamme claire d'un blanc bleuâtre et une odeur bitumineuse, donne à la distillation une liqueur jaunâtre. Traité par l'éther chaud, ce bitume se divise en deux portions, l'une soluble, poisseuse, non élastique et plus jaunâtre, l'autre sèche et noirâtre, combustible, comme celle obtenue du caoutchouc d'Angleterre. Nous devons à M. Henry fils un examen et une analyse comparative de ces deux bitumes : nous allons en offrir les résultats.

Composition :

Caoutchouc anglais.		Caoutchouc français.	
Carbone	52,25	Carbone	58,26
Hydrogène	7,496	Hydrogène	4,89
Azote	0,154	Azote	0,104
Oxigène	40,100	Oxigène	36,746
	100,000		100,000

VIe ESPÈCE.

SUCCIN, AMBRE JAUNE, KARABÉ.

Ce combustible se trouve le plus souvent dans les terrains tertiaires, il accompagne le lignite dans plusieurs lieux. M. Julia de Fontenelle l'a rencontré en morceaux, pesant jusqu'à quatre grammes, dans les mines de Jayet, de Bugarach et de Sainte-Colombe; entre Kœnigsberg et Memel, il existe en quantité dans les dunes sablonneuses de la mer Baltique, etc. Le succin est d'un jaune particulier et quelquefois d'un blanc grisâtre; odeur particulière et très-agréable, plus que demi-transparent, toujours homogène, cassure vitreuse, susceptible de recevoir un beau poli, plus ou moins dur, peu soluble dans l'alcool; après avoir été fondu, il se dissout très-bien dans les huiles fixes et volatiles. Soumis à l'action du calorique dans une cornue de verre, il se ramollit, se fond, se boursoufle beaucoup et donne pour produit de l'acide succinique en cristaux, une huile et des substances gazeuses combustibles; poids spécifique, 1,078. Le succin jouit de presque toutes les propriétés des résines, surtout de celle qui porte le nom de *copal*.

Ce combustible est formé d'acide succinique uni à une substance grasse particulière.

Variétés.

Succin compacte. Cassure conchoïde, éclat gras ou résineux. — *Celluleux*, plus léger que les autres. — *Insectifère*. — *En rognons*. — *Mamelonné* ou *en Stalactites*, entièrement semblable à celles que forment sur les arbres les gommes et les résines.

TROISIÈME GENRE. — CARBURE.

SEULE ESPÈCE.

GRAPHITE.

Ce carbure de fer ou plombagine a été divisé, par Jameson, en deux sous-espèces.

Ire SOUS-ESPÈCE.

GRAPHITE ÉCAILLEUX.

Couleur gris d'acier foncé tirant sur le noir, éclat brillant et métallique. Sa forme primitive est un rhombe, et sa forme secondaire une table équiangle à six côtés, clivage simple, cassure lamelleuse avec écailles, rayant le papier en noir; poids spécifique de 1,9 à 2,4. On le trouve en masse, cristallisé ou disséminé.

IIe SOUS-ESPÈCE.

GRAPHITE COMPACTE.

Couleur plus noire que le précédent, éclat métallique, cassure inégale, à grains fins, passant à la cassure conchoïde. Quand on le chauffe dans un fourneau, il brûle sans flamme et sans fumée, en laissant un résidu de fer.

Cette sous-espèce se rencontre le plus souvent en couches, quelquefois disséminée et engagée en masses dans le granit, le gneiss, le chiste micacé, le schiste argileux, les formations de houille et de trap, etc.

Composition, d'après M. Berthollet :

Carbonne	91
Fer	9
	100

On le fait bouillir dans l'huile, et on le scie en tables pour en faire des crayons.

Ve CLASSE.

ACIDES.

On donne le nom d'*acides* à des corps solides, liquides ou gazeux, qui ont une saveur aigre ou caustique, rougissent la teinture de tournesol, s'unissent avec le plus grand nombre d'oxides métalliques, ainsi qu'avec les bases salifiables, pour former des sels. En solution dans l'eau et soumis au courant de la pile galvanique, s'ils ne se décomposent point, ils se rendent au pôle positif; tous les acides, à l'exception d'un seul, sont solubles dans l'eau. Lors de la création de la chimie pneumatique, ces corps furent regardés comme le produit exclusif de l'union de l'oxigène avec les bases salifiables. L'illustre Berthollet reconnut le premier que l'hydrogène pouvait jouer le même rôle, dans l'acidification, que l'oxigène. Depuis, on a encore été plus loin : on a découvert 1° que certaines bases acidifiables, telles que le chlore, le soufre, l'iode, donnaient, avec l'hydrogène, une classe d'acides qu'on a nommés *hydracides*, et, avec l'oxigène des acides différens, qui ont reçu le nom d'*oxacides ;* 2° que deux bases acidifiables, telles que le fluor et le bore, le fluor et la silice, le chlore et l'iode, etc., pouvaient, en se combinant, et sans le concours de l'oxigène ni de l'hydrogène, donner lieu aux acides *fluo-borique*, *fluo-silicique*, *chloriodique*, etc. D'après cela, il est aisé de voir combien est fautive cette terminaison en *ique* qu'on donne aux acides pour démontrer une saturation d'oxigène, puisqu'elle est également donnée aux acides formés par l'hydrogène, ainsi qu'à ceux qui ne reconnaissent ni l'oxigène, ni ce dernier gaz pour principes constituans.

Quoiqu'on trouve un grand nombre d'acides dans la nature unis aux bases salifiables, il n'entre point dans notre plan de les décrire; nous renvoyons pour cela aux divers traités de chimie; nous allons nous borner à présenter ici ceux qu'on remonte à l'état natif.

PREMIER GENRE. — OXACIDES.

ACIDES FORMÉS PAR L'OXIGÈNE ET UNE BASE ACIDIFIABLE.

1re ESPÈCE.

ACIDE BORIQUE.

Acide boracique, sel sédatif, sel narcotique, etc.

Découvert en 1702 par Homberg; cet acide existe à l'état libre dans un grand nombre de lacs de la Toscane, particulièrement dans ceux de *Castelnuovo*, de *Monte-Cerboli*, de *Cherchiajo*, etc. M. Lucas l'a également trouvé dans le cratère de *Vulcano*. L'acide borique naturel jouit des mêmes propriétés de celui qui est le produit de l'art; il n'a besoin que d'être purifié pour n'en différer d'aucune manière. Il est solide, en petites lames minces, d'un blanc nacré, un peu analogue au blanc de baleine, inodore, onctueux, saveur un peu acide, suivie d'une pointe d'amertume et de fraîcheur qui fait place à une saveur sucrée; rougit faiblement le tournesol, fusible, non volatil, peu soluble dans l'eau, répandant une odeur musquée quand on y verse dessus de l'acide sulfurique, donnant l'électricité positive, indécomposable par les combustibles, si ce n'est par le potassium et le sodium. Poids spécifique, en écailles, 1,49; fondu, 1,803.

Composition :	Acide borique	55
	Eau	45
		100

Composition de l'acide supposé anhydre.

Bore	25,83
Oxigène	74,17
	100,00

IIe ESPÈCE.

ACIDE CARBONIQUE.

Air fixe, acide crayeux, acide calcaire, aérien, méphytique, etc.

Cet acide fut entrevu par Paracelse et Van-Helmont, et distingué de l'air par Boyle, Hales et Black; Keir, d'après les expériences de Priestley, découvrit sa nature acide, et Lavoisier fit connaître ses principes constituans.

L'acide carbonique se trouve libre sous deux états : gazeux et natif. A l'état gazeux, il entre pour environ 0,01 dans l'air atmosphérique ; il existe presque pur dans plusieurs cavités ou grottes des pays volcaniques, principalement dans le royaume de Naples. Une des plus renommées est celle du Chien, qui contient ordinairement une couche de ce gaz acide de 4 à 8 décimètres d'épaisseur. Tout le monde sait que les chiens qu'on tient quelques instans fixés contre le sol de cette grotte y sont bientôt asphyxiés.

L'acide carbonique existe aussi en solution, en proportions plus ou moins grandes, dans toutes les eaux. Il en est quelques-unes, comme les eaux minérales de Pyrmont, de Seltz, etc., qui en contiennent plus de leur volume : aussi ces eaux sont-elles très-mousseuses. L'acide carbonique existe également dans la nature à l'état salin ; il constitue, avec la chaux, les roches calcaires, les marbres, etc.

Le gaz acide carbonique est gazeux, incolore, odeur piquante, saveur acidule, rougit les couleurs bleues végétales, beaucoup plus pesant que l'air, éteint le corps en combustion, asphyxie les animaux, soluble dans l'eau qui, à 15°, en dissout son volume, et, sous une forte pression, peut en absorber six fois plus; le fluide électrique le convertit en oxide de carbone et en oxigène. Poids spécifique, 1,5196.

Composition :	Oxigène	72,33
	Carbone	27,67
		100,00

Ou bien un volume de vapeur de carbone et un volume d'oxigène qui, en se combinant, se réduisent en un seul volume.

IIIe ESPÈCE.

ACIDE SULFURIQUE, HUILE DF VITRIOL.

On n'avait point encore soupçonné l'existence de l'acide sulfurique libre, dans la nature, quand Baldassini le trouva, en 1776, dans une grotte du mont *Ammiata*, au-dessous du fameux bain de Saint-Philippe, à l'état solide et cristallisé; après lui, on le signala dans les eaux thermales de certains lacs volcaniques. Dolomieu en a trouvé sur l'Etna; Tournefort dans l'île de Nio; M. de Humbold a constaté sa présence dans les eaux du *Rio-Vinagre*, lesquelles proviennent d'une montagne volcanique; M. Rivero s'est assuré que ces eaux en contenaient 1 gram. 080 par litre; M. Silliman a rencontré à l'île de Java un lac et un ruisseau d'acide sulfurique (1). Cet acide natif et à l'état solide est en prismes hexaèdres, terminés par des sommets hexaèdres. Sa formation paraît être toujours accompagnée d'une température qui ne dépasse pas plus de 6°, et de la présence d'une quantité plus ou moins grande d'acide sulfureux. Il est presque impossible de conserver ces cristaux, tant parce que, à une température plus élevée, ils se liquéfient, que par l'avidité avec laquelle ils absorbent l'eau atmosphérique.

L'acide sulfurique pur et fabriqué est liquide, incolore, inodore, très-acide; consistance oléagineuse, très-caustique, se mêlant à l'eau en toutes proportions, mais avec un phénomène bien remarquable : c'est de

(1) Annalen der physik und der physikalisegen chemie.

rendre beaucoup de calorique libre ; ainsi, un mélange d'une partie d'eau et d'une de cet acide élève la température à + 105° C° ; si l'on prend de la glace au lieu d'eau, elle ne se porte qu'à + 50, et si l'on emploie une partie d'acide sur quatre de glace, elle descend à — 20. L'acide sulfurique désorganise la plupart des substances végétales et animales ; très-affaibli, il se congèle difficilement ; concentré, il prend une forme cristalline, à — 10 ou 12 ; très-concentré, il bout à 326 ; quand il ne l'est pas, il bout bien au-dessous de ce terme ; la pile le décompose : l'oxigène se rend au pôle positif, et le soufre au négatif. Poids spécifique, 1,85, ce qui équivaut à 66 de l'aréomètre de Baumé.

Composition, privé d'eau :

Soufre	100,00
Oxigène	146,43

DEUXIÈME GENRE. — HYDRACIDES.

Acides résultant de l'union de l'hydrogène avec une base.

1re ESPÈCE.

ACIDE HYDRO-CHLORIQUE, ACIDE MURIATIQUE, ESPRIT DE SEL, etc.

Découvert par Glaubert, étudié par un grand nombre de chimistes qui le regardaient comme un corps simple, jusqu'à MM. Gay-Lussac et Thénard, qui firent connaître sa nature ; leur opinion a prévalu, malgré que Berzélius et Davy persistent encore à le regarder comme un corps simple.

L'acide hydro-chlorique existe en grande quantité dans la nature à l'état de sel. On ne le trouve libre que dans les eaux de quelques lacs situés près des volcans, ainsi que dans celles du *Rio-Vinagre*, etc.

Cet acide pur est gazeux, incolore, odeur vive et piquante, répandant des vapeurs blanches, dues à son union avec l'eau de l'atmosphère à laquelle il s'unit ; très-acide, éteignant les corps en combustion, se liquéfiant par une forte pression et une basse température. H. Davy a liquéfié ce gaz anhydre à celle de — 50 ; l'étincelle électrique le décompose partiellement ; il est tellement soluble dans l'eau, que ce liquide à + 20°, et sous la pression de 76, en dissout plus de 463 fois son volume ; dans ce cas, celui de l'eau augmente ; c'est à l'état liquide qu'il est dans nos laboratoires ; quand il est bien pur, cette solution est incolore ; celui du commerce a une couleur ambrée due à son union avec des acides étrangers. Poids spécifique de ce gaz acide, 1,247.

Composition en poids :

Chlore	36
Hydrogène	1

Ou bien de volumes égaux de chlore et d'hydrogène.

IIe ESPÈCE.

ACIDE HYDRO-SULFURIQUE.

Gaz hydrogène sulfuré, gaz hépatique, etc.

Schéèle le découvrit, et l'illustre Berthollet annonça sa nature acide en 1794, et fit connaître que le gaz hydrogène jouait, dans cette acidification, le même rôle que l'oxigène. Il doit donc être regardé comme l'auteur de la découverte importante des hydracides.

Cet acide se trouve à l'état salin et à l'état libre dans une classe particulière d'eaux minérales dites *sulfureuses*, telles que les eaux de Barèges, de Molitz, d'Arles, de Vernet, d'Aix-la-Chapelle, etc. ; il se dégage aussi de la vase des marais et autres lieux aquatiques où se trouvent des substances végétales et animales en putréfaction, etc.

L'acide hydro-sulfurique est gazeux, incolore, saveur et odeur d'œufs couvis très-fortes, inflammable, éteint les corps en combustion, se liquéfie par une forte pression et une basse température, se décompose par le calorique et le fluide électrique qui en séparent le soufre de l'hydrogène ; l'eau en absorbe plus de trois fois son volume et se trouble à cause d'une petite portion de cet acide qui se décompose et dont le soufre reste en suspension dans le liquide. Un mélange de 1 volume de ce gaz et 1,5 d'oxigène détonnent quand on les enflamme et produisent de l'eau et de l'acide sulfureux. Poids spécifique, 1,1912

Composition en poids :

Soufre	100
Hydrogène	6,13

Ou bien volumes égaux de vapeur de soufre et d'hydrogène condensés en un volume. C'est un des gaz les plus délétères.

VIe CLASSE.

SUBSTANCES SALINES.

Les sels sont le produit de l'union des acides avec les bases salifiables. Quelques acides peuvent s'unir avec plus d'une base ; on les appelle alors *triples* quand ils en ont deux. Les proportions respectives des acides et des bases peuvent varier ; lorsqu'elles sont en équilibre et qu'aucune d'elles ne manifeste ses propriétés, les sels prennent le nom de *neutres ;* ils sont connus sous le nom d'*acides* ou *sur-sels,* et de *sous-sels* quand l'acide ou la base prédominent et que la saturation, par conséquent, n'est pas complète. Un fait digne de remarque, c'est que plus un oxide contient d'oxigène et se rapproche des acides, moins il tend à s'unir avec eux, et qu'il ne contracte cette union que lorsqu'il passe à un degré d'oxigénation moindre : cette règle n'est pas cependant sans exception. Les sels neutres reconnaissent des lois de composition constantes. Ainsi, dans un genre de sels formés par un même acide et divers oxides, chaque sel, au même degré de saturation, offrira une quantité égale d'oxigène à celle de l'acide, et le plus souvent même dans les mêmes proportions que l'oxigène de ces corps oxigénés. On peut, d'après cela, reconnaître la composition d'un genre de sels en connaissant celle de l'oxide de chaque espèce.

Tous les sels sont solides, à l'exception du fluoborate d'ammoniaque, qui est liquide ; les uns sont fixes, les autres volatils, les uns cristallisables et les autres incristallisables, incolores ou colorés, suivant la quantité d'oxide et son degré d'oxigénation. Ils sont insipides, s'ils sont insolubles dans l'eau, ou ont des saveurs diverses et en rapport avec leur solubilité; les uns sont opaques, les autres translucides, demi-transparens, ou diaphanes; leur force de cohésion est très-variable; elle est cependant en raison directe de leur insolubilité. Les sels se dissolvent presque tous en plus grande quantité dans l'eau bouillante que dans l'eau froide; cette différence est telle, qu'il suffit du simple refroidissement pour les obtenir en beaux cristaux. Les formes régulières qu'affectent les sels par la cristallisation sont très-nombreuses et très-variées; le noyau de ces sels est ce que l'on appelle *la forme primitive*, et les cristaux ne sont, *suivant* M. Haüy, qu'un arrangement symétrique d'un grand nombre de molécules premières qu'on peut séparer par une sorte de dissection cristallographique à laquelle on a donné le nom de *clivage*. (*Voyez* les notions préliminaires placées à la tête de l'ouvrage.)

Les sels très-solubles exposés au contact de l'air en attirent l'humidité et tombent en *deliquium*; il en est d'autres, au contraire, qui lui cèdent leur eau de cristallisation et s'effleurissent, d'autres qui n'en éprouvent aucune altération, et d'autres enfin qui s'y volatilisent. Nous ne pousserons pas plus loin cet examen des sels; un semblable travail appartient plus spécialement à la chimie. Il nous suffira de dire que le plus grand nombre est le produit de l'art : on porte celui de ceux qui existent dans la nature à 58, et les autres à plus de 1000.

Les sels naturels sont à l'état solide ou liquide. A l'état solide, ils constituent les roches calcaires, les marbres, les mines de plâtre, celles de *sel gemme*, etc.; à l'état liquide, ils existent en plus ou moins grande quantité dans toutes les eaux; et notamment dans les eaux minérales, et celles de mer.

Les sels solides sont ou cristallisés ou amorphes. Il est digne de remarque qu'on en trouve dans la nature dans un véritable état de cristallisation, et qui, cependant, sont insolubles ou presque insolubles dans l'eau. Lorsque l'acide prédomine dans un sel, quelle que soit l'insolubilité de la base, le sel est soluble; s'il y a, au contraire, sursaturation de base, il est insoluble, ou du moins peu soluble, si la base ne l'est pas ou ne l'est que faiblement. Nous allons passer à la description de divers genres de sels, en suivant l'ordre alphabétique, afin de rendre cet ouvrage plus facile à consulter.

FAMILLE DES ARSÉNIATES.

Ces sels se décomposent par le charbon à une haute température, avec une odeur d'ail et par l'acide sulfurique, à chaud, d'autant plus facilement que le sel qui devra se former sera moins soluble. La proportion d'oxigène de l'oxide dans les arséniates est à celui de l'acide : : 2 : 5, et à celle de l'acide : : 1 : 7,204. Les sursels contiennent double proportion d'acide. On ne trouve guère que sept arséniates natifs qui se sous-divisent, il est vrai, en plusieurs espèces et plusieurs variétés.

Ire ESPÈCE.

ARSÉNIATE DE PLOMB.

Couleur jaune, cristallisant en prismes hexaèdres réguliers, ou bien se présentant à l'état fibreux ou terreux; poids spécifique, 5,6.

Composition :	Acide arsénique	34
	Oxide de plomb	66
		100

IIe ESPÈCE.

ARSÉNIATE DE CHAUX.

Pharmacolite, arsénic en fleur.

Se trouve en filons, accompagné de cobalt, et d'un blanc d'étain, à Andreasberg, etc.; sa couleur est d'un blanc rougeâtre, opaque ou demi-transparent, tendre, tachant, en petits prismes hexaèdres soyeux; poids spécifique, 2,64.

Composition :	Acide arsénique	50,44
	Chaux	25
	Eau	24,56
		100,00

IIIe ESPÈCE.

ARSÉNIATE DE COBALT.

C'est l'un des minérais de cobalt les plus répandus; il accompagne toutes les mines de ce métal, ainsi que la plupart de celles d'argent, de cuivre, etc. Il est rose ou d'un rouge violet; il est sous diverses formes, ou pulvérulent, ou aciculaire, ou bien en petits prismes aplatis et partant tous d'un centre commun.

Composition :	Acide arsénique	41
	Oxide de cobalt	40
	Eau	19
		100

On connaît une autre espèce de ce minéral de couleur rose qui diffère du précédent en ce qu'il donne de l'acide arsénieux par la sublimation. M. Beudant le regarde comme un arsénite, et donne pour sa composition :

Acide arsénieux	73
Oxide de cobalt	27
	100

Il n'est pas bien démontré que cet acide arsénieux ne soit pas simplement un oxide, et dès-lors ce prétendu sel a une combinaison de deux oxides se rapprochant de l'état salin.

IVe ESPÈCE.

ARSÉNIATE DE CUIVRE.

Ce sel existe dans les mines de cuivre de Cornouailles, et principalement dans celles de Huel-Gorland; ses propriétés physiques sont souvent si différentes, qu'elles donnent lieu à deux sous-espèces et à un grand nombre de variétés. Ainsi, quelques-unes ont une couleur vert émeraude ou olive, et d'autres un vert si foncé, qu'il paraît noir; certaines sont d'un gris ou d'un blanc tacheté, ou d'un brun clair; il en est qui sont en cristaux, et d'autres qui sont fibreuses, à surface soyeuse et à texture rayonnée. Les principales variétés sont :

Ire SOUS-ESPÈCE.

ARSÉNIATES.

1°. *Arséniate de cuivre prismatique droit.*

Couleur d'un vert brun, cristaux prismatiques droits rhomboïdaux de 110° 50′ et 69° 10′; poids spécifique, 4,28; il se présente aussi quelquefois en petits prismes à sommets dièdres ou bien mamelonné, amianthoïde, capillaire et fibreux.

Composition, suivant Chenevix :

Acide arsénique	39,70
Oxide de cuivre	60,00
	99,70

2°. *Arséniate de cuivre jaune paille.*

Cette variété est d'une couleur jaune tirant sur le doré. M. Gregor indique, pour ses principes constituans :

Acide arsénique	72
Oxide de cuivre	28
	100

IIe SOUS-ESPÈCE.

HYDRO-ARSÉNIATES.

1°. *Hydro-arséniate de cuivre prismatique oblique.*

Vert clair, prisme oblique de 56° et 124°; les bases sont inclinées sur les pans de 95°. Poids spécifique, 4,28 (1).

Composition, d'après le même chimiste :

Acide arsénique	30
Oxide de cuivre	54
Eau	16
	100

(1) Il existe nécessairement une erreur dans le poids spécifique de cette variété, puisque celui de la première espèce, qui contient 60 d'oxide de cuivre, dont le poids spécifique est de 3,69 et 39,70 d'acide arsénique, qui pèse environ 3,6, est de 4,28; celui-ci doit être nécessairement bien plus faible, puisqu'il contient 0,06 d'oxide de cuivre de moins, est 0,16 d'eau de plus, dont le poids spécifique est comme on sait, de 1000.

Les essais au chalumeau y ont annoncé l'existence de l'acide phosphorique; M. Beudant est donc porté à croire que ce minéral pourrait bien être un composé de phosphate et d'arséniate de cuivre.

2°. *Hydro-arséniate de cuivre rhomboédrique.*

Vert d'émeraude, cristaux en lames hexagones, que l'on regarde comme des rhomboèdres tronqués dont les faces ont une inclinaison de 110° 30′ et de 69° 30′. Poids spécifique, 2,54.

Composition, toujours d'après Chenevix :

Acide arsénique	21
Oxide de cuivre	58
Eau	21
	100

3°. *Hydro-arséniate de cuivre octaédrique.*

Bleuâtre, cristaux en octaèdres rectangulaires surbaissés, avec les faces inclinées de part et d'autre de la base commune de 60° 40′ et 72° 22′; on le trouve aussi en octaèdres, simples, en octaèdres modifiés, ainsi que mamelonné. Poids spécifique, 2,88.

Composition :	Acide arsénique	14
	Oxide de cuivre	49
	Eau	35
		98

FAMILLE DES BORATES ; SELS BORATÉS.

PREMIER GENRE.

Sels composés d'acide borique et d'une base.

1re ESPÈCE.

BORATE DE MAGNÉSIE.

Boracite.

On trouve ce sel près de Lunébourg, dans la montagne de Kalkberg, à Segeberg, dans le Holstein; il est en cristaux cubiques, à cassure inégale ou imparfaitement conchoïde, opaques ou transparens, isolés et disséminés dans des bancs de sulfate de chaux (1) ; ces cristaux sont d'une grosseur égale à celle d'une noisette ; ils ont un éclat gras, font feu avec le briquet ; leur couleur est jaunâtre, grisâtre, ou blanc verdâtre ; ils deviennent électriques par la chaleur ; les angles solides diagonalement opposés se constituent dans des états électriques contraires ; fondus, ils donnent un émail jaune qui répand ensuite une lumière verdâtre. Poids spécifique, 2,56.

Composition, suivant M. Vauquelin :

Acide borique	83,4
Magnésie	16,6
	100,0

Le boracite de Segeberg, suivant M. Pfaff :

Acide borique	60
Magnésie	30,5

Plus 1/16 de partie d'oxide de fer et 1/4 de partie de silice.

IIe ESPÈCE.

SOUS-BORATE DE SOUDE.

Borax, chrysocolle, tinkal, pounxa, mipoux et houipoux.

L'arabe Gebert est le premier qui, dans le neuvième siècle, a fait mention du borax ; son origine fut longtemps un secret ; il est maintenant bien reconnu que c'est de l'Inde qu'on l'a d'abord extrait des eaux de plusieurs lacs, dont le principal est au nord et à quinze jours de marche de Teschou-Loumbou ; ce lac ne reçoit que des eaux salées, et, ce qu'il y a de remarquable, c'est qu'au fond et au milieu on ne trouve que de l'hydro-chlorate de soude, tandis que, près des bords, c'est du borax en masse. Le plus renommé de tous les lacs est celui qu'on appelle *Necbal ;* il est situé dans le canton de *Sembul.* L'Inde n'est pas la seule partie du globe où existe le borax ; on le rencontre aussi dans la Basse-Saxe,

(1) Les cristaux opaques contiennent de la chaux probablement à l'état de borate ; les transparens n'en ont point.

dans l'île de Ceylan, dans la Tartarie méridionale, au Pérou, dans les mines d'Escapa et de Riquintipa, en Transylvanie, etc.

Le borax extrait de ces divers lieux est loin d'être pur; il est ordinairement en prismes hexaèdres plus ou moins aplatis, incolores, ou bien jaunâtres, ou verdâtres, couverts d'une croûte terreuse, grasse au toucher. On purifie le sous-borate de soude par divers procédés qui ne sont point de notre ressort; nous ajouterons seulement que le borax pur est blanc, en beaux prismes hexaèdres et d'une grosseur telle que nous avons vu, à l'exposition de 1823, un cristal de ce sel, de la fabrique de M. Payen, qui pesait plus d'un *kilogramme*. Le borax a une saveur alcaline, il verdit le sirop de violettes, effleurit à l'air, éprouve la fusion aqueuse, se dessèche, se fond de nouveau à + 300 et se vitrifie; il est soluble dans 18 fois son poids d'eau à 15°. Poids spécifique, 1,74.

Composition, d'après Kirwan :

Acide borique	34
Soude	17
Eau	47
	98

On le prépare maintenant de toutes pièces dans plusieurs fabriques de produits chimiques.

DEUXIÈME GENRE. SILICO-BORATES.

Sels formés par l'acide silico-borique et une base.

1re ESPÈCE.

DATHOLITE.

Blanc, ayant diverses nuances, ou d'un gris verdâtre, tirant sur le vert céladon; il est en concrétions distinctes, à gros et à petits grains et cristallisé; la forme primitive de ces cristaux est un prisme droit à base rhombe; les secondaires sont le prisme oblique surbaissé à quatre faces, et le prisme rectangulaire à quatre faces, etc. L'éclat du datholite est luisant et vitreux, le clivage imparfait; il est ou translucide ou transparent, dur et très-cassant; si on l'expose à la flamme d'une bougie, il devient opaque et friable; au chalumeau, il donne un globule rose pâle. Poids spécifique, 2,9.

Composition, d'après Klaproth :

Acide borique	24
Chaux	35,5
Silice	36,5
Eau	4
Manganèse et fer des traces	100,0

IIe ESPÈCE.

DATHOLITE BOTRYOÏDAL OU BOTRYOLITE.

Ce sel existe dans les lits de gneiss en Norwège, en concrétions mamillaires formées de couches concentriques, ou bien en masses botryoïdales blanches et terreuses. La couleur de ce minéral est le blanc nacré ou le gris jaunâtre, offrant parfois des bandes concentriques d'un blanc rougeâtre, éclat intérieur nacré, cassure fibreuse à fibres déliées et en étoiles, translucide sur les bords, cassant et d'un poids spécifique de 2,85.

Composition :

Acide borique	39,5
Chaux	13,5
Silice	36
Oxide de fer	1
Eau	65
	155,0

FAMILLE DES CARBONATES ; SELS CARBONATÉS.

PREMIER GENRE. — CARBONATES SIMPLES.

Sels formés par l'acide carbonique et les bases salifiables. Cet acide est susceptible de s'unir avec elles en carbonates neutres, en sous-carbonates, et en carbonates avec un excès double de base. Les carbonates neutres sont le produit de l'art ; ceux de potasse, de soude et d'ammoniaque sont les seuls bien connus ; les sous-carbonates sont répandus sur toute la surface du globe ; ils forment une partie des montagnes, ainsi que les pierres calcaires, les marbres, etc. ; à l'exception de ceux de barite, de lithine, de potasse et de soude, ils sont tous décomposés par le calorique; les acides en dégagent l'acide carbonique avec effervescence; ils sont presque tous insolubles dans l'eau.

Dans les sous-carbonates, les proportions de l'oxide sont à l'acide : : 1 : 2,754, et à l'oxigène de l'acide : : 1 : 2. L'on peut, par ce moyen, reconnaître les proportions des parties constituantes de chaque sel par celle de l'oxide qui lui sert de base. Le système cristallin de cette famille de sels est le rhomboèdre ou le prisme rhomboïdal, et leur composition la plus ordinaire est 2 atômes d'acide et 1 de base. Tous les carbonates sont décomposés par les acides minéraux, avec effervescence; les alcalis en précipitent l'oxide.

1re ESPÈCE.

SOUS-CARBONATE DE CHAUX.

Abondamment répandu sur toute la surface du globe, et constituant les montagnes calcaires, les marbres, les craies, les albâtres, divers produits organiques, tels que les coraux, les écailles d'huître, les coquilles, etc. Le sous-carbonate de chaux se trouve aussi en superbes cristallisations qui offrent tant de variétés que M. Haüy et les plus savans naturalistes en comptent plus de 600; ils sont le plus souvent incolorés et quelquefois colorés par des oxides métalliques; on les distingue des cristaux de quartz en ce que ceux-ci font feu au briquet et que les calcaires sont privés de cette propriété.

Les sous-carbonates de chaux exposés à l'action du calorique abandonnent leur acide; ils sont insolubles dans l'eau, font effervescence avec les acides, perdent leur acide et s'unissent à l'état de sel avec celui qu'on fait agir sur eux; l'acide oxalique et l'oxalate d'ammoniaque décomposent le nouveau sel, s'il est en solution saline, et y forment un précipité d'oxalate calcaire; ils sont composés en général de :

Chaux	56
Acide	44
	100

Les sous-carbonates calcaires offrent un grand nombre

de sous-espèces et de variétés ; nous allons indiquer les principales.

1re SOUS-ESPÈCE.

SOUS-CARBONATE DE CHAUX A FORME PRIMITIVE RHOMBOÉDRIQUE.

Pierre calcaire, spath calcaire.

Les propriétés de cette sous-espèce sont les mêmes que celles que nous venons d'exposer pour l'espèce en général ; ses formes primitives sont un rhomboïde obtus dont les angles équivalent à 101° 1/2 et 78′. L'incidence des deux faces est de 104° 28′, et celle des deux autres de 75° 32′. Ces quatre nombres ont des propriétés géométriques que nous examinerons. Les observations de MM. Malus et Wollaston, sur la réfraction, leur ont donné des résultats différens dans la mesure des angles, savoir 105° 5′ au lieu de 104° 28′. Le sous-carbonate de chaux a une dureté moyenne ; il raie le sulfate calcaire et est rayé par le fluate ; son poids spécifique est ordinairement 2,71, mais il varie suivant les variétés, ce qui tient à la cohésion des molécules ; il présente la réfraction double à un très-haut degré ; on la reconnaît en examinant le corps à travers deux faces parallèles, car elles ne le sont point à l'axe de cristallisation. Ainsi, quand on place le cristal de manière que l'axe soit vertical, les faces latérales sont également inclinées sur la face verticale et la ligne horizontale, et font un angle de 45° ; ce qui fit croire à M. Haüy que c'était la forme première non-seulement de la chaux, mais encore d'autres espèces. Le rapport des diagonales est :: $\sqrt{3} : \sqrt{2}$: tel est le résultat des observations faites avec le goniomètre.

Les diverses variétés de ce sous-carbonate ne se divisent pas uniquement par des plans parallèles aux faces, mais quelquefois en directions non parallèles, ce qui indiquerait plusieurs formes premières. Il y en a qui sont parallèles aux grandes diagonales, d'autres perpendiculaires à l'une des arêtes. Haüy les nomma *joints intermédiaires*, et en donna l'explication d'après le mode d'agrégation des molécules.

Quelques-unes de ces variétés deviennent phosphoriques par le frottement dans l'obscurité au contact de l'air, et d'autres dans l'eau ; on en trouve près du Vésuve qui deviennent phosphoriques par l'action du calorique ; cette propriété est commune à presque toutes les variétés, ainsi qu'on peut le voir dans le Manuel de Physique amusante de M. Julia de Fontenelle ; dans ce cas, c'est, à proprement parler, la chaux qui jouit de cette propriété, puisque le calorique en a dégagé l'acide carbonique.

Le sous-carbonate calcaire offre un grand nombre de variétés de forme et de couleur. Nous allons examiner les plus intéressantes.

A. Variétés de forme.

On en compte plus de 600. Les principales sont :

1°. *La chaux carbonatée primitive*, qu'on trouve quelquefois près de Grenoble.

2°. *L'équiaxe*, qu'on nomme aussi *lenticulaire* ; son axe égale celui du noyau ; la diagonale horizontale est double de celle du noyau, et la diagonale oblique est égale à celle du noyau. C'est par un décroissement sur les arêtes que cette forme a été produite.

3°. *L'inverse*, ou *spath calcaire muriatique*. Elle est ainsi nommée parce qu'on l'a trouvée en coquilles fossiles ; elle est très-aiguë et doit sa formation à des accroissemens de rangées à droite et à gauche. Haüy l'a nommée *inverse*, parce qu'elle a sur ses angles plans la même valeur que sa forme primitive a sur ses angles solides, et *vice versâ*.

4°. La *cuboïde*. Elle ne diffère du cube que de 2° 1/2.

5°. La *prismatique*. Prisme hexaèdre régulier, à un décroissement sur l'angle inférieur ; elle forme une espèce à part.

6°. *Dodécaèdrique*. Résultat de l'union de la précédente avec l'équiaxe, ou *tête de clou*, suivant quelques-uns.

7°. *Métastatique*, ou *dent de cochon*. C'est un dodécaèdre à faces triangulaires scalènes.

Nous ne pousserons pas plus loin l'examen de ces variétés de forme ; il faudrait un volume pour les embrasser toutes.

B. Variétés de couleur.

Le sous-carbonate de chaux est souvent coloré en gris plus ou moins bleuâtre, en jaunâtre, verdâtre, etc. Ces couleurs sont peu vives et très diversifiées ; elles sont dues à des substances étrangères, telles que les oxides de fer et de manganèse, de bitume, etc. Ces cristaux se trouvent presque tous dans les filons ; quelquefois au milieu des bancs, dans des cavités dont l'origine est inconnue. Ainsi, l'on rencontre, autour de Paris, la chaux carbonatée inverse dans des cavités de quartz, de sable ou de grès. Elle est plus commune dans les sols de formation moyenne que dans ceux d'ancienne ou de nouvelle ; elle accompagne et tapisse les débris des corps organiques, etc.

C. Variétés produites par la cristallisation imparfaite.

PREMIÈRE SECTION.

Le sous-carbonate de chaux amorphe se trouve en masses plus ou moins fortes ; il constitue les montagnes calcaires, les marbres, etc. Les couleurs que prennent ces derniers sont plus ou moins belles et plus ou moins variées ; elles sont dues aux substances précitées. La cassure de ces sous-carbonates est ordinairement lamellaire, fibreuse, saccharoïde, quelquefois cubique, etc. Le grain est plus ou moins fin.

DES MARBRES.

On donne ce nom à toutes les pierres calcaires à grain fin, d'un tissu homogène, plus dures que les cristaux de ce même sel, et susceptibles de prendre un beau poli. Les marbres forment des bancs d'une étendue quelquefois immense ; on les trouve également dans les terrains primitifs, les intermédiaires, les secondaires et même les tertiaires. La Grèce, l'Italie et la France sont les contrées où gisent les plus beaux marbres ; et, quoique l'Italie soit très-riche en ce genre, la France peut non-seulement rivaliser avec elle, mais elle lui est supérieure par les variétés qu'on y trouve. Les marbres sont d'autant plus estimés qu'ils sont plus durs, plus susceptibles d'un beau poli, ou plus blancs, ou ayant des couleurs plus vives. Il en est certains, tels que ceux de Ville-Franche, en Roussillon, de Saint-Pons, département de l'Hérault, qui s'exfolient par le temps à la manière des schistes; d'autres dont le peu de dureté, les nuances et la lividité des couleurs en font rejeter toute exploitation. En général, la cassure des marbres est à grains très-fins, offrant une multitude de points cristallins; on en trouve aussi parfois dont la cassure présente des espèces de cubes plus ou moins gros; il en est enfin certains qui sont translucides sur les bords, principalement les blancs.

Nous allons jeter un coup-d'œil sur les diverses variétés des marbres, en adoptant l'ordre qu'a suivi M. Beudant; nous aimons aussi à faire connaître que nous lui faisons en même temps quelques utiles emprunts.

Variétés des marbres. Personne n'ignore que les marbres offrent des variétés innombrables tant par leurs couleurs, leurs nuances, leurs dispositions, leur mélange ou celui des substances étrangères, les divers accidens qu'on y observe, l'absence ou la présence des débris des substances végétales et même animales, les divers degrés de blancheur, etc. Les principales de ces variétés ont reçu, des marbriers, des noms différens, qui sont également adoptés dans le commerce. Ces dénominations ont été si multipliées, qu'il leur a suffi qu'un morceau d'un même bloc offrît quelque accident pour lui appliquer un nouveau nom. Ce serait donc un dédale immense, dans lequel nous irions nous égarer, si nous entreprenions de les décrire toutes. Nous nous bornerons donc à suivre les quatre grandes divisions suivantes : les *marbres simples,* unicolores et veinés; les *marbres brèches,* les *composés* et les *lumachelles.*

1°. MARBRES SIMPLES.

Dans cette division sont rangés tous les marbres entièrement formés de carbonate de chaux, seul ou combiné avec des matières colorantes. Ces marbres en offrent un grand nombre qui sont *unicolores;* les principaux sont les blancs, les noirs, les rouges et les jaunes; ils sont d'autant plus recherchés que leur couleur est plus voisine de l'état de pureté.

Les marbres blancs sont d'autant plus estimés, qu'ils sont plus durs, d'une plus belle blancheur et d'un grain plus fin. Les Grecs et généralement les anciens employaient pour l'art statuaire, etc., celui de Paros, (il est un peu translucide), le marbre pentelique et ceux de *Luni* et de *Carrare*. Ce dernier paraît l'emporter même sur celui de Paros : c'est le seul que nos statuaires emploient maintenant. On trouve aussi beaucoup de marbres blancs dans les Pyrénées, dont l'exploitation de plusieurs bancs pourrait offrir des résultats heureux pour nos artistes.

Marbres noirs. Leur couleur décroît du noir foncé au noir bleuâtre ou grisâtre; on le rencontre fréquemment dans l'Italie, en Belgique, et notamment en France, dans les départemens de l'Arriège, du Doubs, des Hautes-Alpes, de l'Hérault, de l'Isère, du Tarn, etc.

Marbres rouges unicolores. On donne la préférence à celui qui est connu sous le nom de *rouge antique,* qui se trouve d'un rouge foncé, parsemé de petits points noirs et de petits filamens. Leur gisement est entre la mer rouge et le Nil; il en est un autre assez estimé, qui est connu sous le nom de *griotte d'Italie.* On l'exploite en France, à Caunes, petit village situé à trois lieues de Narbonne. Sa couleur n'est pas toujours uniforme : elle offre le plus souvent des sortes d'ondulations plus claires, et parfois des hélices noires ou blanches qui semblent être dues à ces coquilles connues sous le nom de *vis.* Les départemens de l'Hérault et de la Haute-Garonne nous en offrent aussi de fort beaux. Les marbriers leur donnent le nom de *beau Languedoc, rouge sanguin,* etc.

Marbres jaunes. On regarde comme le plus beau celui qui est appelé *jaune antique;* ce n'est cependant que lorsqu'il est d'une couleur d'or ou rosée, etc.

Marbres simples veinés. Les marbres simples unicolores sont très-souvent parsemés de veines droites, ou sinueuses, qui en multiplient les variétés. Ainsi l'on trouve 1° des marbres blancs veinés de gris, de bleu, de rosâtre, de violet, etc. : les noirs à veines jaunes ont reçu le nom de *Portor;* 2° les noirs à veines d'un beau blanc, celui de *grand antique ;* sous le nom de *marbre de Saint-Anne,* on en comprend divers à fond noir, veiné de gris, de blanchâtre ; 3° à fond bleuâtre, ayant des veines plus foncées qui, par des dégradations successives de couleur, se fondent dans la masse, c'est le *bleu turquin ;* 4° à fond blanchâtre et silonné de veines ou bandes bleues décrivant des zigzags coupés, c'est le *bleu antique ;* 5° à fond jaune veiné ; on en trouve un grand nombre de variétés ; enfin, il en existe un grand nombre à fond rouge rubané ou veiné de blanc, tel que les *fausses griottes, l'incarnat*, etc., etc.

2°. MARBRES BRÈCHES.

Ce sont, à proprement parler, des marbres formés de fragmens diversement colorés et unis ensemble par une sorte de pâte ou de ciment calcaire. Beaucoup de minéralogistes les regardent comme une masse divisée et soudée par des veines. On réserve spécialement le nom de *brèches* à ceux qui présentent de grandes pièces, et celui de *Brocatelles* à celles qui sont beaucoup plus petites. On trouve un grand nombre de *brèches* différentes tant par la couleur de la pâte que par celle des fragmens : celles qui ont des espaces isolés de toutes couleurs sont connues sous le nom d'*universelles.* Les principales de ces *brèches* sont des variétés du grand antique, le *grand deuil* et le *petit deuil.* La *brèche violette* (antique) offre un fond blanc avec des bandes violâtres qui s'entre-coupent en tous sens : c'est un des plus beaux marbres. La *brèche violette* (tarentaise) est d'un fond violet grisâtre, parsemé de taches tantôt blanches et tantôt jaunâtres. La plus renommée de toutes les brocatelles est celle d'Espagne : sa couleur est lie de vin, avec de petits grains ronds jaune Isabelle.

3°. MARBRES COMPOSÉS.

On désigne ainsi des roches calcaires dans la composition desquelles entrent d'autres substances micacées ou bien serpentineuses, dont la disposition est ou en feuillets ondulés, ou en nids plus ou moins grands. Un des principaux est ce *vert antique,* qui est regardé comme un des plus beaux marbres. Il paraît composé de marbre blanc saccharoïde et de serpentine verte, l'un et l'autre sous forme de rognons anguleux. Lorsque la serpentine est plus abondante, ces marbres sont moins estimés. Les variétés qui en résultent sont connues sous le nom de *vert d'Egypte, vert de Florence, vert de mer, vert de Suze*; les marbres micacés sont désignés sous celui de *cypolins*. Ils sont en général verdâtres. Le marbre dit *campan* est une pâte calcaire rougeâtre, traversée par des veines mélangées de mica vert; lorsque le mica s'y trouve en petites quantités, cette variété rentre dans celle des marbres veinés, et porte le nom de *campan Isabelle*.

4°. MARBRES LUMACHELLES.

Ce nom est tiré du mot italien *lumaca*, qui signifie limaçon. Cette variété se compose d'une quantité de débris organiques d'animaux cimentés par une pâte plus ou moins égale et appartenant à des madrépores, à des coquilles univalves ou bivalves, et plus souvent à des encrinites. Les plus remarquables de ces variétés sont le *drap mortuaire*, qui présente sur un fond très-noir des coquilles coniques et blanches; la *lumachelle de Narbonne* (1), dont le fond, également noir, offre des belemnites blanches; la *lumachelle de Lucy-le-Bois*, même fond que la précédente, avec des coupes sous forme de lignes, de coquilles bivalves; le *petit granite*, qui est parsemé d'un nombre infini d'*encrinites*, etc., et qui décore une grande partie des meubles que l'on fabrique à Paris; la *lumachelle* d'*Astracan*, qui est formée d'un grand nombre de coquilles de couleur jaune orangé, unies par un peu de ciment brunâtre (2). Enfin, il existe aussi des *lumachelles* rougeâtres, jaunâtres, brunâtres, etc., qui sont plus ou moins belles.

Les marbriers divisent les marbres en deux grandes classes, *antiques* et *modernes*. Les premiers sont censés appartenir à des carrières perdues ou non exploitées et qu'on ne trouve que dans les anciens monumens. Les

(1) Nous ignorons d'où peut provenir ce nom de *lumachelle de Narbonne*; l'un de nous, qui a habité long-temps cette ville, assure qu'il n'y existe aucune carrière de marbre, si ce n'est à Caunes, où il n'a point remarqué cette *lumachelle*. Il peut se faire que la carrière en soit abandonnée.

(2) Cette variété est très-recherchée; on ne la trouve qu'en petites tables.

modernes sont ceux des carrières exploitées. Cette division des marbres ne repose pas sur la bonne foi; car, pour donner plus de prix à leurs marbres, ils appliquent le nom *d'antiques* aux plus belles variétés.

DES ALBATRES.

On donne le nom générique d'*albâtre* à deux sels calcaires bien différens l'un de l'autre : l'un, qui est le véritable albâtre des anciens, et qui a une teinte jaunâtre, est un carbonate calcaire; l'autre, qui est très-tendre et d'un très-beau blanc, est un hydro-sulfate calcaire, connu sous le nom d'*albâtre gypseux*, et des anciens sous celui d'*alabastrite*. Nous ne nous occuperons ici que du premier.

Albâtre calcaire. C'est ainsi qu'on nomme le carbonate de chaux qui se trouve en stalactites et en stalagmites dans les cavernes des roches calcaires où il forme des piliers et affecte souvent des formes très-curieuses. Quoique très-abondant dans la nature, il l'est cependant moins que le gypseux; il n'a même un prix plus ou moins fort que lorsqu'il réunit certaines qualités qu'il est un peu difficile de rencontrer. Il existe plusieurs variétés d'albâtre; les principales sont :

1°. ALBATRE ORIENTAL.

Cette variété est également connue sous le nom d'*antique* et de *bel albâtre;* elle est d'un blanc qui a une légère teinte jaunâtre, demi-transparent, parsemé de quelques veines laiteuses; c'est de cet albâtre que sont formées les plus belles statues de cette pierre, entre autres la statue égyptienne qui décore le musée. Les anciens l'extrayaient d'une montagne qui se trouve à l'occident de la mer Rouge; il en existe de semblables en Espagne, près d'Alicante et de Valence, en Sicile aux environs de Tripani. Celui de Valence est souvent d'un jaune assez prononcé et n'est pas bien dur.

2°. ALBATRE VEINÉ.

On l'appelle aussi *marbre onix*. Il existe dans une foule de localités. Celui qu'employaient les anciens provenait de l'Arabie; on en trouve de très-beaux en France, dans les départemens des Hautes-Alpes, des Pyrénées, de la Dordogne, des carrières de l'Ile-Adam, à Montmartre, etc., et, quoique l'Espagne et l'Italie en renferment de très-belles qualités, il est cependant bien reconnu que celui qui existe en France ne leur cède en rien.

Cet albâtre est formé de couches parallèles bien apparentes, qui sont tantôt planes, tantôt contournées. Il est digne de remarque que les unes sont presque transparentes, tandis que les autres ne sont que faiblement translucides; il arrive aussi qu'elles sont toutes légèrement translucides, et qu'elles diffèrent ou par la couleur, ou par la teinte de la même couleur.

On donne la préférence à la variété qui est d'un jaune de miel et qui présente des zones d'une teinte plus intense, sans être cependant trop prononcée. Cet albâtre, c'est-à-dire le plus beau, offre une structure compacte, un éclat un peu gras, etc.

3°. ALBATRE TACHETÉ.

Celui-ci ne présente, au lieu de bandes ou zones, que des espèces de taches de forme irrégulière parsemées sur des fonds diversement colorés, mais dont le plus estimé est également le jaune de miel.

Il est enfin une foule d'autres variétés d'albâtres plus ou moins transparens, plus ou moins colorés : une, entre autres, dite *albâtre nébuleux*, que les anciens taillaient en lampes, etc.

DEUXIÈME SECTION.

Chaux carbonatée compacte.

1re *variété.* On désigne ainsi la chaux carbonatée commune ou calcaire compacte des Allemands. Ce sel est en grains moins serrés, point d'aspect cristallin, point susceptible de poli, opaque, moins dur que les marbres, couleurs ternes dont les principales sont le blanc, le grisâtre, le jaunâtre, diverses nuances de rouge, jaune d'ocre et le noirâtre. Il offre un grand nombre de sous-variétés.

La *calcaire de transition* a une couleur noirâtre. Lorsqu'à cette couleur se joint la cassure écailleuse ou conchoïde, c'est le *scheek-stein.* Les variétés blanches ont été nommées *calcaires des Alpes*; mais ces variétés sont plutôt déterminées par le gisement que par les caractères minéralogiques. La *calcaire du Jura*, trouvée sur ces montagnes, offre quelques différences; enfin, les Allemands ont aussi leur *raüchwake*, *rauchcalk* (chaux enfumée), qui est la dernière de la chaîne, à cause de son impureté.

Il y a aussi des sous-variétés appelées *dentritiques* et *ruiniques*, parce qu'elles offrent des herborisations et des imitations des ruines.

La chaux carbonatée compacte constitue des terrains très-étendus, et renferme beaucoup de débris de corps organiques, surtout la sous-variété *compacte commune*, qui contient souvent du silex et autres substances étrangères. Elle constitue la masse des montagnes calcaires à couches inclinées.

Composition, terme moyen de cinq analyses de M. Simon :

Chaux	49,8
Acide carbonique	38,66
Eau	1,22
Silice	5,57
Alumine	2,8
Oxide de fer	1,37
	99,42

Deux échantillons contenaient des traces d'oxide de manganèse.

2e *variété*. — *Oolithe oviforme*, ou *chaux carbonatée globulifère* d'*Haüy*. Ses principales couleurs sont le brun clair, le brun rougeâtre, le gris jaunâtre et le gris cendré. Ses grains sont très-fins, sa cassure esquilleuse, les fragmens à bords très-durs; elle est opaque et cassante.

Cette pierre est en concrétions distinctes, à petits globules, dont chacun est formé par des concrétions concentriques lamellaires. Poids spécifique de 2,60 à 2,68. On l'emploie dans l'architecture; mais elle est poreuse et sujette à se décomposer en se pulvérisant.

3e *variété*. — *Craie*. Ce carbonate calcaire est assez abondant; il constitue des montagnes stratiformes particulières en Angleterre, dans le nord de la France, principalement à une petite distance de Rouen. Il est quelquefois d'un blanc jaunâtre et plus souvent d'un blanc de neige ou d'un blanc grisâtre, cassure terreuse fine et sans aucun poli, très-tendre, maigre et rude au toucher, tachante et écrivante, facile à diviser, happant un peu à la langue, et d'un poids spécifique de 2,315 à 2,657. La craie contient un peu de silice, quelquefois de magnésie et environ 0,02 d'argile. Quelques échantillons contiennent un peu de fer. Bergmann dit qu'on y trouve souvent de l'ydro-chlorate de chaux et de magnésie.

4e *variété*. — *Chaux carbonatée grossière*. Très-abondante en France. Ses caractères sont très difficiles à déterminer, parce qu'elle s'éloigne plus ou moins de l'état de pureté. Elle est en gros grains, complètement opaque, souvent friable, texture terreuse et jamais cristalline, d'une couleur jaunâtre, blanc sale, ou grisâtre, suivant qu'elle contient plus ou moins de sable, d'argile ou d'oxide de fer, Cette variété se présente en grandes masses, par fissures parallèles horizontales : elle contient une grande quantité de coquilles. Il est des sous-variétés qui semblent en être entièrement formées. Cette pierre est très-abondante dans la banlieue de Paris. Quand elle est en gros quartiers, on l'appelle *pierre de taille;* en petits blocs, elle prend le nom de *moellons;* ce n'est qu'après une longue exposition à l'air qu'elle perd l'eau qui est interposée entre ses molécules ; aussi n'est-il pas rare de les voir se fendre quand elles en contiennent suffisamment et qu'il survient de fortes gelées. On compte quatre variétés de cette pierre : le *liais*, la *roche*, le *banc vert* et la *lambourde*.

Le *liais* se distingue par un grain très-fin et une homogénéité parfaite; elle ne contient pas de coquilles : sa position est très-variable.

La *roche* renferme une très-grande quantité de coquilles : la carrière de Nissari, près de Béziers, est remarquable par les coquillages qu'elle contient, principalement par une espèce d'huître dont les analogues vivans n'existent point. Cette variété est très-dure et parfois offre des veines dures et d'autres tendres; elle résiste beaucoup au frottement; on l'emploie pour la construction des ponts ; la pierre de celui que l'on construit à Rouen présente des espèces de mamelons d'un silex noir plus ou moins gros. M. Julia de Fontenelle, qui les a examinées avec l'habile ingénieur qui construit ce pont, M. Drappier, y a rencontré, avec ce dernier, plusieurs dents de requin pétrifiées, de petits volutes, et de grosses nautilles.

Le *banc vert* est tendre et perd aisément sa cohésion. Elle est de couleur verdâtre : la sous-variété de *Meulan* est cependant très-dure.

La *lambourde* est plus tendre que la *roche*, elle contient aussi beaucoup de coquilles. Ses grains sont très-grossiers : c'est elle qui constitue les pierres de tailles ordinaires.

Les meilleures carrières des environs de Paris sont celles de Mont-Rouge, Saint-Germain, Saint-Leu, Saillencour et Conflans.

5e. *variété.* — *Chaux carbonatée marneuse.* Se désagrège à l'air comme la marne ; ses grains sont fins, point friable, couleur jaune ou grise, cassure droite, raboteuse et terne, plus ou moins dure, happant un peu à la langue, entièrement soluble avec effervescence dans l'acide nitrique, et contenant des débris organiques. On en trouve beaucoup autour de Paris, ainsi qu'en Allemagne, en Angleterre, en Espagne, etc. Leur composition paraît être identique.

6e. *variété.* — *Chaux carbonatée spongieuse,* ou *agaric minéral, lait de montagne, lait de roche, marne tendre,* etc. On la trouve dans des fentes ou des endroits creux de montagnes calcaires, où elle a été probablement déposée par les eaux pluviales qui filtrent à travers les rochers ; ses couleurs sont le blanc jaunâtre, le blanc de neige, ou le blanc grisâtre. Il est formé de molécules pulvérulentes, qui ont entre elles peu de cohésion ; elle est maigre, douce au toucher, très-tachante, ne happe point à la langue, et est si légère qu'elle surnage quelquefois l'eau. Elle est très-abondante en Suisse.

7e *variété.* — *Chaux carbonatée pulvérulente, chaux fossile.* Elle est blanche, cotonneuse, et tache faiblement. Elle est commune autour de Paris, et en frisures verticales qui séparent des barres de pierres à bâtir.

Ces deux dernières variétés se rapprochent beaucoup de la chaux carbonatée pure.

8e *variété.* — *Chaux carbonatée concrétionnée de Haüy.* Quand elle se trouve dans les cavités ou grottes de roches formant des masses pendantes en colonnes ou pyramides, etc., on la nomme alors *stalactite.* Elles sont remarquables par une espèce de canal, qui est quelquefois plus ou moins complètement obstrué ; quand elle est adhérente au sol et qu'elle s'élève vers le haut, elle porte le nom de *stalagmite ;* c'est cette variété qui constitue l'albâtre calcaire ; enfin, quand elle est le produit des eaux courantes, ce sont des *pisolithes.*

9e *variété.* — *Le tuf calcaire.* On donne ce nom de *tuf* à diverses pierres disposées par couches peu épaisses et à peu de profondeur de la terre végétale. Mais le tuf calcaire, à proprement parler, paraît dû à des filtrations de sources chargées de sels calcaires ; il est d'un gris jaunâtre, et porte généralement des empreintes de divers végétaux : on le nomme alors *pseudo-morphique.* Il est souvent très-friable, parfois assez dur pour prendre un poli très-grossier, le plus souvent mat. A l'intérieur, cassure tenant le milieu entre la cassure inégale à grain fin et la cassure terreuse ; il est ordinairement assez léger.

10e *variété.* — *Pierre puante* ou *pierre sonnante.* On la trouve en masses, disséminée ou en couches, qui alternent avec le gypse stratiforme le plus ancien. Elle prend diverses couleurs, le blanc plus ou moins pur, le gris, le brun et le noir. Cette pierre est mate, opaque, demi-dure, cassure ordinairement terreuse et argileuse ; celle de la sous-variété noire est conchoïde, facile à casser, dégageant par le frottement une odeur fétide. Poids spécifique, 2,7.

Composition, suivant M. John :

Carbonate de chaux	88
Silice	4,13
Alumine	3,1
Oxide de fer	1,47
—— de manganèse	0,58
Carbone	0,30
Chaux	0,58
Soufre, alcali, sel et eau	2,20
	100,36

Cette augmentation de 0,36 paraît être due à l'oxidation du fer et du manganèse, qui s'y trouvent probablement à l'état métallique.

La *lucullite prismatique* et la *lamelleuse* ou *spathique* se rapprochent beaucoup de la pierre puante par leur composition.

11e *variété. Pierre calcaire vésuvienne bleue.* En masses détachées des minéraux rejetés sans altération par le Vésuve. Couleur gris bleuâtre foncé, offrant partiellement des veines blanches, opaque, cassure terreuse à grains fins, demi-dure, surface roulée.

Composition, suivant Klaproth :

Chaux	58
Acide carbonique	28,5
Eau un peu ammoniacale	11
Magnésie	0,5
Oxide de fer	0,25
Carbone	0,25
Silice	1,25
	99,75

12e *variété. — Pierre de poix* ou *calcaire pisiforme.* En masse et en concrétions distinctes, arrondies, ayant au centre une bulle d'air, un grain de sable ou quelque autre corps, que le carbonate de chaux recouvre en lames concentriques. Couleur blanc jaunâtre, mate, opaque, tendre, cassure unie. Poids spécifique, 2,532.

13e *variété. — Pierre calcaire bitumineuse.* Couleur noire ou brune, texture lamellaire, prenant un beau poli, odeur désagréable par le frottement.

Composition :	Carbonate de chaux	89,75
	Alumine	8,8
	Silice	0,6
	Bitume	0,6
		99,75

Il en existe une variété en Dalmatie qui contient une si grande quantité de bitume, qu'on peut la couper au couteau.

IIe SOUS-ESPÈCE.

SOUS-CARBONATE DE CHAUX PRISMATIQUE; ARAGONITE.

Doit son nom au royaume d'Aragon, où elle fut trouvée pour la première fois : elle a été rencontrée depuis dans les Pyrénées, etc., engagée dans du gypse; sa couleur est gris verdâtre ou gris de perle ; dans le milieu, elle est souvent d'un bleu violet et verte. On ne l'a encore trouvée que sous forme de cristaux hexaèdres, ayant deux faces opposées, plus larges. Les six faces sont striées dans leur longueur; la cassure tient le milieu entre la fibreuse et la lamelleuse; elle raie le spath calcaire, est très-cassante, clivage double, l'un parallèle à l'axe des cristaux, et l'autre formant avec lui un angle de 116°, 0'. Poids spécifique, 2,9468.

Composition, d'après Bucholz et Gehlen's :

Chaux	54,5
Acide carbonique	41,5
Eau	3,5
Perte	5
	100,0

On y rencontre aussi de petites quantités de carbonate de strontiane, auquel sont dues probablement les variétés de forme.

Variétés.

Aragonite cristallisée en prismes simples rhomboïdaux (assez rare), modifiés par des sommets à deux faces, ou bien en prismes hexaèdres irréguliers, terminés par des sommets dièdres ou polyèdres. — *Maclés*, disposés en groupes réguliers. — *Aciculaire*. — *Coralloïde* ou *flos ferri*. Ce stalactite est remarquable par ses canaux intérieurs, qui ne sont pas verticaux; ils ont différentes directions; leur structure est fibreuse et leur cassure souvent vitreuse. — *Bacillaire* — *Fibreuse*, etc.

IIe ESPÈCE.

CARBONATE D'ARGENT.

Couleur gris cendré, assez mou pour être entamé par le couteau; coupure ayant de l'éclat, se réduisant au chalumeau ; très-rare. Il n'a été trouvé qu'une fois dans la mine de Wenceslas.

Composition, d'après M. Selb :

Acide carbonique	12
Oxide d'argent	72,5
Oxide d'antimoine avec oxide de cuivre	15,5

A la rigueur, cette espèce eût dû être comprise dans le genre des carbonates doubles.

IIIe ESPÈCE.

CARBONATE DE BARITE OU WITHERITE.

Sel trouvé pour la première fois natif, en 1783, par Withering, en Angleterre, à Anglesarck, dans le Hanckshire, sous forme de masses rayonnées dans leur intérieur; il existe aussi dans la Haute Styrie et en Sibérie, en masses cellulaires, ainsi que dans un filon d'une mine de plomb du pays de Galles. La witherite est d'un blanc sale tirant sur le gris jaunâtre, insipide, inaltérable à l'air, insoluble dans l'eau, car elle n'en prend, à la température ordinaire, que 0,00023 de son poids, très-pesante, affectant des formes différentes; 1° celle de pyramides dodécaèdres, 2° de pyramides octaèdres, 3° de colonnes hexaèdres terminées par une pyramide également hexaèdre, et en petits cristaux striés très-déliés et d'une longueur d'environ 0 mètre 013. La forme primitive de ces cristaux paraît être, d'après Thomeson, le prisme hexaèdre. Réduite en pâte avec de la poussière de charbon, et soumise à une haute température, elle abandonne son acide carbonique. Poids spécifique, 4,331, tandis que le carbonate de barite, qui est le produit de l'art, pèse 3,76.

Composition : Six chimistes, MM. Bergmann, Withering, Pelletier, Kirwan, Clément et Desormes, en ont fait l'analyse ; nous allons rapporter celle de ces trois derniers, qui est entièrement semblable.

Barite	78
Acide carbonique	22
	100

Pelletier a également trouvé 0,22 d'acide sur 0,62 de base, tandis que Bergmann n'a indiqué que 0,07 d'acide carbonique. Cette analyse s'éloigne de toutes les autres, même de celle de Withering, qui en porte 0,20.

IVe ESPÈCE.

CARBONATE DE BISMUTH.

M. William Gregor en a parlé le premier; ce sel est encore peu connu. Il se trouve à Sainte-Agnès, en Cornwal; il est terreux et d'un poids spécifique égal à 4,31; l'eau forme un précipité blanc dans sa solution nitrique.

Composition :

Acide carbonique	51,30
Oxide de bismuth	28,80
— de fer	2,01
Alumine	7,50
Silice	6,70
Eau	3,60
	100,00

Rigoureusement parlant, ce carbonate devrait être rangé dans le genre des doubles.

Ve ESPÈCE.

CARBONATE DE CUIVRE.

Ce sel natif offre trois sous-espèces qui se sous-divisent en plusieurs variétés.

1re SOUS-ESPÈCE.

CARBONATE DE CUIVRE BRUN.

Compacte ou terreux, couleur brune; ses solutions acides déposent une couche de cuivre sur le fer, et prennent une couleur bleue par l'ammoniaque.

Composition : Acide carbonique	22
Oxide de cuivre	78
	100

Il est évident que c'est un sous-carbonate avec un double excès de base.

IIe SOUS-ESPÈCE.

HYDRO-CARBONATE DE CUIVRE VERT; MALACHITE.

Se trouve le plus souvent en petites masses mamelonnées, présentant une structure fibreuse et testacée qu'on peut encore reconnaître par le cercle concentrique que l'on voit sur la malachite qu'on a polie; quoiqu'il soit très-rare de la rencontrer en cristaux bien prononcés, elle existe cependant en prismes droits rhomboïdaux d'environ 103° et 77°, terminés par des sommets dièdres. La couleur de cette substance est verte, et son poids spécifique est de 3,5; elle ne diffère de la précédente que par 0,082 d'eau.

Composition :	Acide carbonique	20
	Oxide de cuivre	71,8
	Eau.	8,2
		100,0

Cette sous-espèce est souvent mélangée avec la précédente; la plupart des échantillons contiennent des traces d'hydro-chlorate de cuivre.

Variétés.

Pseudomorphique : sous diverses formes cristallines. — *Mamelonnée.* — *Compacte, terreuse* (cendre verte, vert de montagne). — *Stalactitique.* — *Fibreuse*; fibres droites, parallèles, divergentes, entrelacées. — *Testacée*, etc.

IIIe SOUS-ESPÈCE.

HYDRO-CARBONATE DE CUIVRE BLEU (1).

Se trouve sous diverses formes : 1° en rognons recouverts de cristaux, ou bien lisses et souvent à structure fibreuse; 2° à l'état pulvérulent, ou bien mêlé avec des substances terreuses qui prennent le nom de *cendres bleues cuivrées*; si les grains sont gros ou qu'ils forment des

(1) D. Beudant donne à cette sous-espèce le nom d'*azurite*; cependant cette dernière est composée d'alumine 66, magnésie 18, silice 10, chaux 2, et oxide de fer 2,5.

masses, c'est le *bleu de montagne;* 3° disséminé dans des pierres calcaires ou siliceuses, qu'on nomme *pierres d'Arménie;* 4° en cristaux dérivant du prisme oblique rhomboïdal de 98° 50′ et 81° 10′, dont les bases sont inclinées sur les pans 91° 30′ et 88° 30′. La couleur de ce sel est bleue, et son poids spécifique de 3, à 3,6.

Ce carbonate diffère essentiellement des précédens par sa composition. Ces derniers, dit M. Thénard, sont constitués de manière que la quantité d'oxigène de la base est égale à celle de l'acide carbonique. Dans le bleu, l'oxigène de la base est à celui de l'acide : : 3 : 4, rapport qui se trouve assez éloigné des lois que nous présentent les combinaisons salines. Aussi M. Berzélius a cru devoir regarder ce minéral comme un sous-carbonate marié avec de l'hydrate de cuivre; ce sel, ajoute M. Thénard, doit renfermer alors

Sous-carbonate de cuivre	71,72
Et hydrate	28,28
	100,00

Ou bien : Acide carbonique	25,60
Deutoxide de cuivre	69,17
Eau	5,23
	100,00

MM. Colin et Taillefert pensent, d'après leurs travaux, que les deux carbonates *vert* et *bleu* ne diffèrent entre eux que par la quantité d'eau qu'ils contiennent, et que le dernier est celui qui en a davantage. De nouvelles expériences sont donc nécessaires pour fixer l'opinion des chimistes et des minéralogistes. Ce qu'il y a de certain, 1° c'est que l'eau est une des causes de cette variation de couleur; 2° que ce liquide a si peu d'affinité pour ces deux sels; bleu et vert artificiel, qu'il suffit de les exposer à l'action de l'eau bouillante pour les convertir en carbonate anhydres.

VIe ESPÈCE.

SOUS-CARBONATE DE FER.

Ce minérai est très-abondant en France, dans les Pyrénées, à Ellevare, Vizille, département de l'Isère, en

Espagne, en Hongrie, en Saxe, etc. Le plus souvent il est en masse ou en filons, au milieu des anciens terrains, et alors sa structure est presque toujours lamelleuse ; on le trouve aussi en rognons ou en petites couches au milieu des terrains houillers, contenant plus ou moins de substances étrangères, qui leur donnent une couleur brune ou noirâtre. Tous ceux d'Angleterre et ceux des terrains houillers des environs de Saint-Etienne, en Forez, sont de cette nature. On en rencontre aussi de cristallisés en rhomboèdres de 107° et 73°, et en prismes hexaèdres réguliers. La couleur de ce carbonate est ordinairement brunâtre ou jaunâtre, et parfois blanchâtre. Son poids spécifique varie de 3,6 à 3,8.

Composition :	Acide carbonique	39
	Protoxide de fer	61
		100.

Par son exposition à l'air, il en absorbe l'oxigène, et une partie se convertit en trito-carbonate de fer. Ce minérai contient souvent du carbonate de chaux, et quelquefois de la magnésie carbonatée, ce qui en rend la fusion difficile. Certaines mines sont aussi mélangées d'un peu de carbonate de manganèse ; elles portent souvent le nom de *mines d'acier*, parce que l'on croit que ce dernier carbonate rend celui de fer propre à se convertir en acier. En général, les mines de sous-carbonate de fer donnent du très-bon fer.

Variétés.

Lenticulaire, ou simple ou en crête de coq. — *Compacte*. — *Lamellaire*. — *Granulaire*. — *Oolitique*. — *Terreux*. — *Xiloïde*, ou sous-forme de plantes ayant de l'analogie avec les *équisetum*, les *fougères*, etc.

VIIe ESPÈCE.

SOUS-CARBONATE DE MANGANÈSE.

Se trouve principalement à Kapnig et à Nagyag, en Transylvanie, etc. Couleur d'un blanc rosâtre ou jaunâtre, le plus souvent un éclat nacré ; cristaux rhomboédriques, dont on n'a pu déterminer les angles. Poids spécifique, 3,2.

Composition, dans sa plus grande pureté :

Oxide de manganèse	62
Acide carbonique	38
	100

Ce minérai contient ordinairement un peu de carbonate de chaux ou de fer, et parfois quelques centièmes de silice.

VIIIe ESPÈCE.

CARBONATE DE MAGNÉSIE.

Giobertite ou magnésite.

On ne l'a rencontrée encore qu'à Hrubschitz, en Moravie, dans des roches de serpentine, en masse, tuberculeuse, reniforme, et vésiculaire. Elle est d'un gris jaunâtre ou d'un blanc paille tacheté, rude au toucher, mate, opaque; cassure conchoïde, happant à la langue, rayant le spath calcaire; infusible, et acquérant au chalumeau une assez grande dureté pour rayer le verre. La magnésite est ordinairement compacte ou terreuse; elle se trouve aussi, mais bien rarement, en cristaux rhomboédriques de 107° 25'. Poids spécifique, 2,8.

Composition, suivant Bucholz :

Acide carbonique	51,00
Magnésie	46,00
Alumine	1,00
Manganèse ferrugineux	0,25
Chaux	0,16
Eau	1,00
	99,41

Presque tous les échantillons qui ont été examinés ont démontré que ce sel contenait de l'hydro-silicate de magnésie.

IXe ESPÈCE.

SOUS-CARBONATE DE PLOMB.

Existe en diverses contrées, et notamment en France, à Saint-Sauveur, en Languedoc; à Sainte-Marie-aux-Mines, dans les Vosges, etc. Il est en cristaux réguliers qui se rapportent au prisme rhomboïdal de 117° et 63°, à sommets dièdres, et quelquefois compacte, terreux, en petits nids, à cassure vitreuse, ou d'un jaune brun; il est pesant, a un éclat vitreux et adamantin. Son poids spécifique est de 6,071 à 6,558.

Composition, d'après MM. Klaproth et Westrumb :

Oxide de plomb	81
Acide carbonique	16
	97

Variétés.

Cristallisé en prismes hexagones irréguliers, ayant un ou plusieurs rangs de facettes angulaires; en prismes à angles droits plus ou moins modifiés. — *Aciculaire.* — *Compacte.* — *Terreux.* — *Mamelonné.* — *Rhomboédrique.* Cette variété est rare. Elle est blanche ou jaune avec une teinte verdâtre à petits cristaux rhomboédriques aigus. Elle diffère, dans sa composition, de toutes les précédentes. M. Brooke a trouvé, pour ses principes constituans :

Carbonate de plomb	72,50
Sulfate de plomb	27,50
	100,00

Il est même des minérais où cette quantité de sulfate de plomb est beaucoup plus forte.

Xe ESPÈCE.

SOUS-CARBONATE DE SOUDE.

Alcali minéral, craie de soude, méphite de soude, sel de soude, soude carbonatée.

La nature nous offre ce sel natif en abondance. Il fait partie de quelques eaux minérales et de celles de mer; on le trouve aussi en combinaison dans quelques substances pierreuses, parmi le sel marin fossile et en dissolution, dans plusieurs contrées d'Egypte et de Hongrie. Les quatre lacs que M. Rückert exploitait sont dans le comté de Bihar, entre Debrezin et Grosswardein. Il y a des comtats qui ont jusqu'à quatorze de ces lacs; la plupart sont négligés : on n'exploite que ceux qui sont à la portée de Debrezin. MM. Sicard et Volney ont décrit les deux lacs qui sont situés à l'ouest du Delta, dans le désert de Chaïat, ou de Saint-Macaire, et nous devons au général Andréossi les connaissances les plus exactes que nous possédions sur la vallée de ces mêmes lacs. Dans le Mexique, on trouve aussi des lacs qui contiennent beaucoup de carbonate de soude et d'hydro-chlorate de chaux, ce qui vient à l'appui de la théorie de M. Berthollet sur la décomposition de l'hydro-chlorate de soude par le carbonate de chaux.

Le sous-carbonate de chaux se trouve en efflorescence, à la surface du Delta, en Egypte, ainsi qu'en Turquie, en Barbarie, dans la province de Sukena, près de Bassora, aux environs d'Ephèse et de Smyrne, parmi les sables du fleuve Bélus, dans les Indes, à la Chine, en Sibérie, en Perse, avec le sable de Bertrow, dans la marche de Brandebourg, dans la Tartarie thibétane, aux environs d'Ochotzk, près du Kamtchatka, en France, aux environs d'Arras, près d'Ostende, du Hâvre, de Dieppe, de Fécamp, et dans la plaine de Narbonne, dite de l'*Etang salin*, etc. (1). Le sous-carbonate de soude, tel qu'on l'extrait des lacs, porte le nom de *natron*. Lorsqu'il est purifié, il est en octaèdres obliqu'angles ou rhomboïdaux ; quelquefois ces mêmes octaèdres sont coupés obliquement par moitié, et présentent des lames hexagones, etc. Il est blanc, transparent, saveur urineuse, le plus efflorescent de tous les sels, verdit le sirop de violette, est très-soluble dans l'eau, éprouve la fusion aqueuse et la fusion ignée sans se décomposer. Il contient, suivant M. Bérard, 62.69 pour 100 d'eau de cristallisation, et, suivant M. Klaproth, 23.

Composition, d'après ce dernier chimiste :

Acide	39
Soude	38
Eau	23
	100

(1) *Voyez* le Mémoire sur la culture de la soude par M. Julia de Fontenelle, *Annales de Chimie*, n° 147.

XIe ESPÈCE.

CARBONATE DE STRONTIANE.

Strontianite.

Doit son nom à Strontian, dans l'Argileshire et à Leadhills, en Ecosse, où elle a été découverte. M. de Humboldt l'a également trouvée au Pérou, près de Popayan. Il se trouve en masses composées de fibres convergentes; il est blanc, quelquefois d'une teinte verdâtre ou jaunâtre, translucide, insipide, inaltérable à l'air, soluble dans 1536 parties d'eau bouillante. Réduit en poudre et projeté sur les charbons ardens, il produit des étincelles *rouges*; ses cristaux sont des prismes hexaèdres réguliers, ou modifiés sur les arêtes des bases. (Rare). Poids spécifique, 3,65.

Composition, d'après Klaproth :

Strontiane	69,5
Acide carbonique	30,0
Eau	00,5
	100,0

Hope et Pelletier, qui ont également analysé ce carbonate, ont trouvé de 0,8 à 0,861 d'eau.

XIIe ESPÈCE.

SOUS-CARBONATE DE ZINC.

On trouve ce carbonate avec la calamine, en couches, dans les terrains secondaires, en Angleterre, en France, dans le département de l'Ourthe, etc. Il constitue deux sous-espèces.

1re SOUS-ESPÈCE.

Ce sel est en petits cristaux; son clivage a lieu parallèlement aux faces d'un rhomboèdre dont les dimensions n'ont point encore été déterminées; quelquefois il est en dodécaèdres à triangles scalènes. Il en existe aussi des variétés qui sont : *Compactes.* — *Lamellaires* ou *fibreuses.* — *Pseudomorphiques,* en carbonate de chaux lenticulaire. — *Oolithique.* — En *stalactites* et *stalagmites*, etc. Soluble avec effervescence dans l'acide sulfurique, dont les alcalis en précipitent l'oxide; ne donnant point d'eau par la calcination. Poids spécifique, 3,60 à 4,33.

Composition :	Acide carbonique	35
	Oxide de zinc	65
		100

IIe SOUS-ESPÈCE.

HYDRO-CARBONATE DE ZINC.

Mêmes caractères chimiques de l'autre sous-espèce, avec cette seule différence qu'il donne plus ou moins d'eau par la calcination.

Composition, d'après la formule de Berzélius :

Carbonate de zinc	69	Acide carbonique	15
Hydrate de zinc	31	Oxide de zinc	73
		Eau	12
	100		100

DEUXIÈME GENRE. — CARBONATES DOUBLES OU MULTIPLES.

Quoiqu'on trouve isolément les carbonates de chaux, de fer, de manganèse, de magnésie, etc., purs, il arrive souvent, cependant, qu'ils sont unis deux à deux, trois à trois, et même quatre à quatre ; cette combinaison et la prédominence d'un des principes constituans, car il y en a toujours un dont les proportions sont supérieures à celles des autres, en font varier les formes à l'infini. Ainsi, 1° dans ceux où le carbonate de chaux domine, on doit ranger les calcaires des Ardennes, de Quiney, d'Epinac, la dolomite des Alpes, le calcaire rose de Moutiers, etc. ; 2° parmi les calcaires à quatre bases, ceux de ce dernier lieu, ainsi que du Devonshire, de Percy, de Timor, de Tramone, de Notre-Dame-du-Pré, etc. ; 3° ceux où le carbonate de fer l'emporte se composent du fer spathique d'Allevard, d'Antin, des Martigues, de Chaillaud, etc. ; 4° enfin, ceux qui sont à la vérité moins nombreux, et qui résultent de la combinaison de l'acide carbonique avec la magnésie ou la manganèse et d'antres bases, tels que ceux de l'île d'Elbe, du Hartz, de Nagrac, de Freyberg, etc.

Parmi ces carbonates multiples il en est qui contiennent des proportions de bases secondaires en si petites quantités que nous n'avons pas cru devoir les ranger dans ce genre; nous allons donc nous borner à décrire les espèces dont la composition bien évidente les y porte naturellement.

1re ESPÈCE.

CARBONATE DE CHAUX ET DE MAGNÉSIE.

Dolomite.

Ce minéral donne lieu à un grand nombre de variétés, d'après ses formes cristallines, sa structure et ses diverses couleurs, Nous nous contenterons de décrire les quatre qui nous ont paru offrir le plus d'intérêt.

A. *Dolomite commune ou grenue.*

C'est à Dolomieu qu'on en doit la connaissance. Elle se rencontre en masses et en concrétions distinctes grenues; couleur blanche, et parfois grisâtre ou jaunâtre; éclat luisant et nacré, faiblement translucide; cassure en grand, imparfaitement schisteuse; phosphorescente par le frottement, ou quand on l'expose sur un fer chaud; demi-dure, maigre au toucher. Poids spécifique, 2,83.

Composition :	Carbonate de chaux	52,08
	—— de magnésie	46,50
	Oxide de manganèse	0,25
	— de fer	0,05
		98,88

On trouva, pour la première fois, à Rome, au palais Borghèse, une variété de *dolomite flexible*. L'expérience a démontré que les diverses variétés, de même que la pierre calcaire grenue, pouvaient le devenir en les taillant en dalles longues et menues, et les soumettant, pendant six heures, à une température d'environ 250 c°.

B. *Dolomite brune.* — *Chaux calcaire magnésienne de Tennant.*

Se trouve, dans le nord de l'Angleterre, en couches très-épaisses et d'une étendue considérable, reposant sur la formation de houille de Newcastle. Couleur gris jaunâtre et brun jaunâtre, brillante à l'intérieur, cassure esquilleuse, translucide sur les bords, cassante, plus dure que le spath calcaire. Poids spécifique des cristaux, 2,8.

Composition, suivant M. Tennant :

Acide carbonique	47,2
Chaux	29,5
Magnésie	20,3
Alumine et fer	0,8
	97,8

Il existe aussi une dolomite flexible qui se rapporte à cette sous-espèce. Elle a été trouvée près du château de Tynmouth. Couleur gris jaunâtre, en masse, opaque, très-flexible, poreuse, cassure terreuse, se laissant entamer par le couteau. Poids spécifique, 2,54.

Composition :	Carbonate de chaux	62
	——— de magnésie	36
		98

C. *Dolomite en colonnes.*

Existe, en Russie, dans la serpentine, en masse et en concrétions prismatiques minces d'un blanc sale ; éclat vitreux tirant sur le nacré, cassante, clivage imparfait, cassure inégale, un peu translucide. Poids spécifique, 2,76.

Composition :	Carbonate de chaux	51
	——— de magnésie	47
	——— de fer hydraté	1
		99

D. *Dolomite compacte ou gurhofite.*

En filons dans des roches de serpentine, en masse. Elle est d'un blanc de neige, mate, cassure conchoïde aplatie, demi-dure, un peu translucide sur les bords. Poids spécifique, 2,76.

Composition :	Carbonate de chaux	70,5
	——— de magnésie	29,5
		100,0

IIe ESPÈCE.

SPATH RHOMBE.

Spath amer, spath magnésien, muricalcite.

Existe en Ecosse, en Suède, en Suisse, dans le Tyrol, etc., dans les roches chlorites, etc. Couleur blanc grisâtre et jaunâtre ou gris jaunâtre, toujours cristallisé en rhombes de moyenne grosseur, cassure lamelleuse, clivage triple, raie le spath calcaire, cassant. Poids spécifique, 2,48.

Composition, d'après le terme moyen de quatre analyses de divers échantillons par Klaproth :

Carbonate de chaux	59,50
——— de magnésie	37,50
Oxide de fer	3,06
	100,06

Le maximum du carbonate de chaux de ces quatre espèces est 73, et le minimum 52 ; le maximum de celui de magnésie 45, et le minimum 25.

IIIe ESPÈCE.

CARBONATE DE CHAUX, DE MANGANÈSE ET FER.

Spath brunissant, spath perlé, sidérocalcite.

Il existe en filons, accompagné de spath calcaire et de fer spathique ; ses couleurs sont le blanc grisâtre, jaunâtre ou rougeâtre, le rose, le rouge brun, le brun, le gris de perle, le noirâtre, etc. On le trouve en masse, en morceaux globuleux ou cristallisé en pyramides doubles à trois faces, en pyramides obliques à six, en rhombes, en lentilles, etc. ; sa cassure est lamelleuse, à lames droites, mais plus souvent à lames courbes, clivage triple à fragmens rhomboïdaux, il raie le spath calcaire ; poids spécifique, 2,83.

Composition :	Carbonate de chaux	38
	Oxide de fer	38
	—— de manganèse	24
		100

IVe ESPÈCE.

CARBONATE DE FER ET DE MAGNÉSIE DU HARTZ.

Ce sel double, analysé par M. Walmstadt, lui a donné les produits suivans :

Carbonate de magnésie	84,36
——— de fer	10,02
——— de manganèse	3,19
Silice	0,30
Eau	0,51
Perte et substance destructible par le feu	1,62
	100,00

Ve ESPÈCE.

MARNES.

Les marnes doivent être considérées non comme des carbonates doubles, mais comme de simples mélanges. Kirwan les avait divisées en argileuses et siliceuses, suivant que l'une ou l'autre de ces terres prédominait dans la composition de la marne ; comme engrais, cette division mérite d'être admise. Werner a séparé les marnes en deux sous-espèces.

1re SOUS-ESPÈCE.

MARNE TERREUSE.

Couleur grise, ou gris jaunâtre, et formée de particules fines pulvérulentes, peu cohérentes, ou agglutinées, mate, légère, un peu tachante, odeur urineuse, quand elle est récemment extraite, maigre au toucher, fait effervescence avec les acides et s'y dissout en partie. Il est impossible de donner une idée exacte de la quantité de ses principes constituans ; ils varient constamment ; nous savons seulement que la marne terreuse est en général composée de carbonate de chaux avec un peu d'alumine, de silice et de bitume.

On la rencontre par couches dans les montagnes calcaires stratiformes, etc.

II° SOUS-ESPÈCE.

MARNE ENDURCIE.

Mêmes gisemens que la précédente, ainsi que dans les formations houilleuses; elle est en masse, en vésicules ou en boules aplaties, et contient des pétrifications; elle est grise et quelquefois jaunâtre, mate, opaque, cassure terreuse, quelquefois esquilleuse ou imparfaitement schisteuse; se laisse entamer par l'ongle, maigre au toucher, se fond au chalumeau, et donne une escorie verdâtre; fait effervescence avec les acides. Poids spécifique, de 2,4 à 2,87.

Composition, d'après Kirwan :

Carbonate de chaux	50
Alumine	32
Silice	12
Oxide de fer et de manganèse	2
	96

Il est encore un autre minéral connu sous le nom de *schiste marne bitumineux* qu'on trouve en couches particulières dans les montagnes calcaires stratiformes, reposant sur une espèce de grès; il est noir grisâtre ou brunâtre, cassure schisteuse, à feuillets courbes ou droits; opaque, tendre, sectile, doux au toucher, poids spécifique 2,66. Il est composé de carbonate de chaux, d'alumine, d'oxide de fer et de bitume. On y trouve des poissons, des cryptogames pétrifiées, et des minéraux cuivreux.

FAMILLE DES CHROMATES.

Tous les sels de cette famille sont d'une couleur jaune quand ils sont à l'état neutre ou à celui de sous-sel; ils sont rougeâtres lorsqu'ils sont acides.

Ire ESPÈCE.

CHROMATE DE FER.

Tel est le nom qu'ont donné à ce minéral, MM. Brochant, Haüy, Thomeson, etc. M. Beudant le range parmi les chrômites ; nous avons cru devoir suivre la dénomination que lui ont donnée les premiers, attendu que nous ne connaissons point encore d'acide chrômeux, et que ce nom de *chrômite* désigne un sel dû à cet acide. Il peut bien se faire aussi que ce minéral ne soit point un chrômate, mais une combinaison de deux oxides comme on en voit tant d'autres ; de nouvelles expériences résoudront cette question. Ce chrômate a été trouvé en France, près de Gassin, ainsi qu'en Sibérie ; il est en masses irrégulières, ou en cristaux octaèdres, raie le verre, est insoluble dans l'acide nitrique. Poids spécifique, 4,032.

Composition :

	Celui de Gassin, par M. Vauquelin :	Celui de Sibérie, par M. Laugier :
Oxide de chrôme	43	53
—— de fer	34,7	34
Alumine	20,3	11
Silice	2	1
Perte		1
	100,0	100

IIe ESPÈCE.

CHROMATE DE PLOMB.

Plomb chrômaté, plomb rouge de Sibérie.

Très-rare ; on l'a rencontré dans les mines d'or de Bérézof, en Silésie, ainsi qu'en Autriche, en Savoie et au Mexique ; il est en cristaux prismatiques tétraèdres, terminés quelquefois par des pyramides à quatre faces, ou bien en prismes rhomboïdaux simples ou modifiés, etc. Sa couleur la plus ordinaire est le rouge hyacinthe ; sa poudre est d'un jaune citron, éclat entre celui du diamant et l'éclat gras, cassure lamelleuse. Poids spécifique, de 5,75 à 6,069.

Composition, terme moyen de MM. Vauquelin et Thénard :

Oxide de plomb	64,11
Acide chrômique	35,44
	99,55

IIIe ESPÈCE.

CHROMATE DOUBLE DE PLOMB CUPRIFÈRE.

Vauquelinite.

Couleur verte, aciculaire; composé de :

Oxide de plomb	61
—— de cuivre	11
Acide chrômique	28
	100

FAMILLE DES HYDRO-CHLORATES.

Sels muriatés ou formés d'une base unie à l'acide hydro-chlorique ou muriatique; décomposables à froid par l'acide sulfurique et, au moyen de l'ébullition, par les acides arsénique et phosphorique; presque tous solubles dans l'eau; on n'en trouve que quatre à l'état natif.

Ire ESPÈCE.

HYDRO-CHLORATE D'AMMONIAQUE.

Connu depuis long-temps sous le nom de *sel ammoniac*; on en trouve deux espèces, le natif volcanique et le natif conchoïdal. Le premier est d'un blanc jaunâtre et grisâtre; il est en efflorescence, en formes imitatives, en octaèdres, en prismes rectangulaires à quatre plans modifiés, en cubes tronqués sur les bords, etc. Ce sel est éclatant, clivage dans le sens de l'octaèdre, du transparent à l'opaque, plus dur que le talc, ductile et élastique, saveur acerbe et urineuse, volatil, et dégageant de l'ammoniaque quand on le triture avec l'hydrate de chaux. Poids spécifique, de 1,5 à 16.

Composition :	Acide hydro-chlorique	69
	Ammoniaque	31
		100

M. Klaproth y admet 0,5 d'hydro-chlorate de soude.

Le conchoïdal est en morceaux anguleux, il accompagne le soufre dans les couches d'argile endurcie, ou de schiste argileux. Sur 100 parties, il contient, d'après Klaproth, 97,5 d'hydro-chlorate, et 2,5 de sulfate d'ammoniaque.

IIe ESPÈCE.

HYDRO-CHLORATE DE CHAUX.

Se trouve à l'état solide dans les matériaux salpêtrés, et en dissolution dans plusieurs eaux minérales qui lui doivent leur onctuosité. Blanc, saveur âcre et piquante, très-déliquescent, soluble dans un quart de son poids d'eau à la température ordinaire, et susceptible de cristalliser en prismes hexaèdres striés; éprouve la fusion ignée et se convertit en chlorure de calcium, quand il est refroidi ; par le frottement et dans l'obscurité, il devient lumineux, ce qui lui fit donner le nom de *phosphore de Homberg*. Poids spécifique, 1,76.

Composition :	Acide hydro-chlorique	25
	Chaux	26
	Eau	49
		100

IIIe ESPÈCE.

HYDRO-CHLORATE DE CUIVRE.

Atakamite.

Se trouve au Pérou, dans le district de Rarapaca, en filons et ayant le quartz pour gangue. Il est d'un vert tirant sur le bleu, très-styptique ; attire l'humidité de l'air et cristallise en petites aiguilles prismatiques rhomboïdales formant souvent des octaèdres cunéiformes; on le trouve aussi à l'état granulaire, ou pulvérulent ; il est très-soluble dans l'eau ; quelques gouttes d'acide hydrochlorique rendent cette solution d'une couleur de vert d'herbe. Poids spécifique, 4,43.

Composition :	Acide hydro-chlorique	12
	Oxide de cuivre	72
	Eau	16
		100

Il en existe une sous-espèce qui a pour principes constituans :

Oxide de plomb	83,50
Acide hydro-chlorique	8,50
Acide carbonique	6,50
	98,50

Elle est en cristaux prismatiques à bases carrées ; la théorie de sa composition n'est pas aisée à expliquer.

FAMILLE DES MELLATES.

Sels composés d'acide mellitique et d'une base.

SEUL GENRE.

SEULE ESPÈCE.

MELLATE D'ALUMINE HYDRATÉ.

Mellite ou pierre de miel.

On trouve ce minéral superposé sur des couches de bois bitumineux et de charbon de terre, le plus souvent accompagné de soufre ; le seul lieu où on l'ait encore trouvé, est Artern, en Thuringe ; il est rarement en masse, presque toujours cristallisé. Sa forme primitive est une pyramide de 118° 4′ et 93° 22′ ; ses formes secondaires sont la forme primitive à sommets tronqués, de même que les sommets et les angles de la base commune ; couleur jaune de miel, demi-transparent, réfraction double dans la direction du plan de la pyramide, lisse et éclatant, clivage pyramidal, cassant, cassure conchoïde, il est électro-résineux par le frottement ; poids spécifique de 1,4 à 1,6.

Composition, d'après Klaproth :

Acide mellitique	46
Alumine	16
Eau	38
	100

FAMILLE DES MOLYBDATES.

Sels résultant de l'union de l'acide molybdique avec une base.

Ces sels sont tous décomposés par l'acide sulfurique; à l'aide du calorique, le charbon les décompose, et, suivant les métaux qui servent de base à ces sels, en réduit l'acide ou le ramène à l'état d'oxide, ou bien réduit l'acide et l'oxide en même temps.

SEULE ESPÈCE.

MOLYBDATE DE PLOMB.

Se trouve à Bleyberg, en Carinthie, près de Freyberg, en Saxe, en Hongrie, au Mexique, etc. Il est d'un jaune pâle, le plus souvent en cristaux, en tables à huit pans, quelquefois en octaèdres à base carrée, etc.; poids spécifique, 5,09.

Composition : Acide molybdique	39
Oxide de plomb	61
	100

FAMILLE DES NITRATES.

Sels composés d'acide nitrique et d'une base.

Tous sont décomposés par le calorique, la base est mise à nu, et il se dégage, dès le commencement de l'action, du gaz oxigène et du gaz azote, ensuite de l'acide nitreux, quelquefois ce dernier acide, et du gaz oxigène, dès que l'opération commence. Les acides sulfurique, arsénique et phosphorique en dégagent l'acide nitrique à l'état gazeux, si leur action surtout est aidée de celle du calorique.

Composition. L'oxigène de l'oxide est à celui de l'acide : : 1 : 5 et à la quantité d'acide : : 1 : 6,77.

1re ESPÈCE.

NITRATE DE CHAUX.

Ce sel existe en grande quantité dans les vieux platras, sur les vieilles murailles, sur les pavés ou les murs bas, humides ou non habités, etc.; il est alors sous forme de petits cristaux assez longs, imitant les barbes de plume. Il est blanc, inodore, saveur âcre, déliquescent, soluble dans le quart de son poids d'eau, soluble dans l'alcool, et cristallisant en primes hexaèdres réguliers.

Composition :	Acide nitrique	65
	Chaux	35
		100

IIe ESPÈCE.

NITRATE DE MAGNÉSIE.

Existe dans les eaux de mer et de quelques sources. Inodore, saveur amère, déliquescent, cristallise en prismes déliés, ou en prismes rhomboïdaux, et est complètement décomposé par les alcalis.

Composition :	Acide nitrique	72
	Magnésie	28
		100

IIIe ESPÈCE.

NITRATE DE POTASSE.

Ce sel est très anciennement connu sous le nom de *salpêtre*, et de *sel de nitre* quand il est purifié. Il existe à l'état naturel dans tous les lieux habités, ainsi qu'uni à diverses terres dans l'Inde, dans la partie méridionale de l'Amérique, etc. En Europe, il se trouve en assez grande abondance pour être réexploité tous les quatre ou cinq ans dans les terres du sol des écuries, des bergeries, des magasins à blé, et autres lieux semblables où se trouvent des substances organiques. On peut consulter le Mémoire que M. Julia de Fontenelle a lu à l'Académie royale des sciences, en 1824, sur la nitrification.

Le nitrate de potasse pur est en beaux prismes à six pans à sommets hexaèdres, transparens, ayant une saveur fraîche, inaltérable à l'air, très-soluble dans l'eau, fusible à 340°, et devenant alors dur, blanc, pesant et translucide ; c'est ce qu'on nomme en pharmacie *cristal minéral ;* à une température plus élevée, il se décompose complètement. Poids spécifique, 1,93.

Composition, d'après M. Julia de Fontenelle :

Acide nitrique	53,55
Potasse	46,45
	100,00

IVᵉ ESPÈCE.

NITRATE DE SOUDE.

Ce sel a été découvert naguère au Pérou, près du port Yquique, district d'Atacama, en couches plus ou moins épaisses, et sur une étendue de plus de cinquante lieues ; il est recouvert d'un banc d'argile : on vient d'en trouver aussi tout récemment en Espagne, près de Cadix. Ce sel a une saveur fraîche, piquante et amère, soluble dans trois parties d'eau à 15°, et cristalisé en prismes rhomboïdaux qui sont anhydres. Poids spécifique, 2,096.

Composition, d'après M. Julia de Fontenelle :

Acide nitrique	63,36
Soude	36,64
	100,00

FAMILLE DES OXALATES.

Sels formés d'acide oxalique et d'une base.

SEUL GENRE.

SEULE ESPÈCE.

OXALATE DE FER.

Humboldite.

Minéral très-rare, qu'on n'a encore rencontré que dans les lignites de Kolowserux, en Bohême. Couleur jaune serin ; décomposable par une haute température ; le résidu, traité par l'acide hydro-chlorique, donne, par les hydro-cyanates, un précipité bleu. Poids spécifique, 1,3.

Composition, suivant M. Rivéro :

Acide oxalique	46,14
Protoxide de fer	53,86
	100,00

Nous sommes portés à croire que c'est du peroxide de fer, et non du protoxide, puisque les protoxalates de fer, qui sont le produit de l'art, sont en prismes verts et solubles, et que les peroxalates sont jaunes et à peine solubles.

FAMILLE DES PHOSPHATES.

Sels formés d'acide phosphorique avec les bases en diverses proportions. Les *sous-phosphates* contiennent une fois et demie autant de base que les phosphates; les phosphates *acidules*, les trois quarts des phosphates; les phosphates *acides*, la moitié. Ces sels natifs sont indécomposables par le calorique, et vitrifiables. Nous diviserons cette famille en trois genres, 1° phosphates anhydres; 2° phosphates hydratés, et phosphates multiples. Nous préférons adopter cette épithète de *hydratés* que celle d'*hydro-phosphates*, admise par M. Beudant, attendu qu'elle présente une série d'erreurs, vu que ce mot *hydro* étant employé par les chimistes pour désigner les acides formés par l'hydrogène et une base, il semble que les *hydro-phosphates* sont des sels qui résultent d'une combinaison d'une base avec un acide hydrophosphorique qui n'existe point. Cette erreur est encore plus grave aux sulfates hydratés que M. Beudant nomme *hydro-sulfates*, ce qui annonce que ces sels sont produits par l'acide hydro-sulfurique, tandis qu'ils n'en contiennent pas un atôme, mais bien de l'acide sulfurique. Malgré toute l'estime que nous professons pour les talens de M. Beudant, dans l'intérêt même de la science qu'il cultive avec tant de succès, nous avons cru devoir faire cette remarque.

PREMIER GENRE. -- PHOSPHATES ANHYDRES.

PHOSPHATE DE CHAUX.

Ce sel, avec excès de base, constitue les 2/5 de la charpente osseuse des animaux. Le phosphate de chaux natif forme des mamelons de montagnes en Espagne, particulièrement dans l'Estramadure; on le trouve aussi dans les mines d'étain, avec la topaze, à Schnéeberg, Geyer, Eibenstock, Sainte-Agnès, etc.

1re ESPÈCE.

PHOSPHATE SESQUI-CALCAIRE.

Apatite.

Se trouve dans les roches primitives, dans des veines d'étain du granit du Mont-Saint-Michel, dans le Cornouailles, en France, à Nantes, etc. Il est en masse ou cristallisé en prismes hexaèdres aplatis qui offrent quelquefois des tables à six faces; les extrémités latérales sont souvent tronquées et les faces lisses; on en trouve aussi des variétés qui sont mamelonnées, — compactes, — terreuses, — lamellaires, — granulaires — reniformes, — testacées, — stalactitiques, etc. L'apatite est blanche, ou bien bleuâtre, jaunâtre, rougeâtre, violette ou verte; elle est opaque, ou translucide, très-rarement transparente; elle est éclatante, cassante, phosphorescente sur les charbons, électrique par le frottement ou la chaleur, et d'un poids spécifique de 3,1.

Composition. M. Klaproth a analysé la variété connue sous le nom de *pierre d'asperge*; il l'a trouvée composée de

Acide phosphorique	46,25
Chaux	53,75
	100,00

IIe ESPÈCE.

PHOSPHORITE.

Ire SOUS-ESPÈCE.

PHOSPHORITE COMMUNE.

En masse et formant des couches considérables dans la province d'Estramadure, en Espagne; elle est d'un blanc jaunâtre, mate, cassure inégale, opaque, tendre, un peu cassante, réduite en poudre grossière, et jetée sur les charbons ardens, elle donne une lumière verte phosphorique. Poids spécifique, 2,8.

Composition, selon Pelletier :

Acide phosphorique	34
Chaux	59
Acide fluorique	1
Silice	2
Oxide de fer	1
	97

IIe SOUS-ESPÈCE.

PHOSPHORITE TERREUSE.

Dans un filon, à Marmarosch, en Hongrie; elle est

sous forme de terre mate qui devient phosphorescente quand on la met sur des charbons enflammés.

Composition, d'après Klaproth :

Acide phosphorique	32,25
Chaux	47
Acide fluorique	2,25
Silice	0,05
Oxide de fer	0,75
Eau	1
Quartz et terre grasse	11,05
	95,25

IIIe ESPÈCE.

PHOSPHATE DE MAGNÉSIE.

Wagnerite.

Se trouve dans des schistes argileux et micacés à Hollgraben, ainsi qu'aux Etats-Unis d'Amérique ; il est d'un blanc plus ou moins jaunâtre, vitreux, se divisant en prismes rhomboïdaux. Poids spécifique, 3,11.

Composition :	Acide phosphorique	63
	Magnésie	37
		100

Ce phosphate devrait être rangé parmi les multiples, s'il est vrai qu'il contienne toujours 0,3 de fluate de magnésie.

IVe ESPÈCE.

PHOSPHATE DE PLOMB.

Existe principalement dans les mines de sulfure de plomb, telles que celles de la Croix, en France, du Hartz, etc. ; ses couleurs les plus ordinaires sont le brun, le jaune et le vert ; ses cristaux sont des prismes hexaèdres réguliers, souvent avec diverses modifications. Poids spécifique, 6,4.

Composition, suivant Klaproth :

Oxide de plomb	76
Acide phosphorique	24
	100

Il est souvent uni à de l'arséniate de plomb, ce que l'on reconnait à l'odeur d'ail qui se développe lorsqu'on le chauffe avec un peu de charbon.

DEUXIÈME GENRE.

PHOSPHATES HYDRATÉS.

1re ESPÈCE.

PHOSPHATE HYDRATÉ D'ALUMINE.

Wavellite, hydrargilite de Davy.

Elle existe le plus souvent en globules composés de fibres divergeant du centre à la circonférence, sur la surface desquelles on la trouve aussi en prismes rhomboïdaux à sommets dièdres; elle est aussi sous formes imitatives. Sa couleur est le blanc grisâtre, éclat nacré, translucide, cassante, aussi dure que le spath fluor. Poids spécifique, de 2,3 à 28.

Composition, d'après Davy : elle ne contient que 70 d'alumine, 26 d'eau 1,4 de chaux. Cependant MM. Berzélius et Thenard la classent parmi les phosphates alumineux ; M. Beudant donne pour ses principes constituans :

Acide phosphorique	41
Alumine	39
Eau	20
	100

De nouvelles analyses sont nécessaires pour résoudre cette question. M. Desbassyns en a rapporté, de l'île Bourbon, une variété qui a 3,13 d'ammoniaque.

IIe ESPÈCE.

PHOSPHATE HYDRATÉ DE CUIVRE.

Ce minéral est rare : on le trouve en petites quantités dans quelques mines de cuivre de Hongrie, sur les bords du Rhin, à Rheinbreitenbach, etc. Elle se présente sous divers états, en masses mamelonnées, aciculaire, bacillaire, compacte, ou bien cristallisée en prismes rhomboïdaux droits d'environ 109°, qui se changent très-souvent en octaèdres rectangles. Poids spécifique, 3,5.

Composition, d'après Berthier :

Acide phosphorique	64
Deutoxide de cuivre	29
Eau	7
	100

IIIe ESPÈCE.

PHOSPHATE DE FER HYDRATÉ.

Vivianite.

Comme le précédent, ce minéral est rare ; il existe en cristaux dans les mines de Sainte-Agnès, en Cornouailles, dans les roches micaschisteuses, accompagnant le sulfure de fer magnétique, dans les produits volcaniques de l'île Bourbon, etc. On le trouve en masse à l'île de France, et terreux, dans les substances argileuses qui ont contenu des corps organiques. Ce sel est presque toujours bleu; celui qui est terreux est parfois blanc à l'intérieur. Poids spécifique, 2.6.

Composition du phosphate cristallisé :

Acide phosphorique	22
Protoxide de fer	44
Eau	34
	100

Le terreux a la même composition d'après Fourcroy, avec cette seule différence que le fer a été peroxidé par son long contact avec l'air.

IVe ESPÈCE.

PHOSPHATE HYDRATÉ D'URANE.

Uranite.

Peu commun ; se trouve en lames carrées ordinairement groupées d'une manière confuse les unes sur les autres. Celui qu'on rencontre à Autun est jaune ; celui d'Angleterre et de Sibérie est vert, et doit cette couleur au phosphate de cuivre. Il existe aussi à l'état compacte, aciculaire, mamelonné et bacillaire. Poids spécifique, 3,5.

Composition, d'après M. Phillips :

Acide phosphorique	10
Deutoxide d'urane	75
Eau	15
	100

TROISIÈME GENRE.

PHOSPHATES MULTIPLES.

Ire ESPÈCE.

PHOSPHATE D'ALUMINE MAGNÉSIEN.

Klaprothite.

On rencontre ce minéral en petits nids dans du quartz, parfois avec des rudimens de cristaux; il est bleu. Poids spécifique, 3.

Composition, d'après M. Fuchs :

Acide phosphorique	41,81
Alumine	35,73
Magnésie	9,34
Oxide de fer	2,64
Silice	2,10
Eau	6,06
	97,68

A cette espèce, M. Beudant croit qu'on pourrait rapporter la *childrenite*, qui se trouve composée, d'après MM. Wollaston, d'acide phosphorique, d'alumine et de fer.

IIe ESPÈCE.

PHOSPHATO-CARBONATE DE CHAUX.

Découverte par M. Bonnard, dans une couche d'argile brunâtre, renfermant des minérais de fer en grains, à peu de profondeur au-dessous de la surface du plateau dit *Vallée de Saint-Thibaud*, département de la Côte-d'Or. Ce phosphorite est d'un blanc grisâtre ou jaunâtre, veiné, tacheté ou pointillé de brun, léger, tendre, à cassure terreuse.

Composition, d'après M. Berthier :

Phosphate de chaux	74
Carbonate de chaux	10

Mélange d'argile et d'oxide de fer.

IIIe ESPÈCE.

PHOSPHATE DE MANGANÈSE ET DE FER.

Se trouve dans le département de la Haute-Vienne, près de Saint-Sylvestre; il a une couleur brune, cristaux en aiguilles rayonnantes, avec quelques petits points bleus, poussière du vert olive; fond au chalumeau et donne un verre vert opaque.

M. Alluaud en a envoyé deux variétés à M. Vauquelin; l'une est d'un brun violet, et l'autre d'un jaune verdâtre. Suivant ce chimiste, la première est composée de

Acide phosphorique	58
Oxide de fer	28
— de manganèse	14
	100

La seconde ne lui a donné que 0,30 d'acide phosphorique, ce qui le lui fait regarder comme un sous-phosphate, et la seconde comme un phosphate.

Variété.

Triplite. — Brune, non cristallisée. Poids spécifique, 3,9, et composée, d'après M. Vauquelin, de :

Acide phosphorique	27
Oxide de manganèse	42
— de fer	31
	100

M. Beudant donne les proportions suivantes, j'ignore d'après quelle analyse : acide, 34, oxide de manganèse, 34, oxide de fer, 32.

IVe ESPÈCE.

AMBLYGONITE.

Couleur verdâtre, vitreuse, donnant, par le clivage, des prismes de 106° 10′ et 73° 50′. Poids spécifique, 2,9.

Composition :

M. Berzélius la regarde comme un sous-phosphate d'alumine et de lithine, contenant 0,11 de cette dernière.

Ve ESPÈCE.

TURQUOISE.

Existe en filons dans de l'argile ferrugineuse, et en petits morceaux dans celle d'alluvion; elle est en masse, disséminée, compacte ou terreuse, ou bien sous forme imitative. Ses couleurs sont le bleu de Smalt ou le vert clair; elle est mate, à cassure conchoïde ou inégale, opaque, moins dure que le quartz, de couleur blanche quand on la râcle. Poids spécifique, de 2,86 à 3.

Composition, d'après John :

Alumine	73
Oxide de cuivre	4,5
— de fer	4
Eau	18

Cette turquoise est connue dans le commerce sous le nom de *vieille roche ;* c'est la plus estimée. Il en est une autre qui est, à proprement parler, la seule qui appartienne à ce genre, et qui est formée par des os fossiles colorés par l'oxide de cuivre. Cette turquoise eût dû figurer parmi les aluminates.

Turquoises de nouvelle roche.

Celles-ci doivent leur origine à des os fossiles, surtout à des dents d'animaux ayant, suivant les uns, l'oxide de cuivre pour principe colorant, et, suivant Haüy, le phosphate de fer. Celles-ci sont moins dures et bien moins estimées que celles de vieille roche. Elles sont translucides sur les bords, répandent une odeur animale quand on les chauffe, et se dissolvent en grande partie dans l'acide nitrique. Elles contiennent de 70 à 80 parties de phosphate de chaux.

Les turquoises de vieille roche ayant une belle teinte sont fort chères. Une de ces pierres, ovale de 5 lignes 1/2 sur 5, d'un bleu clair avec œil verdâtre, s'est vendue, chez M. Drée, 500 fr. Une autre de même taille, d'un beau bleu de ciel, 241 fr.

Une belle turquoise de nouvelle roche, bleu de ciel, de 4 lignes 1/2 sur 4, y fut vendue 121 fr.

FAMILLE DES SILICATES.

Sels formés par la silice et une base.

Les silicates, par la nature et la proportion des bases, constituent environ cent espèces de minéraux, parmi lesquels se trouvent la plupart des pierres gemmes.

PREMIÈRE SECTION.

PREMIER GENRE. — SILICATES ALUMINEUX.

Les acides puissans, en agissant sur les silicates en poudre et à l'aide de la chaleur, en séparent de la silice; les alcalis produisent, dans la solution, un précipité gélatineux, qui est un hydrate d'alumine.

A. *Silicates alumineux simples* (1).

Ire ESPÈCE.

ALLOPHANÉ OU RIEMANITE.

Découverte dans la forêt de Thuringe, dans une couche de grauwache schisteuse, en masse ou en formes imitatives; couleur bleue et quelquefois verte, brune ou blanchâtre, éclat vitreux, transparente ou translucide sur les bords, très-cassante, cassure imparfaitement conchoïde, très-tendre. Poids spécifique, 1,89.

Composition, d'après Stromeyer :

Silice	21,92
Alumine	32,02
Chaux	0,73
Sulfate de chaux	0,52
Carbonate de cuivre	3,06
Hydrate de fer	0,27
Eau	41,03
	100,00

IIe ESPÈCE.

CYANITE OU DISTHÈNE DE HAUY.

Se trouve dans le granit et le schiste micacé des montagnes primitives, sur le mont Saint-Gothard, dans diverses parties de l'Europe, ainsi qu'en Asie et en Amérique. Elle offre diverses variétés, soit en masse ou disséminée, en concrétions distinctes, bacillaire, fibreux

(1) Nous avons cru devoir comprendre dans cette section des silicates simples ceux qui ne contiennent qu'une petite quantité d'autres bases.

ou en cristaux prismatiques hexagones, octogones, décagones irréguliers et élargis sur deux faces opposées, les faces brillantes, nacrées et striées; la forme primitive est un prisme oblique quadrangulaire. Sa couleur est celle du bleu de Prusse, passant au gris et au vert; elle est translucide ou transparente, clivage double, cassante, idio-électrique à l'état de pureté; par le frottement, il est des cristaux qui acquièrent l'électricité résineuse et d'autres la vitrée. Poids spécifique, 3,5.

Composition, d'après Klaproth, d'après Arfwedson :

	Klaproth	Arfwedson
Silice	43	32
Alumine	55,5	68
Fer	0,5	
Traces de potasse		
	99,0	100

IIIe ESPÈCE.

CHRYSOBÉRIL.

Cimophane d'Haüy, chrysopale de Lametherie, chrysolite.

On rencontre ce minéral au Brésil, dans l'île de Ceylan, dans le Connecticut et en Sibérie; le plus souvent, il est en masses arrondies de la grosseur d'un pois. On le trouve aussi cristallisé le plus communément en prismes à huit pans terminés par des sommets hexaèdres; il est couleur vert d'Espagne, et quelquefois blanc verdâtre et gris jaunâtre : il y a des variétés qui sont les unes vitreuses, les autres diaphanes, et les autres chatoyantes. Le chrysobéril est demi-transparent et cassant, cassure conchoïde; il raie le béril et le quartz, a une réfraction double, est électrique par le frottement, et infusible au chalumeau. Poids spécifique, de 3,6 à 3,9.

Composition, d'après Klaproth :

Silice	18
Alumine	71
Chaux	6
Oxide de fer	1,5
	96,5

M. Beudant y regarde la chaux comme accidentelle.

IVe ESPÈCE.

COLLYRITE.

Ce minéral a l'aspect de la gomme, il est ou mamelonné, ou décomposé, ou terreux; sa cassure a un éclat résino-vitreux; exposé à l'air, il se décompose : il en est de même si on l'expose à l'action du calorique, il ne tarde pas à se réduire en poudre.

Composition :	Silice	13,14
	Alumine	42,46
	Eau	44,40
		100,00

Ve ESPÈCE.

NEPHELINE, FELD-SPATH RHOMBOIDAL.

Se trouve près de Naples, à *Monte somma*, en cavités drusiques, avec la ceylanite, la vésuvienne et le melonite, dans du calcaire granulaire. Elle est en masse et cristallisée en prismes équiangles parfaits à six pans, ou bien ayant les plans terminaux tronqués. Couleur blanche, éclat vitreux, clivage quadruple, transparent et translucide, cassure conchoïde, aussi dur que le feld-spath. Poids spécifique de 2,6 à 2,7.

Composition :	Silice	46
	Alumine	49
	Chaux	2
	Oxide de fer	1
		98

VIe ESPÈCE.

PIERRE DE PERLE, PERLSTEIN.

Elle existe en lits d'une grande étendue dans de l'argile porphyrique, près de Tokai en Hongrie, ainsi qu'en Irlande; elle est en masse, en vésicules, ou bien en concrétions grossières, au milieu desquelles on trouve des sphères d'obsidienne. Couleur la plus ordinaire grise, éclat brillant, translucide sur les bords, tendre très-frangible, et d'un poids spécifique de 2,24 à 2,34.

VIIe ESPÈCE.

PIERRE DE POIX.

On la trouve en diverses parties de l'Allemagne, en Saxe, en Sibérie et en France. Elle est en filons traversant le granit; couleur verte, éclat vitro-résineux, cassure conchoïde, cassante demi-dure, frangible, un peu translucide sur les bords, fusible au chalumeau. Poids spécifique, 2,2 à 2,3.

Composition, d'après Klaproth :

Silice	73
Alumine	14,05
Oxide de fer	1
Chaux	1
Soude	1,75
Oxide de manganèse	0,1
Eau	8,5
	99,40

VIIIe ESPÈCE.

PUMICE.

Ce minéral offre trois principales variétés que nous allons examiner :

1°. *Pumice vitreuse.* Se trouve en couche dans les îles de Lipari. Couleur gris de fumée, gris de cendre, gris jaune clair, petit éclat nacré, cassure fibreuse, translucide, très-cassante, rude au toucher. Poids spécifique de 0,378 à 1,44 : les premières surnagent l'eau.

2°. *Pumice commune.* Même gisement de la précédente, couleur blanchâtre, vésiculaire, éclat nacré, translucide sur les bords, très-cassante, rude au toucher. Poids spécifique, de 0,752 à 0,914.

Composition, d'après Klaproth :

Silice	77,5
Alumine	17,5
Soude et potasse	3
Fer et manganèse	1,75
	99,75

3° *Pumice porphyrique.* Sur les bords du Rhin, à

Tokai, en Hongrie, etc.; couleur blanc grisâtre, très-poreuse, éclat nacré; poids spécifique, 1,661. Elle est mêlée avec des cristaux de feld-spath, de mica et de quartz.

IXe ESPÈCE.

PINITE, MICARELLE DE KIRWAN.

Trouvée d'abord à Pini, en Saxe, et depuis en plusieurs autres lieux. Elle est en masse, en concrétions lamelleuses, et plus souvent cristallisée en prismes équiangles à six pans, etc. Elle est opaque, tendre, se laissant facilement couper, non élastique, frangible, toucher un peu gras, cassure inégale à grains fins. Poids spécifique, 2,95.

Composition, d'après Klaproth :

Silice	29,5
Alumine	63,75
Oxide de fer	6,75
	100,00

M. Beudant a décrit cette espèce sous le nom de *pinite de Saxe*; il en a cité une autre qui est opaque, tendre, compacte et feuilletée, fusible, cristaux dérivant d'un prisme rectangulaire, et d'un poids spécifique de 2,98. Kirwan indique ce même poids pour le précédent. M. Beudant donne, pour sa composition, sans citer le nom du chimiste qui l'a analysée :

Silice	65
Alumine	35
	100

M. Gillet de Laumont fils a trouvé, dans celle d'Auvergne, 0,89 de tritoxide de fer. Tout porte à croire que ces minéraux sont des variétés de la même espèce.

Xe ESPÈCE.

TRICLOSITE, FAHLUNITE TENDRE.

A Fahlun, en Suède, dans des roches schisteuses, micacées ou talqueuses; couleur brunâtre, tendre, cristaux prismatiques rhomboïdaux obliques de 109° 30′ et 70° 30′. Poids spécifique, 2,6.

Composition, d'après Hisinger :

Silice	46,79
Alumine	26,73
Oxide de fer	5,01
Magnésie	2,97
Oxide de manganèse	0,43
Eau	13,50
	95,43

B. *Silicates doubles.*

XIe ESPÈCE.

AMPHIGÈNE DE HAUY.

Leucite, vésuvian de Kirwan, grenat blanc du Vésuve, zéolite, dodécaèdre de Jameson.

Existe plus particulièrement en Italie, à Albano, Frascati, dans les environs du Vésuve, dans des laves, des roches de trapp, etc. Elle est ordinairement en grains arrondis, ou cristallisée en pyramides doubles aiguës, à huit faces. La forme primitive de ces cristaux est le cube ou le dodécaèdre rhomboïdal. Couleur blanche, parois d'un blanc grisâtre ou jaunâtre et rarement rougeâtre, translucide, réfraction simple, clivage imparfait, cassante ; elle raie difficilement le verre. Poids spécifique de 2,37 à 2,49.

Composition, d'après M. Vauquelin.

Silice	56
Alumine	20
Potasse	20
Chaux	2
Perte	2
	100

M. Beudant donne pour sa composition 65 bi-silicate d'alumine et 35 bi-silicate de potasse. Nous sommes portés à croire que la potasse existe à nu dans ce minéral, puisque M. Vauquelin a reconnu (*Journal des Mines*, n° 39) que sa poudre verdissait le sirop de violettes.

XIIe ESPÈCE.

ANALCIME, CUBIZITE DE WERNER.

Zéolite cubique.

Découverte par Dolomieu près de Catane, dans les îles Cyclopes, elle se trouve aussi dans le Hartz, en Bohême, dans les îles de Ferroc, etc., dans le granit, le gneiss, le basalte, les laves et les trapps. Elle offre des variétés de couleur qui sont : le blanc, le gris et le rougeâtre; elle est opaque, translucide ou transparente; elle est le plus souvent en cristaux agglomérés ou cubiques, ayant leurs angles solides remplacés par trois facettes triangulaires, éclat vitro-nacré, cassure conchoïdale aplatie, clivage triple, raie difficilement le verre, légèrement électrique par le frottement. Poids spécifique, de 2,54.

Composition :	Silice	58
	Alumine	18
	Soude	10
	Chaux	2
	Eau	3,5
	Perte	3,5
		100,0

XIIIe ESPÈCE.

ANDALOUSITE.

Trouvée pour la première fois dans l'Andalousie, en Espagne, et depuis dans du schiste micacé à Douce-Montain, comté de Wicklow, à Dartmoor, dans l'île de Unst, etc. Il est en masse ou cristallisé en prismes rectangulaires à quatre pans, s'approchant du rhomboïde; la structure des prismes est lamelleuse, et les jointures sont parallèles aux faces; couleur rouge de chair ou rouge rosé, translucide, cassante; elle raie le quartz, est infusible au chalumeau. Poids spécifique, 3,165.

Composition, d'après M. Vauquelin :

Alumine	52
Silice	32
Potasse	8
Oxide de fer	2
Perte	6
	100

XIVᵉ ESPÈCE.

ANTHOPHYLLITE.

A Kœnigsberg, en Norwège, dans le Groënland et dans des roches de micashiste et de quartz, en masse ou cristallisé en prismes aplatis à six pans striés dans leur longueur ; couleur brunâtre, éclat nacré, cristaux transparens, en masse translucide sur les bords, très-cassant, ne raie pas le verre. Poids spécifique, 3,2.

Composition, suivant le docteur Ure :

Silice	56,00
Alumine	13,12
Magnésie	14,00
Oxide de fer	06,08
— de manganèse	03,00
Chaux	03,33
Eau	01,43
Perte	02,94
	100,00

XVᵉ ESPÈCE

AXINITHE DE HAUY, YANOLITHE DE LAMÉTHERIE.

Pierre de Thum, ou le Thumerstein de Werner, Schorl violet.

Trouvée pour la première fois dans le Dauphiné, et depuis en Saxe, près de Thum, dans le Cornouailles, etc., en masse et le plus souvent cristallisée en cristaux qui ressemblent à un fer de hache par la forme et le tranchant de leurs bords, et qui sont des parallélipipèdes rhomboïdaux comprimés, dont deux des bords opposés manquent et sont remplacés chacun par une facette. Couleur violette, translucide, très-éclatante, électrique par la chaleur, dure, frangible. Poids spécifique, 3,21 à 3,25.

Composition, d'après M. Vauquelin :

Silice	44
Alumine	18
Chaux	19
Oxide de fer	14
— de manganèse	04
	99

XVIe ESPÈCE.

BILOSTEIN, AGALMATOLITE, PAGODITE, STÉATITE PAGODITE DE M. BRONGNIART.

Se trouve à Naygag, en Transylvanie, dans la Chine, dans le pays de Galles, etc., en masse et parfois d'une structure schisthoïde. Couleur grise, brune, rouge de chair, et quelquefois tachetée ou avec des veines bleues, douce au toucher, translucide sur les bords, se laissant rayer par l'ongle. Poids spécifique, 2,6 à 2,8.

Composition,

	Selon M. Vauquelin :	Selon M. Klaproth :
Silice	56	54,05
Alumine	29	34,00
Potasse	07	06,25
Chaux	01	00,00
Oxide de fer	01	00,75
Eau	05	04,00
	99	99,05

On la taille en magots, en Chine, pour les pagodes.

XVIIe ESPÈCE.

CARPHOLITE.

Jaune de paille ou blanche, fibreuse, à fibres divergentes, ou bien compacte. Poids spécifique, 2,93.

Composition, d'après M. Stromeyer :

Silice	36,16
Alumine	28,67
Oxide de manganèse	19,16
— de fer	02,29
Chaux	00,27
Acide fluorique	01,47
Eau	10,78
	98,80

XVIIIe ESPÈCE.

CHABASIE.

Existe dans la carrière d'Alteberg, près Oberstein, dans les fentes de quelques roches de trapp, presque toujours cristallisée ; sa forme primitive est le rhomboïde, différant très-peu du cube. On la trouve aussi sous cette forme, ainsi qu'en pyramides à six faces, appliquées base à base et les angles diversement modifiés ; couleur blanche, ou blanc rosé ; elle est quelquefois transparente, raie le verre, se fond au chalumeau en une masse blanche spongieuse. Poids spécifique, 2,72.

Composition :	Silice	52
	Alumine	19
	Chaux	10
	Eau	19
		100

Le docteur Ure y admet : soude et potasse, 9,34.

XIXe ESPÈCE.

CORDIÉRITE, OU DICRHOITE, IOLITE, PELIOM.

Se trouve en Bavière, en Espagne et dans des roches de micaschiste, en place ou dans des fragmens de ces roches recouverts de débris ignés ; elle est en petits nids vitreux et quelquefois cristallisée en prismes à six ou à douze pans, modifiés parfois sur les arêtes des bases ; sa couleur la plus ordinaire est violâtre. Poids spécifique, 2,56.

Composition :	Silice	52
	Alumine	37
	Magnésie	11
		100

Variétés. Fahlunite dure. Nous croyons qu'elle est une variété de la cordiérite, par l'analyse, du moins elle en diffère fort peu. M. Stromeyer l'a trouvée composée de

Silice	50,14
Alumine	32,42
Magnésie	10,84
Oxide de fer	4
— de manganèse	0,68
	98,08

XXe ESPÈCE.

DIPYRE, SCHMELZSTEIN DE WERNER.

Découvert, à Mauléon, dans les Pyrénées, engagé en masses fasciculaires, ou bien en petits cristaux prismatiques, dans une roche de stéatite; couleur blanc grisâtre, ou blanc rougeâtre; ses cristaux raient le verre; éclat vitreux, frangible. Poids spécifique, 2,63.

Composition, d'après M. Vauquelin :

Silice	60
Alumine	24
Chaux	10
Eau	2
	96

XXIe ESPÈCE.

ÉLÉOLITE, PIERRE GRASSE, LITHRODE FELSTEIN DE WERNER.

En masse et en concrétions granulaires; couleur brun tirant sur le vert, rouge de chair tournant au gris ou au brun, éclat résineux, translucide, cassure imparfaitement conchoïde, frangible, forme une espèce de gelée avec les acides. Poids spécifique, 2,6.

Composition, d'après Klaproth :

Silice	46,5
Alumine	30,25
Potasse	18
Oxide de fer	1
Chaux	0,75
Eau	2
	98,50

Variétés. Dans la même roche, on en trouve une variété bleue et une rouge qu'on nomme *zicnit-zircon ;* la première est opalescente, comme l'*œil de chat*, on la taille en bijoux. La *gabronite* a beaucoup d'analogie avec l'éléolite.

XXIIe ESPÈCE.

ÉMERAUDES.

Smaragdus des anciens, *Smaragd* des Allemands.

On ne doit ni comprendre ni ranger dans la même classe l'*émeraude du Brésil*, — l'*orientale*, — la *fausse*, — la *primitive*, — celle de *Carthagène*, — celle de *Morillon*, — l'*aigue-marine orientale*, — le *béryl bleu*, etc.

Quoique cette pierre précieuse nous vienne principalement du Pérou, on la trouve aussi en Egypte, dans le granit de l'île d'Elbe, en France, dans des dépôts de granit graphite, à Chanteloube, dans le Limousin, à Marmagne, à Nantes, ainsi qu'en Suède, en Sibérie, etc. Les plus belles sont celles du Pérou ; après le rubis, c'est la gemme la plus estimée.

La belle émeraude est d'un vert *sui generis*, plus ou moins foncé ; elle est presque toujours cristallisée en petits prismes hexaèdres simples ou modifiés de diverses manières ; elle est éclatante, transparente, presque aussi dure que la topaze, médiocre réfraction double, se colore en bleu quand on la chauffe modérément, et reprend sa couleur par le refroidissement ; à une haute température, elle donne un verre blanc vésiculaire. Poids spécifique, 2,6 à 2,77.

Composition. M. Thénard regarde l'émeraude comme un composé de 52° de silicate d'alumine ou de 48 de silicate de glucine. Ce silicate d'alumine est formé de 65 de silice et de 35 d'alumine, et le silicate de glucine de 71 de silice et de 29 de glucine. D'après cela, l'émeraude est formée de

Silice	68
Alumine	18
Glucine	14
	100

Les lapidaires en comptent plusieurs variétés ; les voici :

1°. ÉMERAUDE VERTE.

Émeraude noble, ou émeraude du Pérou des lapidaires.

C'est la plus belle et la plus estimée de toutes; elle provient de la vallée de *Tunca*, au Pérou. Elle est d'un beau vert de pré velouté pur, qu'on chercherait en vain dans les autres pierres précieuses; sa couleur est due à l'oxide de chrôme; elle est composée de

Silice	64,5
Alumine	16
Glucine	13
Chaux	1,6
Oxide de chrôme	3,2
Eau	2

2°. ÉMERAUDE VERT PALE.

Aigue-marine des lapidaires.

D'après M. Brongniart, se trouve en Daourie, dans les monts *Altaï*, en *Sibérie*, au *Brésil*, au *Mont-Ural*, etc. Vert pâle ou tendre ; on y rencontre souvent des jardinages et des glaces qui en diminuent la valeur; celle de Sibérie est composée de

Silice	68
Alumine	15
Glucine	14
Chaux	2
Fer	1

Dans celle-ci, l'oxide de fer est le principe colorant, tandis que c'est celui de chrôme dans celle du Pérou.

3°. ÉMERAUDE VERT BLEUATRE.

Béryl des lapidaires.

4°. ÉMERAUDE JAUNE DE MIEL.

Émeraude miellée des lapidaires.

Elle se trouve en Sibérie, où elle est connue sous le nom de *chrysolite*; elle est d'un jaune qui n'est pas pur; peu estimée.

5°. ÉMERAUDE CHATOYANTE.

Elle ne diffère en rien par sa couleur de celle du Pérou; mais sa transparence se trouve altérée par un grand nombre de petites facettes parallèles qui font naître un reflet chatoyant. Elle provient de la haute Egypte, du mont Zabara.

Vu leur peu de dureté, les émeraudes sont faciles à tailler. On les taille en degrés; elles sont fort estimées en parure, surtout la noble, ou du Pérou, avec un entourage de diamans.

Le prix des émeraudes n'est très-élevé que lorsque leur teinte est très-belle, qu'elle est veloutée et sans défaut.

Une belle émeraude de 4 grains vaut de 100 à 120 fr.
Une de 2 carats, ... 240
Une de 15 grains, d'une belle teinte veloutée, 1500
Une de 24 grains. 2400
(Vente du cabinet de M. Drée.)

En général, les émeraudes se vendent au carat, dans le prix de 50 centimes à 100 francs.

XXIII° ESPÈCE.

ÉPIDOTE DE HAUY.

Delphinite de Saussure, *thallithe de* Lamétherie, *arendate de* Dendrada, *pitascite de* Werner, *akanticone de Norwège.*

Se trouve en lits et filons primitifs, accompagnant l'augite, le grenat, le horn-blende, le spath calcaire, les pyrites cuivreuses, la siénite secondaire, le schiste argileux, etc., en Ecosse, en Bavière, en France, en Norwège, etc. Elle est en masse, en concrétions grenues ou fibreuses, et en cristaux divers qui dérivent d'un prisme rhomboïdal dont les angles sont de 114° 37', et 63° 23'. Couleur vert pistache ou le vert plus ou moins foncé, éclatante, translucide, cassante, double clivage, cassure conchoïde, plus dure que le feld-spath et moins que le quartz. Poids spécifique, de 3,39 à 3,45.

Composition :		Épidote du Dauphiné, ou thallite (1).
Silice	37	41,96
Alumine	21	29,96
Chaux	15	12,63
Oxide de fer	24	15,45
— de manganèse	1,5	
Eau	1,5	
	100,0	100,00

SOUS-ESPÈCE.

ÉPIDOTE CALCAIRE, ZOISITE DE WERNER.

On en connaît deux variétés.

1°. La *zoïzite commune* se trouve en Carinthie, dans un lit de quartz, accompagnée de l'augite, de la cyanite et du grenat. Dans d'autres localités, elle est engagée dans une roche grenue, composée de quartz et de mica ; elle est d'un gris jaunâtre, en masse, en concrétions grenues et prismatiques, ou bien en prismes tétraèdres très-obliques, dans lesquels les bords latéraux obtus sont souvent arrondis. Eclat résino-nacré, un peu translucide, clivage double, très-frangible, cassure inégale à petits grains. Poids spécifique, 3,3.

2°. *Zoïsite friable*. En Carinthie, engagée dans du talc vert, en masse et en concrétions grenues agrégées, n'ayant qu'une très-faible cohésion. Couleur blanc rougeâtre tachetée de rouge pâle, très-peu éclatante, cassante, translucide sur les bords, cassure entre la terreuse et la esquilleuse. Poids spécifique, 3,3.

(1) M. Beudant a décrit cette variété sous le nom d'*épidote calcaréo ferrugineux*, mais comme l'épidote contient encore plus de fer, nous avons cru devoir placer celle du Dauphiné comme une simple variété.

Composition, d'après Klaproth :

	Zoïsite commune.	Zoïsite friable.
Silice	43	44
Alumine	29	32
Chaux	21	20
Oxide de fer	3	2,5
	96	98,5

Variétés de l'épidote. *Arenacée.* — *Bacillaire.* — *Compacte.* — *Cylindroïque.* — *Granulaire.* — *Fibro-soyeuse* (abeste ou amianthe d'épidote). — *Couleurs diverses.*

XXIV° ESPÈCE.

EUCLASE DE HAUY.

Existe au Brésil et au Pérou, d'où elle fut portée par Dombey. On ne l'a encore trouvée qu'en cristaux dont la forme primitive est le prisme droit à bases rectangles : le plus souvent elle est en prismes à quatre faces obliques, striés en longueur et à bords diversement tronqués. Couleur verte de diverses nuances et quelquefois bleu de ciel, clivage et réfraction doubles, frangible, raie le quartz, éclat vitreux, cassure un peu conchoïde. Poids spécifique de 2,9 à 3,3.

L'euclase est électrique par le frottement ; elle est frangible, d'un éclat vitreux, à cassure conchoïde, raie le quartz ; exposée au chalumeau, elle perd sa transparence et se fond en un émail blanc.

Composition, d'après M. Vauquelin :

Silice	36
Alumine	23
Glucine	15
Oxide de fer	5
Perte	21
	100

XXV° ESPÈCE.

FELD-SPATH.

Après le carbonate calcaire, le feld-spath est un des minéraux le plus abondamment répandus dans la nature : il est la principale partie constituante du granit et du gneiss, de la siénite, de certains porphyres et d'un grand nombre de roches primitives et de transition. On le trouve souvent cristallisé. La forme primitive de ses cristaux est un parallélipipède obliqu'angle irrégulier, et la plus ordinaire sous laquelle il existe dans la nature est le prisme hexaèdre ou décaèdre terminé par des sommets irréguliers. Les plus beaux cristaux se trouvent en Suisse, en France, dans la Sibérie. On connaît un grand nombre de sous-espèces de feld-spath. Le *feld-spath commun* est employé sous le nom de *petunzé* pour la porcelaine de Chine : il est blanc, rougeâtre gris, vert, bleuâtre, etc. Les variétés vertes sont nommées *feld-spath avanturiné*, quand elles sont tachetées de blanc ; celle qui est verte, et qui provient de l'Amérique méridionale, est appelée *pierre des Amazones*.

Le feld-spath commun a un clivage triple, éclat plus nacré que vitreux, translucide sur les bords, moins dur que le quartz, frangible, cassure inégale ; il donne au chalumeau, et sans addition, un verre gris demi-transparent. Poids spécifique, 2,57.

Composition :

	Feld-spath vert de Sibérie.	Feld-spath rouge de chair.	Feld-spath de Passau.
Silice	62,83	66,75	60,25
Alumine	17,02	17,50	22
Chaux	3,00	1,25	0,75
Potasse	13,00	12,00	14,00
Oxide de fer	1,00	0,75	1,00
	96,85	98,25	98,00
	Vauquelin.	Rose.	Bucholz.

M. Beudant a divisé ces diverses variétés en *feld-spath de chaux, de potasse* et *de soude*.

1

1re SOUS-ESPÈCE.

FELD-SPATH DE CHAUX, INDIANITE.

Il est une des parties constituantes de plusieurs variétés de feld-spath, principalement des compactes. Il est accompagné de feld-spath de potasse et de soude.

Composition :	Silice	70,50
	Alumine	19
	Chaux	10,50
		100,00

FELD-SPATH COMPACTE.

En lits et en filons dans le Hartz, en Saxe, en Écosse, en Suède, etc., dans les masses montagneuses. Il est blanc, gris, vert ou rouge, en masse, disséminé, et en cristaux prismatiques rectangulaires à quatre faces, translucide sur les bords, frangible, peu éclatant, cassure esquilleuse et unie. Poids spécifique, 2,69.

Composition, d'après Klaproth :

Silice	51,
Alumine	30,05
Chaux	11,25
Soude	4
Oxide de fer	1,75
Eau	1,26
	99,31

IIe SOUS-ESPÈCE.

FELD-SPATH DE POTASSE.

Adulaire, pierre de lune des lapidaires.

En filons, ou bien en cavités drusiques, dans le granit et le gneiss en Allemagne, en Ecosse, en France, en Norwège, en Suisse, dans le Groënland, les Etats-Unis, etc. Les plus beaux cristaux qu'on ait trouvés sont dans la montagne de Stella, qui est une ramification du Saint-Gothard. Couleur blanc verdâtre, irisée; en lames minces, elle est d'un rouge de chair pâle, par lumière transmise. Elle est en masse ou cristallisée en prismes obliques à quatre pans, en prismes rectangulaires larges, en tables à six faces, etc. Très-éclatante, éclat entre le nacré et le vitreux, clivage triple, réfraction double, frangible, cassure imparfaitement conchoïde, donne au chalumeau un verre transparent blanc. Poids spécifique, 2,5.

Composition, d'après M. Vauquelin :

Alumine	20
Silice	64
Potasse	14
Chaux	2
	100

IIIe SOUS-ESPÈCE.

FELD-SPATH VITREUX.

Engagé dans le porphyre pierre de poix, en Ecosse, dans les îles d'Arram et de Rum : il est blanc grisâtre, cristallisé en larges prismes rectangulaires à quatre faces, avec bisellement aux extrémités ; éclat du verre, clivage triple, transparent, cassure inégale, au chalumeau verre gris demi-transparent. Poids spécifique, 2,57.

Composition, suivant Klaproth :

Silice	68
Alumine	15
Potasse	15,5
Oxide de fer	0,5
	99,0

A cette sous-espèce appartiennent presque tous les feld-spath du granit.

IVe SOUS-ESPÈCE.

FELD-SPATH DE SOUDE.

Albite.

Poids spécifique, 2,60.

Composition :	Silice	70
	Alumine	19
	Soude	11
		100

C'est dans cette sous-espèce que doivent être placés les cristaux de *feld-spath* qu'on recueille dans les fissures des granits du Dauphiné et des Pyrénées.

Variétés de l'espèce.

Globulaire, — *lamellaire*, *laminaire*, *palmé*, *nacré*, *chatoyant*, *irisé*, — *vitreux*, *lithoïde*, — *décomposé*, *terreux* (kaolin). *Couleurs diverses et cristallisations modifiées*, etc.

APPENDICE.

M. Beudant a placé à la suite les espèces suivantes :

Bazalte. Répandu sur toute la surface du globe, mais aucun lieu n'en offre un aussi grand nombre de variétés que l'Écosse. Il est en grandes masses, amorphes, en colonnes (1), et en concrétions globuleuses. Couleur noire, grisâtre, gris de cendre, mat, texture grenue, cassure inégale et conchoïde, opaque, se fondant en un verre noir ; poids spécifique, 3.

Composition : on a fait un grand nombre d'analyses de basalte ; nous allons en exposer les principales.

(1) Dans diverses localités, on trouve des colonnes naturelles de basalte d'une très-grande hauteur et d'une grande épaisseur ; celles de Fairhead ont 250 pieds de haut, et forment, par leur immensité et leur régularité, un des plus étonnans spectacles de la nature. *Voy.* Andrew Ure, *dict. chim.*

	Basalte terme moyen de divers échantillons.	Basalte ordinaire.	Basalte amorphe ferrilite de Kirwan.	Basalte de Staffa.	Basalte prismatique de Hasenberg.
Silice	52	46	47,5	48	44,05
Alumine	15	30	32,5	16	16,75
Carbonate de chaux	8	10 chaux	»	9 chaux	9,05 chaux
Fer	28	1	20 acidulé	20 oxidé	20 oxidé
Magnésie	»	6	»	»	2,25
Soude	»	»	»	4	2,60
Acide hydro-chlorique	»	»	»	1	»
Eau et matière volatiles	»	»	»	»	5
Oxide de manganèse	»	»	»	»	0,12
	Bergmann.	Faujas-Saint-Fond.	Dr. withering.	Kennedy.	Klaproth.

Quelques auteurs prétendent que le basalte d'Allemagne est un dépôt des eaux, tandis que celui de France est d'origine volcanique.

Grünstein, fusible, et couleur verte, qu'elle doit à l'amphibole.

Obsidienne. 1°. La variété translucide se trouve en Islande et à Tokai, en lits dans du porphyre et dans des roches de trap secondaire; couleur noir de velours, translucide en entier ou sur les bords seulement, dure, très-cassante, cassure conchoïde, frangible. Poids spécifique, 2,37.

2°. L'*obsidienne transparente* se trouve également dans du porphyre en Sibérie, au Mexique, etc.; noir bleu, en masse ou en grain brun, très-éclatante, dure, cassante, transparente, cassure conchoïde. Poids spécifique, 2,36.

Composition :

	Obs. translucide.	Obs. transparente.
Silice	78	81
Alumine	10	9,5
Potasse	6	2,7
Soude	1,6	4,5
Chaux	1	0,33
Oxide de fer	1	0,60
	97,6	98,63
	Vauquelin.	Klaproth.

Perlite, *retinite*, substances vitreuses qui ont beaucoup d'analogie avec l'obsidienne.

Ponce, légère, très-poreuse, gris plus ou moins foncé, de nature vitreuse, pores alongés, structure fibreuse. *Variétés*, — *éclat nacré*, — *arenacée*, — *broyée*, et réunie en masse (espèce de tripoli.) *Décomposée*, elle est terreuse et se rapproche du *kaolin*.

XXVIe ESPÈCE.

GRENAT.

Werner a divisé les grenats en *précieux et communs*; Jameson en trois espèces : le grenat *pyramidal*, le *dodécaèdre* et le prismatique. M. Beudant en a fait quatre sous-espèces : le grenat de *fer*, de *manganèse*, de *chaux* et de *fer et chaux* ; nous allons suivre cette division.

1re SOUS-ESPÈCE.

GRENAT DE FER.

Almandin, grenat précieux, noble, oriental ou syrien, pyrope.

Ce grenat se rencontre dans des roches et dans des couches métallifères primitives en Allemagne, en Ecosse, en France, dans la Laponie, la Saxe, la Suède, etc. ; les plus recherchés sont ceux du Pégu. Il est quelquefois en masse, parfois disséminé, mais le plus souvent en grains arrondis et cristallisés, soit en dodécaèdres rhomboïdaux (forme primitive), soit en dodécaèdres tronqués sur tous les bords, soit en une pyramide tétraèdre rectangulaire, ou bien en une double pyramide aiguë à huit pans et à surface lisse. Couleur rouge foncé, tirant quelquefois sur le bleu ; à l'extérieur, peu éclatant, et beaucoup à l'intérieur, translucide ou transparent, réfraction simple, raie le quartz, cassant, cassure conchoïde. Poids spécifique, de 3,8 à 42.

Composition d'après Thénard :

Silicate d'alumine	39	Silice	38
——— de fer	61	Alumine	20
		Oxide de fer	42
	100		100

Cette analyse, à 1,80 d'oxide de manganèse près, est analogue à celle qu'en a donné Berzélius. On taille le grenat pour en faire des bagues, etc.

VARIÉTÉS.

Grenat rouge coquelicot.

Cette variété est également connue sous le nom de *grenat de Bohême, grenat pyrope, hyacinthe la belle, escarboucle des lapidaires, amélithysonites de Pline* ; rouge sanguin très-vif ; presque aussi dur que le précédent : moins estimé ; on le taille ordinairement en cabochon : sa couleur paraît alors plus vive et plus uniforme.

Grenat cramoisi.

On le nomme aussi *grenat vermeil* ou *la vermeille.* Belle couleur cramoisi, plus ou moins forte, tirant parfois sur le vineux; assez éclatant et assez estimé. Ce grenat paraît être le *rubis des Carthaginois.*

Grenat orangé.

C'est le grenat hyacinthe des lapidaires : cette variété est fort chère quand elle a une teinte cannelée d'un beau velouté et que les pierres sont parfaites.

La composition de ces trois variétés diffère un peu de celle du grenat précieux.

IIe SOUS-ESPÈCE.

GRENAT DE MANGANÈSE.

Couleur brune. Composition :

Silicate d'alumine	35	Silice	38
—— de manganèse	61	Alumine	20
		Bi-ox. mang.	42
	100		100

IIIe SOUS-ESPÈCE.

GRENAT DE CHAUX, GRENAT COMMUN, GROSSULAIRE.

On le rencontre en masse ou bien disséminé dans des cavités drusiques, ainsi qu'en couches dans les schistes micacés, argileux, chlorite, et dans le trap primitif, en Irlande, en France, en Norwège, etc. Il est quelquefois en cristaux analogues à ceux sous lesquels se présente le grenat précieux. Ses couleurs sont le brun, le vert ou le rougeâtre, plus ou moins translucide, plus ou moins éclatant, cassure inégale à grains fins, moins dur et plus fusible que le grenat noble. Poids spécifique, de 3,35 à 3,7.

Composition :	Silice	38	41
	Alumine	20,6	22
	Chaux	31,6	37
	Oxide de fer	10,5	
		100,7	100
		Vauquelin.	Beudant (1).

(1) Nous ignorons d'après quelle analyse.

IVe SOUS-ESPÈCE.

GRENAT MÉLANITE.

Dans le basalte de Bohême, à Frascati, etc., couleur noir de velours ; il est quelquefois en grains arrondis, mais le plus souvent en dodécaèdres rhomboïdaux tronqués sur les bords ; la surface de ces grains est inégale, celle des cristaux est éclatante, opaque, aussi dure que le quartz, cassure imparfaitement conchoïde. Poids spécifique, 3,73.

Composition :	Silice	35,5
	Alumine	6
	Chaux	32,5
	Oxide de fer	25,25
	— de manganèse	0,4
		99,65

Les grenats à belles teintes sont montés en bijoux ; on en écarte les autres, ainsi que les brunâtres, les noirs et les verts ; on les taille en perles et en cabochon ; il n'y a guère que les grenats d'un beau violet velouté, tels que les grenats syriens, qui soient d'un prix élevé. Un grenat de cette espèce de forme octogone, de huit lignes et demie sur 6/12, fut vendu chez M. Drée 3,550 francs ; un grenat rouge de feu, de Ceylan, ovale de onze lignes sur sept, fut vendu 1,003 fr.

XXVIIe ESPÈCE.

HERMATOME D'HAUY.

Andréolite de Lamétherie, *hyacinthe blanche cruciforme de* Romé de Lisle, *ercinite, pierre cruciforme, et même storolite de* quelques minéralogistes.

Se trouve en Écosse, à Strontian, au Hartz, à Andréasberg, etc., dans des filons, ou bien tapissant la partie interne des géoles d'agate d'Orbestein. La forme primitive de ces cristaux est l'octaèdre à triangles isocèles ; les secondaires sont des prismes tétraèdres comprimés, terminés par des pyramides tétraèdres et comprimées, les deux prismes se croisant à angles droits, et le plan de l'intersection traversant en long les prismes dont les faces latérales se trouvent striées dans leur longueur, couleur blanc grisâtre, éclat entre le vitreux et le nacré, raie le verre, frangible. Poids spécifique de 2,3 à 2,361.

Composition, selon Klaproth :

Silice	49
Alumine	16
Barite	18
Eau	15
Perte	2
	100

XXVIIIe ESPÈCE.

HAÜYNE.

Lathialite, saphirine.

Existe, engagée en grains, dans les roches basaltiques d'Albano et de Frascati ; elle est parfois en pyramides tétraèdres doubles, obliques, aiguës, diversement tronquées ou en dodécaèdres rhomboïdaux. Couleur bleu de diverses nuances, éclat plus ou moins brillant, clivage quintuple, translucide et transparente, cassante et à cassure imparfaitement conchoïde, frangible, elle donne une gelée transparente avec les acides. Poids spécifique, de 2,7 à 3,33.

Composition :

D'après Vauquelin.		D'après Gmelin.
Silice	30	35,48
Alumine	15	18,87
Chaux	13,5	11,79
Acide sulfurique	12	12,6
Potasse	11	15,45
Fer	1	1,16
Perte	17,5	4,65
	100,0	100,00

Dans ce minéral l'acide sulfurique et la chaux y sont à l'état de sulfate calcaire, qui probablement n'y est qu'accidentellement.

XXIXe ESPÈCE.

HÉLIOTROPE.

Se rencontre dans diverses localités et dans des roches appartenant à la formation secondaire de trap ; elle est en masse ou en morceaux anguleux et roulés. Ses couleurs sont les diverses nuances de vert, le rouge écarlate et le sanguin, avec des points et des taches jaunes ou rousses produites par du jaspe qui y est disséminé ; celle de Sibérie n'en a point. L'héliotrope est translucide sur les bords, éclat résineux, dure, frangible, pesante, infusible au chalumeau. Poids spécifique, 2,63.

Composition :	Silice	24
	Alumine	7,5
	Fer	5
		96,5

On en trouve diverses variétés ; la plus estimée est celle de Bucharie et de Sibérie; celle de l'île de Rum, en Ecosse, est assez belle ; on en fait des boîtes, des cachets, etc.

XXXe ESPÈCE.

HELVINE.

En Saxe, près de Schwartzenberg, en couches subordonnées au gneiss, accompagnée de spath-fluor, de spath-schisteux, et de blende brune ; elle est tantôt en petites concrétions grenues, et tantôt en petits tétraèdres simples ou modifiés sur les angles. Couleur jaune de cire, cristaux translucides, cassante, cassure inégale et à petits grains, plus tendre que le quartz, fusible en un verre brun noirâtre. Poids spécifique, de 3,2 à 3,3.

Composition, d'après M. Vogel :

Silice	39,50
Alumine	15,65
Oxide de fer	37,75
— de manganèse	3,75
Chaux	20,50
	97,15

M. Beudant pense que, pour l'exactitude de cette composition, on doit lire oxide de manganèse 57,75, et oxide de fer, 3,75.

XXXIe ESPÈCE.

HORNBLENDE, AMPHIBOLE D'HAUY.

On en compte trois variétés, la *commune*, celle du Labrador, la *schisteuse* et la *basaltique*.

1°. *Hornblende commune.* Se trouve en Angleterre et en divers lieux, en masse, disséminée et en prismes tétraèdres larges, minces, très-obliques, ou en prismes hexaèdres. Couleur noire ou noire verdâtre, éclat nacré, cassure inégale, clivage double, plus dure que l'apatite, exalant une odeur particulière quand on y souffle dessus; la variété noire et la verdâtre sont translucides sur les bords. Poids spécifique, 3,25.

Composition :	Silice	42
	Alumine	12
	Chaux	11
	Magnésie	2,25
	Oxide de fer	30
	— de manganèse	0,25
	Eau	0,75
		98,25

Ire SOUS-ESPÈCE.

HORNBLENDE DU LABRADOR.

Existe sur la côte du Labrador, dans l'île Saint-Paul. Couleur noir brun, noir vert, noir grisâtre, et rouge cuivreux; en masse et en morceaux arrondis, composée de concrétions distinctes lamellaires, opaque, dure, frangible. Poids spécifique, 3,5857.

IIe SOUS-ESPÈCE.

HORNBLENDE SCHISTEUSE.

Très-commune et en lits ou en couches dans le schiste argileux ou le gneiss, en Angleterre, en Irlande et autres localités. Couleur entre le noir verdâtre et le vert noirâtre ; elle est en masse, éclat nacré, opaque, demi-dure, râclure verdâtre , cassure schisteuse, droite, les fragmens en table.

IIIe SOUS-ESPÈCE.

HORNBLENDE BASALTIQUE.

Engagée dans les roches basaltiques et les wackes, en Angleterre, en Ecosse, dans le comté de Fife, etc., et toujours en cristaux isolés qui sont des prismes à six faces à angles inégaux, ou des prismes à six faces, l'un et l'autre avec pointemens diversifiés. Couleur noir de velours ou noir brun; éclat nacré, cassure inégale à petits grains, opaque, plus dure que les précédentes, donne un verre noir au chalumeau. Poids spécifique, 3,16.

Composition, d'après M. Laugier :

Silice	42
Alumine	7,69
Chaux	8,80
Magnésie	10,90
Oxide de fer	22,69
— de manganèse	1,15
Eau	5,77
Perte	1
	100,00

XXXIIe ESPÈCE.

IDOCRASE DE HAUY.

Hyacinthine de Lamétherie, *vésuvienne, cyprine, frugardite, laboïte, wilnite*, etc.

Près du Vésuve, parmi les matières volcaniques, dans une roche composée de hornblende, de grenat, de mica et de spath calcaire. Couleur vert olive, vert noirâtre, et parfois d'hyacinthe, variété qui a été confondue longtemps avec cette pierre. Elle est en masse ou en petits prismes tétraèdres rectangulaires, tronqués sur les bords, les surfaces latérales un peu striées, éclat entre le gris et le vitreux, cassure inégale et à petits grains, raie le verre; poids spécifique de 3 à 3,45. Sa composition est, à peu de chose près, celle des grenats, avec cette différence que, dans l'idocrase cyprine, il y a de l'oxide de cuivre, que dans celle du Vésuve, il y a beaucoup plus d'alumine, et dans celle de Frugard, de magnésie.

XXXIIIe ESPÈCE.

LAZURITE, LAPIS-LAZULI, PIERRE D'AZUR.

Les plus beaux échantillons de lapis proviennent de la Chine, de la grande Bucharie et de la Perse. On le trouve le plus souvent en masse, en morceaux épars et roulés, et quelquefois mélangé avec le feld-spath, le grenat et le sulfure de fer. Couleur d'un beau bleu d'azur, peu éclatant, raie le verre, cassant, opaque ou translucide sur les bords, fait à peine feu avec le briquet, cassure inégale, à grains fins, se décolore avec les acides puissans, et forme avec eux une gelée. Poids spécifique, 2,76 à 2,945.

Composition, d'après

	Klaproth.	Clément-Desormes.
Silice	46	34
Alumine	14,5	33
Chaux	28	
Oxide de fer	3	
Sulfate de chaux	6,5	
Soude	0	22
Eau	2	
Soufre	0	3
	100,0	92

M. Vauquelin pense que cette pierre contient de l'oxide de fer; et, comme dans l'analyse de MM. Clément et Desormes, il y a 0,08 de perte, il y a grande apparence, comme le fait observer M. Thénard, que quelque principe leur est échappé. Ce dernier chimiste cite d'autres analyses d'après lesquelles le *lapis* serait un composé de

Silice	44
Alumine	35
Soude	21
	100

Ce qui donne, pour 100, silicate d'alumine 68, et silicate de soude 32. Quelquefois la potasse entre dans la composition du lazulite au lieu de la soude. C'est de ce minéral qu'on extrait le *bleu d'outre-mer*.

OUTRE-MER FACTICE.

M. Guimer est parvenu à fabriquer de toutes pièces le *lapis*; il a tenu son procédé secret. M. Gmelin y est également parvenu de la manière suivante :

On se procure de l'hydrate de silice et d'alumine, le premier en fondant ensemble du quartz en poudre avec 4 fois autant de potasse, en dissolvant ensuite la masse dans l'eau, et précipitant la silice par l'acide hydrochlorique; le second, en précipitant une solution d'alun par l'ammoniaque. On lave les terres à l'eau bouillante, et l'on détermine la quantité de terre sèche qui reste, après avoir chauffé au rouge une certaine quantité des précipités humides. L'hydrate de silice dont il s'est servi contenait, sur 100 parties, 56 de silice, et l'hydrate d'alumine, 3,24 de terre anhydre. On dissout ensuite à chaud, dans une solution de soude caustique, autant de cet hydrate de silice qu'elle peut en dissoudre, et l'on détermine la quantité de terre dissoute. On prend alors, sur 72 parties de cette dernière (silice anydre), une quantité d'hydrate d'alumine contenant 70 parties d'alumine sèche; on l'ajoute à la dissolution de silice, et l'on évapore le tout ensemble en remuant constamment jusqu'à ce qu'il ne reste qu'une poudre humide. Cette combinaison de silice, d'alumine et de soude est la base de l'outre-mer, qui doit être teint, par du sulfure de sodium, de la manière suivante :

On met, dans un creuset de Hesse, pourvu d'un couvercle bien fermant, un mélange de 2 parties de soufre et de 1 de carbonate de soude anhydre; on chauffe jusqu'à ce qu'à la chaleur rouge moyenne la masse soit bien fondue. On projette alors ce mélange en très-petite quantité à la fois au milieu de la masse fondue. Aussitôt que l'effervescence due aux vapeurs d'eau cesse, on y ajoute une nouvelle portion. Après avoir tenu le creuset une heure au rouge modéré, on l'ôte du feu, et on laisse refroidir; il contient alors l'outre-mer, mêlé à du sulfure en excès, dont on le sépare au moyen de l'eau. S'il y a du soufre en excès, on s'en dégage par une chaleur modérée. Si toutes les parties de l'outre-mer ne sont pas également colorées, on en sépare les plus belles par le lavage, après les avoir bien pulvérisées.

XXXIVe ESPÈCE.

LAUMONITE, ZÉOLITE EFFLORESCENTE, ZÉOLITE DE BRETAGNE.

Elle appartient plus particulièrement aux anciens terrains; elle existe dans le granite alpin et le micaschite, dans les grunsteins intermédiaires, accompagnée de chlorite, de feld-spath, de phosphate calcaire, etc. Couleur blanche, fragile, se divisant en prismes rhomboïdaux d'environ 92° 30′ et 87° 30′ avec une inclinaison de la base sur l'arête aiguë d'à-peu-près 125°. Poids spécifique, 2,2.

Composition :

Bi-silicate d'alumine	63	Silice	52
—— de chaux	20	Alumine	22
Eau	17	Chaux	9
			17
	100		100

XXXVe ESPÈCE.

LÉPIDOLITE.

En Angleterre et en divers lieux, dans la pierre calcaire, en masse et en petites concrétions; couleur rouge, fleur de pêcher et parfois grise, éclat nacré, clivage simple, tendre, sectile, frangible ou peu translucide, cassure esquilleuse, à gros grains. Poids spécifique, de 2,6 à 2,8.

Composition, d'après M. Vauquelin :

Silice	54
Alumine	20
Potasse	18
Fluate de chaux	4
Oxide de manganèse	3
— de fer	1
	100

On la taille en tabatières.

XXXVIe ESPÈCE.

MÉSOTYPE.

Se trouve en Auvergne, dans le Languedoc, le Velay, le Vivarais, en Islande, en Ecosse, à l'île Bourbon, dans toutes les roches basaltiques de la Hesse ; elle existe aussi dans les amygdalytes du grès rouge, en même temps que l'*analcine*, la *chabasie*, la *stilbite*, etc. Couleur blanche, cristallisée en prismes rhomboïdaux de 91° 40' dont la hauteur et le côté sont à-peu-près comme 45 et 89. Poids spécifique, de 2 à 2,6.

Composition :

Bi-silicate d'alumine	51	Silice	49
Tri-silicate de soude	40	Alumine	26
Eau	9	Soude	16
			9
	100		100

On désigne, par les noms de *mésolyte* et de *natrolyte*, ce minéral uni à une plus ou moins grande portion de *scolézite* ; la *zéolite fibreuse* contient parties égales de cette dernière.

Variétés, — *aciculaire*, — *capillaire*, — *compacte*, — *opaque*, — *translucide*, — *transparente*, — *blanche*, — *rouge* ou *verdâtre*, *bacillaire*, — *fibreuse*, etc.

XXXVIIe ESPÈCE.

MICA.

Le mica est très-abondamment répandu dans la nature, et se présente sous les formes les plus variées ; il est une des parties constituantes de plusieurs montagnes ; il accompagne le feld-spath et le quartz dans le feld-sapth et le gneiss ; il forme quelquefois des lits peu étendus dans du granite et autres roches primitives ; il est parfois aussi en paillettes dans les schistes, le sable, etc. C'est de la Sibérie qu'on extrait la majeure partie de celui qu'on trouve dans le commerce. On y rencontre des feuilles qui ont jusqu'à trois mètres de dimension. Les caractères génériques des micas sont d'être feuilletés, se divisant aisément en feuilles minces, transparentes, brillantes, élastiques et flexibles, fusibles au chalumeau; la seule chaleur d'une bougie suffit quelquefois. La composition des micas varie à l'infini; il y a des groupes qui comptent tous la magnésie parmi leurs principes constituans, et d'autres qui n'en ont pas un atôme. La forme primitive des cristaux et de ses molécules intégrantes est un prisme droit, dont les bases sont des rhombes ayant leurs angles de 120 et de 60; il est aussi en prismes droits, dont les bases sont des rectangles, en hexaèdres réguliers, mais le plus souvent en lames ou en écailles de figure et de dimension très-variées. Les minéralogistes ont divisé le mica en *lamellaire* et *compacte*.

1°. Le *mica lamellaire* est toujours à lames distinctes continues, à surfaces sensiblement planes, de couleurs variables, depuis le blanc argenté jusqu'au verdâtre et noirâtre, passant au jaune doré, au gris de cendre, au brun, etc. Il est appelé *conchoïde*, quand ses lames sont recourbées en sphère, *laminaire*, quand il est en paillettes disséminées dans les schistes, les sables, etc.

2°. Le *mica compacte*; il se présente en masses plus ou moins compactes, quelquefois offrant encore des traces de lamelles aux parties qui se rapprochent de l'extérieur. Ses couleurs sont le rouge pêche, le jaunâtre et le verdâtre; il n'appartient qu'aux terrains les plus anciens en grandes masses; naguère on ne le connaissait en cailloux roulés qu'à Limoges; maintenant on le rencontre dans plusieurs autres localités.

M. Beudant a établi une division très-ingénieuse de micas, suivant leurs propriétés optiques, indiquant un axe, ou deux axes de double réfraction, et par conséquent, au moins deux systèmes de formes incompatibles. Nous croyons rendre un véritable service à nos lecteurs, en mettant textuellement sous leurs yeux la classification de cet habile minéralogiste.

Premier groupe. — MICAS A UN AXE.

Les lames laissent voir une croix noire, quand on les place entre deux tourmalines croisées, et qu'on regarde à travers le système, et l'approchant très-près de l'œil; indication cristalline conduisant à opter entre les deux systèmes, qu'un seul axe indique, et à prendre le prisme hexaèdre régulier droit pour forme primitive. Axe de double réfraction, répulsif dans les uns et attractif dans les autres, intensité de la double réfraction, différente dans différens échantillons. Ces deux caractères indiquent plusieurs subdivisions.

COMPOSITION.

Présence constante de la magnésie.

PRINCIPES CONSTITUANS.	Mica de Moscovie.	Mica noir de Sibérie.	Mica de Sibérie.
Silice	40	42,50	42,50
Alumine	11	11,50	16,05
Oxide de fer	8	22	4,93
Magnésie	19	9	25,97
Potasse	20	10	7,55
Acide fluorique	»	»	0,68
Analysés par MM.	VAUQUELIN.	KLAPROTH.	ROSE.

Variétés.

A. *Mica à un axe répulsif.* Cristaux en prismes hexagones réguliers droits ; en cristaux verdâtres vitreux (à la Somma) ; en cristaux noirs métalloïdes (dans les basaltes et tufs basaltiques des bords du Rhin, etc.) ; *foliacé*, en grandes feuilles noires de Sibérie : c'est celui qui a été analysé par M. Klaproth : en feuilles jaunâtres nacrées, douces au toucher : c'est celui de l'analyse de M. Vauquelin, etc.

B. *Mica à un axe attractif.* Il est cristallisé en petits prismes verdâtres un peu onctueux (en Piémont).

Deuxième groupe. — MICAS A DEUX AXES.

Lames laissant voir les indices de deux systèmes d'anneaux colorés, lorsqu'on les place à plat entre deux tourmalines, présentant des anneaux traversés par une ligne noire, lorsqu'on incline la plaque entre ces tourmalines.

Indications cristallines conduisant à choisir, dans les cinq types cristallins que les phénomènes optiques indiquent, un prisme droit rhomboïdal de 60° et 120° pour les uns, et un prisme rhomboïdal oblique pour les autres.

Axes toujours répulsifs, extrait des axes différens dans divers échantillons, ce qui annonce plusieurs subdivisions.

COMPOSITION.

Absence de magnésie.

PRINCIPES CONSTITUANS.	Mica de Zinwald.	Mica du Mexique.	Mica envoyé de Varsovie.	Mica de Moscovie.	Mica violâtre des États-Unis.	Mica de Brodbo.	Mica de Kimito.	Mica de Uto.	Lépidolite de Rosena.
Silice	46,4	54,5	49	45	48,5	46,1	46,04	47,05	49,1
Aluminé	18,5	22	26	33	33,9	31,2	36,08	37,02	35,6
Oxide de fer	20	11	6,8	4	»	8,6	4,05	3,02	»
Potasse	11,2	10	11,2	15	11,5	8,3	9,02	9,06	4,2
Lithine	»	»	»	»	»	»	»	»	3,6
Oxide de mangan.	2,4	»	»	»	1,3	1,4	0,02	0,09	»
Acide fluorique	»	»	»	»	»	1,1	0,76	0,56	3,4
Eau	»	»	» 5	»	3,3	0,9	1,94	1,39	»
Analysés par MM.	VAUQUELIN.					ROSE.			WENZ.

Tous les échantillons analysés par M. Vauquelin ont été examinés *optiquement* par M. Biot.

Il existe encore un grand nombre de variétés de micas qui se rattachent à ces grandes divisions. Nous renvoyons au Traité élémentaire de minéralogie de M. Beudant.

XXXVIIIe ESPÈCE.

PÉTALITE OU BERZELITE.

C'est dans ce minéral, trouvé par M. d'Andrada, dans la mine de Uto, en Suède, que M. Arfredson a découvert la lithine ; il ressemble à l'extérieur au quartz, mais il a un clivage double, raie le verre ; il est blanc et poudre blanche comme la neige, fond difficilement au chalumeau. Poids spécifique, de 2,42 à 2,45.

Composition :	Silice	79,212	74,17
	Alumine	17,225	17,41
	Lithine	5,761	5,51
	Chaux		0,32
	Humidité		2,17
		102,198	99,23
		Arfredson.	Gmelin.

M. Vauquelin a trouvé 0,07 de lithine dans plusieurs échantillons.

Variétés.

Lamellaire blanche, violâtre ou *rosâtre*. Dans les échantillons purs, on ne rencontre pas le manganèse, mais on le trouve dans les variétés qui ont une couleur rosâtre.

XXXIXe ESPÈCE.

PHYSALITE OU PYROPHYSALITE.

Existe en masse, et en concrétions grenues; couleur blanche verdâtre, cassure inégale, translucide sur les bords, dure et clivage comme la topaze, blanchit au chalumeau. Poids spécifique, 3,451.

Composition : Silice	34,36
Alumine	57,74
Acide fluorique	7,77
	99,87

XLe ESPÈCE.

PREHNITE.

Koupholite, straht zéolite, zéolite radiée.

Ce minéral renferme deux sous-espèces.

1°. *Prehnite lamelleuse.* Se trouve en France, dans les Alpes, dans le Tyrol, dans l'intérieur de l'Afrique méridionale ; elle est en masse, en concrétions distinctes, ou bien en tables, soit obliques à quatre côtés, soit irrégulières à six côtés, ainsi qu'en larges prismes rectangulaires à quatre pans ; elle est éclatante, translucide, cassure à grains fins et inégales, frangibles. Poids spécifique de 2,8 à 30.

2°. *Prehnite fibreuse.* En filons et en cavités dans des roches de trapp, en Angleterre, aux environs d'Edimbourg, etc. ; elle est en masse, en concrétions distinctes, ou en prismes aciculaires à quatre pans ; couleur verdâtre, translucide, éclat nacré, frangible, électrique par la chaleur. Poids spécifique 2,89.

Composition :

Prehnite	lamelleuse	fibreuse.
Silice	43,83	42,5
Alumine	30,33	28,5
Chaux	18,33	20,44
Oxide de fer	5,66	3
Eau	1,83	2
Potasse ou soude	0	0,75
	99,98	97,19
	Klaproth.	M. Laugier.

XLIe ESPÈCE.

SCAPOLITE OU WERNERITE.

Jameson divise ce minéral en quatre sous-espèces.

1°. *Scapolite rayonnée.* En Norwège, près d'Arandal, accompagnant le fer magnétique, le feld-spath, etc. ; en masse, en concrétions distinctes, ou bien en prismes rectangulaires, avec pointement ou troncature, à plans latéraux, striés profondément en longueur ; couleur grise, ou verdâtre, éclat résineux nacré, cassure inégale à petits grains, translucide, frangible. Poids spécifique de 2,5 à 2,8.

Composition, suivant M. Laugier :

Silice	45
Alumine	33
Chaux	17,6
Natron	1,5
Potasse	0,5
Fer et manganèse	1
	98,6

2°. *Scapolite lamelleuse*. En Saxe, dans du granit grenu, en masse, disséminé et en cristaux prismatiques surbaissés à huit pans, avec quatre plans comprimés à pointemens; couleur grise, noire, verdâtre; éclat vitreux, rayant le verre, cassure inégale à petits grains. Poids spécifique de la précédente.

3°. *Scapolite compacte*. Se trouve avec les autres, en longs prismes tétraèdres aciculaires qui sont quelquefois courbés; elle est rouge, peu éclatante, opaque, peu dure et frangible.

4°. *Eléolite*. M. Beudant l'a rangée comme un appendice, en annonçant qu'on pourrait peut-être la considérer comme une espèce; c'est ainsi que nous avons cru devoir la décrire.

On trouve plusieurs variétés de la scapolite, parmi lesquelles on doit ranger la *micarelle*.

XLIIe ESPÈCE.

SODALITE.

Découverte par C. Gieseke, dans le Groënland occidental, dans un lit de schiste micacé, en masse, ou bien en octaèdres réguliers et en dodécaèdres rhomboïdaux; couleur verte, éclatante, translucide, cassante, clivage double, aussi dure que le feld-spath, infusible. Poids spécifique, 2,378. Il y a des variétés qui sont compactes, limpides, opaques et blanches.

Composition, d'après Thomson et Ekeberg :

Silice	38,5	36
Alumine	27,48	32
Chaux	2,7	0
Oxide de fer	1	0,25
Soude	25,5	25
Acide hydro-chlorique	3	6,75
Matière volatile	2,1	0
Perte	1,72	0
	102,00	100,00

XLIIIe ESPÈCE.

SORDAWALITE.

Se trouve à Sordawala, en Finlande, en grandes couches dans des roches de trap. Elle est noire, passant au gris et au vert, opaque, compacte, cassure conchoïde. Poids spécifique, 2,58.

Composition, d'après M. Nordenskiold :

Silice	49,40
Alumine	13,80
Magnésie	10,67
Protoxide de fer	18,17
Acide phosphorique	2,68
Eau	4,38
	99,10

XLIVe ESPÈCE.

STAUROLIDE OU STAUROLITE

GRENATITE, GRENAT PRISMATIQUE.

Ce minéral appartient à la famille des grenats ; on le rencontre dans des schistes argileux et dans une roche micacée ; il ne cristallise que dans des formes qu'on peut réduire à un prisme de 129° 30 ; il est d'un brun rougeâtre foncé, très-éclatant, éclat vitro-résineux, opaque ou translucide, cassure inégale à petits grains, raie faiblement le quartz. Poids spécifique de 3,3 à 3,8.

Composition, d'après M. Vauquelin :

Silice	33
Alumine	44
Chaux	3,84
Oxide de fer	13
—— de manganèse	1
Perte	5,16
	100,00

XLVe ESPÈCE.

STILBITE OU BLATTÉZÉOLITE, ZÉOLITE PYRAMIDALE.

Existe en Angleterre, en Auvergne, en Bohême, en Hongrie, en Saxe, etc.; dans les cavités des roches celluleuses, dans les amygdalites du grès rouge, dans celles des dépôts basaltiques, etc. Ce minéral est le plus souvent blanc, nacré, en prismes rectangulaires plus ou moins modifiés, soluble à chaud dans les acides, et donnant lieu à une espèce de gelée. Poids spécifique, 2,5.

Composition :	Silice	58
	Alumine	16
	Chaux	9
	Eau	17
		100

Variétés.

De *couleur :* blanc, jaune, rouge, vert. — De *structure :* laminaire, lamellaire, fibreux, palmé, terreux.

XLVIe ESPÈCE.

THOMSONITE.

Ce minéral est, à proprement parler, une *méionite* ou une *wernérite* avec 0,13 d'eau de cristallisation ; il est blanc, peu dur, en cristaux prismatiques droits à bases carrées, soluble en gelée dans les acides. Poids spécifique, 2,37.

Composition :

Silicate d'alumine	60	Silice	39
——— de chaux	27	Alumine	31
Eau	13	Chaux	17
		Eau	13
	100		100.

XLVIIe ESPÈCE.

TOURMALINE.

Schorl électrique, sibérite, aphrisite, aimant de Ceylan, apyrite, daourite et lyncurium des anciens.

C'est à la tourmaline qu'appartiennent l'*émeraude du Brésil*, la tourmaline *brune de Ceylan*, la tourmaline *rouge du Brésil*, celle qui est *rouge violet* ou *sibérite*, le *peridot de Ceylan*, la tourmaline de la province de *Massachure*, les vertes et bleues de la même province.

La tourmaline se trouve, avec les roches primitives, dans du gneiss, du schiste micacé, du schiste talcqueux, à *Ava*, en *Sibérie*, dans l'île de *Ceylan*, en *Moravie*, en *Bohême*, etc. Elle se présente en concrétions prismatiques, en morceaux roulés, mais plus souvent en cristaux dont la forme primitive est un rhomboïde de 133° 26. Ses formes secondaires sont le prisme hexaèdre régulier, l'ennéaèdre et le dodécaèdre. Ce minéral a l'aspect et la cassure vitreux, plus dur que l'amphibole et moins dur que le quartz; tous les cristaux ont un poli brillant, tantôt un aspect vitreux; ils sont plus généralement transparens que translucides; mais cette transparence diffère suivant qu'on examine la tourmaline placée entre l'œil et la lumière, parallèlement ou perpendiculairement à l'axe. Dans le premier cas, elle est opaque, dans le second, transparent. Ce caractère ne se rencontre dans aucune autre pierre; il n'est pas même commun à toutes les tourmalines. Ce minéral développe, par le frottement, l'électricité vitrée; par l'action du calorique, il manifeste à une extrémité cette même électricité, et à l'autre l'électricité résineuse. Ces propriétés sont surtout bien évidentes dans les variétés brune et rouge hyacinthe; au chalumeau il donne un émail vésiculaire d'un blanc grisâtre. Poids spécifique de 3 à 3,4.

On connaît plusieurs sous-espèces de cette pierre qui reconnaissent une variété de couleur et de composition, nous allons exposer les principales.

Ire SOUS-ESPÈCE.

TOURMALINE DE SOUDE.

Rubellite, tourmaline rouge, apyre de Haüy.

Couleur rouge, presque infusible.

Composition :

	Rouge de Sibérie.	Rouge violet, noirâtre.
Silice	42	45
Alumine	40	30
Péroxide de manganèse	7	13
Soude	10	10
	99	98

IIe SOUS-ESPÈCE.

TOURMALINE DE LITHINE.

Indicolite.

Couleur rougeâtre, verdâtre, et plus souvent bleue, regardée comme infusible.

Composition :		
	Silice	45
	Alumine	49
	Lithine	6
		100

IIIe SOUS-ESPÈCE.

TOURMALINE DE POTASSE DE MAGNÉSIE.

Schorl noir.

Le schorl commun se trouve empâté dans du granit, du gneiss, etc.

Il est en masse, disséminé et cristallisé en prismes à trois, six et neuf pans, dont les latéraux sont tirés en longueur ; sa couleur la plus ordinaire est le noir de velours ; quelquefois aussi il est brun foncé ou verdâtre ; éclat plus ou moins vif, opaque, cassure conchoïde ou inégale, plus dur que le quartz, frangible, donnant au chalumeau une scorie noire ; propriétés électriques analogues à celles de la tourmaline. Poids spécifique, de 3 à 3,3.

Composition, suivant Klaproth :

Silice	36,75
Alumine	34,50
Magnésie	0,25
Oxide de fer	21
Potasse	6
Traces de manganèse	
	98,50

Il n'est aucune dénomination minéralogique qui ait été aussi générale que celle de schorl ; elle fut donnée d'abord par Cronstedt à toutes les pierres scapiformes d'une grande dureté et d'un poids spécifique de 3 à 3,4. Depuis, quoique ayant été beaucoup restreinte, elle était restée appliquée à plus de vingt espèces distinctes, telles que la *sommite* ou schorl blanc hexagonal de Ferber, l'*axinite* ou schorl violet, le *rutile*, le *schorl électrique, schorl rouge titanitique*, le *schorl bleu*, variété de l'haüne, l'*axinite*, l'*euclase*, le *béril schorliforme*, la *chorlite*, etc. Werner fut le premier qui donna une définition classique du mot *schorl* et l'appliqua à une seule espèce de minéraux. La division de M. Beudant nous a paru très-lumineuse.

Variétés de la tourmaline. Incolore (rare), ou couleurs diverses, telles que bleue, indigo, brune, jaune, noire violâtre et rouge ; — *bacillaire, capillaire, cylindroïde, fibreuse, compacte, hyaline* et *lithoïde*.

Nous allons dire un mot de quelques-unes de ces variétés.

Tourmaline vert-jaunâtre ; peridot du Ceylan ; un peu laiteuse et semble se rapprocher, en raison de cette propriété, de quelques aigues marines ; sa teinte est d'un vert-jaunâtre.

Tourmaline verte, émeraude du Brésil. Transparente ; en cristaux d'environ 4 lignes de circonférence ; couleur vert clair, analogue à celle de l'émeraude.

Tourmaline rose. Transparente et couleur rose qui tire au pourpre. Taillée, elle est souvent vendue comme rubis d'orient.

Effets particuliers de la lumière réfractée dans certaines tourmalines, par M. Haüy.

Si nous nous bornons d'abord à considérer la marche

des rayons qui pénètrent la tourmaline, abstraction faite de la double réfraction, nous trouverons que plusieurs des pierres qui lui appartiennent présentent, relativement à leur transparence, une particularité dont la cause est encore inconnue. J'ai des fragmens détachés de divers cristaux de cette espèce, surtout de ceux du Brésil, que j'ai mis sous la forme de cylindres dont la hauteur est plus petite que l'épaisseur. Parmi ces cylindres, quelques-uns sont transparens quand on dirige le rayon visuel parallèlement à l'épaisseur, et opaque quand il est parallèle à la longueur; en sorte que les rayons sont transmis dans le premier cas et absorbés dans le deuxième. Un de ces cylindres a 3 millimètres de hauteur sur 7 millimètres d'épaisseur; c'est-à-dire plus du double de la hauteur. Mais cet effet n'est pas général, et d'autres cylindres sont transparens dans les deux sens. Il résulte de ce même effet que les tourmalines qui le présentent doivent être taillées de préférence, de manière que la table soit située parallèlement à l'axe de leur forme primitive pour qu'elle s'offre à l'œil dans le sens où leur transparence a vécu.

Un autre phénomène qu'offrent certaines tourmalines et qui dépend de la double réfraction, consiste en ce que, quand on regarde une épingle par deux faces opposées sur une de ces pierres, on voit distinctement une première image de cette épingle, et, un peu en arrière de celle-ci, une deuxième image qui paraît comme une ombre, quelquefois même elle est sensiblement nulle. Le soir, à l'aide de la flamme d'une bougie, les deux images sont presque égales en intensité.

XLVIIIe ESPÈCE.

TRIPHANE OU SPODUMÈNE.

Trouvé d'abord en Sudermanie, associé avec du spath rouge et du quartz, et depuis près de Dublin. Il est en petites masses, disséminé et en concrétions grenues; couleur entre le verdâtre et le gris de montagne, léger éclat nacré, clivage triple, translucide, aussi dur que le feld-spath, très frangible, fusible. Poids spécifique de 3 à 3,19.

Composition :	Silice	67
	Alumine	24
	Lithine	9

XLIXe ESPÈCE.

ZÉOLITE.

On donne le nom de *zéolite* à un genre très-étendu de minéraux qui embrasse les espèces suivantes :

La zéolite hexaèdre, ou *analcime*.
——— rhomboïdale, ou *chabasite*, *chabasie* ;
——— dodécaèdre, ou *leucite* ;
——— diprismatique, ou *laumonite* ;
——— prismatique, ou *mésotype* ; elle comprend : la fibreuse, la farineuse et la natrolite ;
——— prismatoïde, ou *stilbite*, à laquelle appartiennent la zéolite lamelleuse et la rayonnée ;
——— pyramidale, ou *pierre de croix* ;
——— axifrangible, ou *apophyllite*, qui est un silicate de chaux et de potasse.

Chacun de ces minéraux a été étudié à sa place.

L^e ESPÈCE.

ARGILES.

L'argile est abondamment répandue dans la nature ; elle forme des montagnes entières ou bien se trouve en couches plus ou moins épaisses, entre d'autres roches, en lits et en filons, accompagnant diverses mines, etc. Les argiles sont ordinairement le produit de la décomposition des roches silico-alumineuses, dont les eaux ont charrié et déposé les parties les plus fines, tandis que les plus grossières ont formé les dépôts arénacés. Il est aisé de voir que les argiles varient à l'infini par leurs parties constituantes, et que les plus fines sont aussi les plus homogènes. Non-seulement ces variations s'observent suivant les localités, mais encore dans les mêmes lits. Cependant, d'après les produits qu'on en extrait le plus généralement par l'analyse, on peut les regarder comme des silicates alumineux, plus ou moins mélangés avec d'autres minéraux.

Les argiles sont douces au toucher, opaques et n'affectent aucune forme cristalline ; leur cassure est terreuse, mate ou unie ; elles sont rayées par le fer, elles forment avec l'eau une pâte plastique, qui jouit de beaucoup d'adhérence, et qui, soumise à l'action d'une forte chaleur, acquiert une dureté telle qu'elle peut faire feu avec le briquet ; elles happent à la langue, et lorsqu'on y expire dessus, elles répandent, si elles ne sont pas bien pures, une odeur dite *argileuse*.

La variété de leurs principes constituans et leur emploi dans les arts les ont divisées en plusieurs espèces : nous allons faire connaître les principales :

1°. ARGILE KAOLIN, TERRE A PORCELAINE.

On la trouve en couches et en filons en France, à Saint-Yriex-la-Perche, près Limoges ; dans les environs d'Alençon et de Bayonne ; en Angleterre, dans le Cornouailles, ainsi qu'en Saxe, à la Chine, au Japon, etc. Elle provient de la décomposition des roches feld-spathiques ou de la ponce. Cette argile est friable, maigre au toucher, blanche passant au jaune ou au rougeâtre, happant peu à la langue, se réduisant difficilement en pâte avec l'eau, presque infusible. Poids spécifique, 2,2.

Composition : K. de Limoges

Silice	55	+ 52
Alumine	27	+ 47
Oxide de fer	0,50	+ 0,33
Chaux	2	+
Eau	14	+
	98,50	+ 99,33
	M. Vauquelin.	M. Rose.

Les kaolins d'Europe sont moins blancs et moins doux au toucher que ceux de la Chine et du Japon ; celui de Saxe est légèrement coloré en jaune ou en incarnat ; il perd ces teintes au feu ; celui de Cornouailles est très-blanc et onctueux au toucher. Les kaolins sont employés à la fabrication de la porcelaine.

2°. ARGILE A POTIER, ARGILE PLASTIQUE, TERRE GLAISE.

Cette argile se sous-divise en un grand nombre de variétés. Les caractères généraux sont d'être compacte, douce au toucher, happant fortement à la langue, donnant avec l'eau une pâte très-liante et très-ductile, prenant au feu beaucoup de retrait et de dureté, non friable, infusible ou fusible à des températures plus ou moins élevées, et d'autant plus que les argiles comptent parmi leurs principes constituans plus de chaux ou du fer oxidé; les couleurs varient du blanc sale au gris, au jaunâtre, au bleuâtre et au rougeâtre; par la cuite, les unes deviennent blanches, les autres jaune rougeâtre, et les plus communes d'un rouge brun plus ou moins foncé; poids spécifique, 2.

Composition :

D'après ce que nous avons dit des argiles en général, il est certain que leur composition doit varier à l'infini; nous allons en exposer quelques analyses, faites la plupart par M. Vauquelin.

PRINCIPES CONSTITUANS	d'abondant.	de forges.	Montereau.	Arcueil.	Montmartre.
Silice	43,50	63	70	63,50	66,25
Alumine	33	16	15	32,25	19
Oxide de fer	0,50	1	»	25	7,50
Chaux	2	8	»	3,75	6,75
Eau	14	10	15	non rec.	non rec.

L'*argile de Montereau* est grise, blanchit à une température peu élevée et passe au fauve sale par un grand feu. Celle d'*abondant* est blanche et sert à faire les gazettes ou étuis dans lesquels on fait cuire la porcelaine; c'est avec celle de *Saveignier* et de *Forges-les-Eaux* qu'on fait la poterie qui porte le nom de *grès*.

3°. ARGILE SMECTIQUE, TERRE A FOULON.

Couleur grise, verdâtre ou rougeâtre, grasse au toucher, se délite dans l'eau sans contracter beaucoup de liant, infusible et employée dans les fabriques pour enlever aux étoffes de laine l'huile que l'on emploie dans la fabrication des draps et autres tissus.

COMPOSITION.

PRINCIPES CONSTITUANS.	Argile du Hampshire.	de Riégate comté de Surry.	de Silésie.
Silice	51,80	53	48,50
Alumine	25	10	15,50
Chaux	3,50	0,50	"
Magnésie	0,70	1,25	1,50
Oxide de fer	3,70	9,75	7
Eau	15,50	24	25,50

Les terres à foulon d'Angleterre sont celles qui ont le plus de réputation ; nous en avons cependant en France, entre autres celles des bains de Rennes, qui ne leur cèdent en rien.

4° ARGILE FIGULINE.

Très-abondante dans les environs de Paris, à Arcueil, Vaugirard, Vanvres, etc. ; elle est très-douce au toucher, moins cependant que celle à foulon ; la pâte qu'elle forme avec l'eau est liée et tenace ; elle est employée pour la fabrication des faïences et poteries grossières, ainsi que pour modeler et glaiser les bassins.

5°. ARGILE CIMOLITE.

Couleur grisâtre ; quand elle est sèche, elle est un peu schisteuse et rougeâtre, douce au toucher, faisant une pâte avec l'eau qui est plus ou moins liée.

Composition :	Silice	63
	Alumine	23
	Oxide de fer	1
	Eau	12
		99

6°. ARGILE BIGARRÉE.

Se trouve dans la Lusace supérieure ; couleur blanche, rouge et jaune, formant des dessins rubanés et tachetés ;

elle est très-tendre, onctueuse au toucher, happe à la langue et se délite.

7°. ARGILE MARNEUSE, MARNE ARGILEUSE.

Blanchâtre, jaunâtre, verdâtre ou rougeâtre, ne se réduisant pas en pâte avec l'eau, fusible, faisant une vive effervescence avec les acides. On doit regarder les marnes argileuses comme des mélanges d'argile et de chaux carbonatée en proportions qui varient à l'infini et qui constituent un grand nombre d'espèces ou mieux de variétés.

8°. ARGILE LITHOMARNE.

Existe en nids ou en veines dans plusieurs roches; elle est blanche ou colorée, happant à la langue, douce au toucher, infusible, tendre, etc.

9°. ARGILE OCREUSE, OCRE, TERRE BOLAIRE, TERRE DE SIENNE, BOL, etc.

Cette espèce est plus ou moins fusible, terreuse, d'une couleur jaune, ou d'un rouge plus ou moins prononcé, qu'elle doit à la quantité de peroxide ou d'hydroxide de fer.

10° ARGILE LÉGÈRE.

Ne se liant ni ne se délayant dans l'eau, très-légère, quand elle est sèche; infusible.

Composition, d'après Fabroni :

Silice	55
Alumine	12
Magnésie	15
Chaux	3
Oxide de fer	1
Eau	14
	100

11°. ARGILE AMPÉLITE.

Schistoïde, noire, tachante, presque infusible; blanchissant à une température élevée; quelques variétés, par une longue exposition à l'air, se recouvrent d'efflorescences blanchâtres et jaunâtres qui sont de l'alun et du sulfate de fer. Cette argile contient du charbon.

12°. ARGILE BITUMINEUSE.

Elle est connue aussi sous le nom de *marne bitumineuse ;* comme la précédente, elle est schistoïde, noire et charbonneuse ; elle est aussi bitumineuse ; elle est fusible et contient souvent du carbonate de chaux en assez grande quantité pour faire effervescence avec les acides ; ses feuillets offrent quelquefois des empreintes de poissons et de plantes, telles que les fougères, etc.

13°. ARGILE ENDURCIE.

Existe en grandes masses et en divers états qui constituent l'argile schisteuse, et qui donnent lieu quelquefois au feld-spath compacte, et, en certains lieux, au silex. Cette argile est solide, plus ou moins dure, cassure à grains plus ou moins fins, infusible et colorée en gris, en rouge, en vert plus ou moins clair, etc.

14°. ARGILE, OU SCHISTE A POLIR.

Werner regarde cette espèce comme étant d'origine pseudo-volcanique ; couleur gris jaunâtre, ou blanc jaunâtre, très-tendre, happant fortement à la langue, mate, cassure principale schisteuse, celle en travers terreuse, rayée, et ses couleurs alternant par couches, fusible ou infusible, absorbant l'eau promptement.

COMPOSITION.

PRINCIPES CONSTITUANS.	Argile de Bohême.	Argile de Ménilmontant.
Silice	79	66,50 + 62,50 + 58,0
Alumine	»	7 + 0,50 + 5,
Chaux	1	1,25 + 0,25 + 1,5
Magnésie	»	1,50 + 8, + 6,5
Oxide de fer.	4	2,50 + 4, + 9,
Charbon	»	» + 0,75 + »
Eau	14	19 + 22 + 19,

Il est aisé de voir qu'à proprement parler une partie de schistes à polir ne doivent point être considérés comme des silicates alumineux, et qu'ils ont beaucoup d'analogie avec l'*opale ménilite.*

15°. ARGILE TRIPOLI.

Plusieurs minéralogistes attribuent l'origine du tripoli à une torréfaction naturelle ou artificielle du schiste argileux; sa couleur est blanc sale, rougeâtre ou jaunâtre; elle est maigre au toucher et infusible; elle sert à polir les métaux.

Composition :	Silice	90
	Alumine	7
	Fer	3
		100

16°. ARGILE SCHISTEUSE.

Couleur ordinaire d'un gris clair, ou verdâtre, schistoïde, plus ou moins fusible, mélangée le plus souvent avec des paillettes de mica, offrant quelquefois des empreintes des plantes, et se délitant dans l'eau. On en trouve une variété à Montmartre, à Ménilmontant, qu'on appelle *graphique* et qui contient de la *ménilite*. Elle est verdâtre, mate à l'intérieur; cassure, en grand, schisteuse, et, en petit, terreuse et à grains fins, happe beaucoup à la langue, absorbe l'eau avec avidité.

Composition, d'après Klaproth :

Silice	62
Alumine	0,50
Magnésie	8,
Chaux	0,25
Oxide de fer	4,
Charbon	0,75
Eau	22,
	97,50

17°. TUF VOLCANIQUE.

Cette espèce contient le plus souvent de petites scories dans un état de décomposition plus ou moins avancé, ainsi que de petites lames de mica; ses couleurs sont :

le gris, le jaunâtre, le noir, le brun et le rougeâtre; elle est tendre et se fond plus ou moins facilement.

18°. WACKE.

Appartient aux roches de formation stratiforme, et tient le milieu entre l'argile et le basalte ; elle est la base des roches amygdaloïdes : on la trouve aussi en lits et en filons accompagnant des ramifications de mines d'argent éclatant, de bismuth, de fer magnétique, etc. ; il est très-rare qu'elle contienne des pétrifications. Lorsque la wacke se rapproche du basalte, elle est unie à de la hornblende et au mica ; elle est en vésicule lorsqu'elle se rapproche de la roche amygdaloïde ; sa couleur est le gris verdâtre, mais elle est quelquefois tachetée, et ces taches sont dues à des cristaux imparfaits de hornblende semblables à ceux de feld-spath qu'on observe dans quelques variétés de porphyre. Ce minéral est opaque, facile à diviser, fusible, frangible. Poids spécifique, de 2,5 à 2,893.

19°. ARGILE ALUMINEUSE.

Cette argile accompagne les lits de houille qui contiennent des pyrites ferrugineuses. Elle est grisâtre ou d'un jaune clair ; lorsqu'elle est dans l'intérieur de la terre, elle ne contient que fort peu d'alun, mais dès qu'on l'a sortie de la carrière, pour en extraire le charbon, les morceaux de ce combustible, qui sont mêlés avec cette argile, se délitent par une longue exposition à l'air ; les pyrites passent à l'état de sulfate de fer, dont une partie est décomposée par l'alumine de l'argile ; de sorte que ces terres lessivées donnent de l'alun et du sulfate de fer. On trouve cette argile en grande quantité dans les houillères abandonnées, et surtout à la Caunette, à Bugarach, etc. Ceux qui se proposent d'exploiter ces terres doivent bien faire attention, avant de monter leur établissement, que celles qu'ils extrairont de la carrière sont très-pauvres en alun et en sulfate de fer, et que ce n'est qu'après un grand nombre d'années qu'on peut les exploiter avec bénéfice. L'un de nous, M. Julia de Fontenelle, donna ces conseils à M. le comte de Pardailhan, qui, ayant eu la faiblesse de s'en rapporter à un routinier, fut contraint, après avoir lessivé les terres qui étaient depuis long-temps exposées à l'air, d'abandonner cette fabrication, après y avoir mangé une partie de sa fortune.

LIe ESPÈCE.

DES SCHISTES.

Nous avons cru devoir placer ici les schistes à raison de leur grande analogie avec les argiles schisteuses. En général, ils sont formés de silice, d'alumine et d'oxide de fer; quelquefois aussi ils contiennent de la chaux, de la magnésie, de l'oxide de manganèse, etc. Il en est qui sont imprégnés de bitume, et d'autres qui sont unis au sulfate de fer, en petits amas ou en cristaux. A cette variété appartiennent l'ardoise, le crayon des charpentiers, la pierre à rasoir, le schiste argileux, etc. Les shistes sont plus ou moins durs et se divisent en plaques plus ou moins épaisses, les unes luisantes, les autres mates, et les autres nacrées; à proprement parler, la plupart des schistes semblent formés par de petites lames de mica superposées les unes sur les autres; ils ne font point de pâte avec l'eau, sont fusibles, se laissent rayer par le fer et sont d'une couleur grise, sont jaune, rougeâtre, noirâtre, etc. Nous allons en faire connaître les principaux :

1°. SCHISTE ALUMINEUX.

En masse et en morceaux isolés, sous forme globuleuse et d'un noir grisâtre; il est d'un brillant mat, cassure schisteuse à feuillets droits, s'effleurit à l'air et est difficile à casser. Il y en a une variété qu'on appelle *schiste alumineux lustré*, qu'on trouve en masse et qui est d'un noir bleuâtre. Il presente dans ses fentes de belles teintes pourpres. Exposé à l'air, ce schiste se recouvre d'une efflorescence saline qui s'interpose également entre ses lames les plus minces et en détermine l'exfoliation. Dans cet état, il donne beaucoup plus d'alun.

2°. SCHISTE ARGILEUX, ARGILITE DE KIRWAN.

Très-abondamment répandu dans la nature, et constituant une partie des roches primitives et des roches de transition ; on le trouve aussi en grands lits, etc. Pour qu'un schiste soit bon, il ne doit pas s'imbiber d'eau ; car ceux qui s'en emparent se décomposent plus ou moins vite lorsqu'ils ont le contact de l'air. La couleur de ce schiste est le gris cendré ou bleuâtre et les diverses nuances de noir grisâtre ; à l'intérieur, il offre un éclat nacré ou brillant ; il est opaque, tendre, sectile, cassure lamelleuse et sonore, quand on le frappe avec un corps dur. Poids spécifique, 2,7.

3°. SCHISTE A AIGUISER, PIERRE A RASOIR.

Quoique ce schiste se trouve en un grand nombre de lieux, les variétés les plus estimées proviennent de la Turquie ; il est en masse, cassure, en grand, schisteuse, en petit, esquilleuse ; couleur gris verdâtre, blanc jaunâtre, etc., translucide sur les bords, demi-dur, gras au toucher. Poids spécifique, 2,722.

Ce schiste sert à donner le tranchant aux instrumens d'acier. La pierre lithographique paraît avoir quelque analogie avec lui.

4°. SCHISTE LUISANT DE M. BRONGNIART.

Cet aspect est dû à sa nature même, puisqu'on n'y distingue aucune paillette micacée. Sa couleur varie du brun au vert, au jaune, au grisâtre, etc.

5°. SCHISTE TABULAIRE, ARDOISE.

Le nom d'ardoise est commun au plus grand nombre de schistes, cependant on appelle plus particulièrement de ce nom un schiste plus ou moins épais et plus ou moins dur, sonore, quand on le frappe avec un corps dur, à pâte fine, divisible en grandes tables, prenant plus ou moins d'eau et quelquefois pas du tout, offrant parfois l'empreinte des corps animaux et végétaux, et résistant plus ou moins à l'action de l'air; il en est qui n'en éprouvent d'altération qu'après un temps très-long, et d'autres qui s'exfolient au bout de quelques années. La couleur la plus ordinaire des ardoises est le blanc sale, le blanc bleuâtre, le jaunâtre, le grisâtre, etc. Les ardoises varient beaucoup dans leur composition, ainsi qu'on va le voir par l'analyse suivante :

Silice		48	
Alumine		33	
Magnésie	de	1 à 4	
Fer	de	2 à 12	
Potasse	de	1 à 4	
Eau		7	

6°. SCHISTE A DESSINER, CRAYON NOIR.

Se trouve en lits, dans du schiste argileux primitif et de transition, ainsi que dans les formations secondaires; les espèces les plus estimées proviennent de France, d'Espagne et d'Italie. Il est en masse, d'un noir grisâtre, opaque, écrivant, tendre, sectile, happant un peu à la langue, maigre au toucher, infusible; sa cassure principale est schisteuse.

Composition :	Silice	64,06
	Alumine	11
	Carbone	11
	Fer	2,75
	Eau	7,20
		96,01

7°. SCHISTE SILICEUX.

Il se divise en deux sous-espèces.

1°. *Schiste siliceux commun.* Se trouve en Ecosse et près d'Edimbourg, en lits, dans du schiste argileux, et de la grawacke, ainsi qu'en masses anguleuses arrondies, dans du grès; couleur gris de cendre, avec d'autres couleurs, y formant des taches, des raies, des dessins flammés, éclatant à l'intérieur, cassure en grand, schisteuse, en petit, esquilleuse; poids spécifique, 2,63.

2°. *Pierre de Lydie.* Se rencontre en Bohême, au Hartz, en Ecosse et en Saxe, en couches, dans les schistes argileux communs et dans les siliceux; couleur noir grisâtre, et noir de velours, brillante à l'extérieur, cassure unie, opaque, moins dure que le quartz; poids spécifique, 2,6.

On l'emploie, comme la pierre de touche, pour reconnaître le degré de pureté de l'argent et de l'or.

8°. SCHISTE ONIX.

C'est une espèce de calcédoine qui présente trois ou quatre couches de différentes couleurs : 1° la brune, qui sert de fond ; 2° d'autres blanchâtres, verdâtres et grisâtres, sur lesquelles les Chinois sculptent divers objets, tels que des paysages, des décorations, etc. Ces camées sont assez estimés.

DEUXIÈME GENRE.

SILICATES NON ALUMINEUX.

DEUXIÈME DIVISION.

A. *Silicates simples.*

HYACINTHE.

LIIe ESPÈCE.

Sous le nom de *hyacinthe*, le *zircon*, ou *jargon de Ceylan*, la *hyacinthe de Ceylan*, la *hyacinthe orientale* (c'est un saphir orangé), *occidentale* (c'est une topaze safranée), *miellée* (autre topaze jaune de miel), *la belle de dissentis* (variété de grenat), *brune des volcans* (c'est un idocrase), et de *Compostelle* (quartz rouge cristallisé), appartiennent à d'autres espèces. Nous ne nous occuperons donc ici que des zircons ou jargons.

Ces pierres sont ordinairement en cristaux prismatiques, rectangulaires, terminés par des sommets tétraèdres et dérivant d'un prisme carré. Ils raient difficilement le quartz, ont une réfraction double, un aspect gras qui tire sur le métallique, une couleur qui est ordinairement d'un brun rougeâtre, quoiqu'il y en ait d'incolores, de bruns, de verdâtres, etc. Ils sont infusibles, se décolorent au chalumeau ; leur poids spécifique est de 4,4. D'après M. Vauquelin, ils sont composés de

Silice	31
Zircone	66

Les zircons offrent plusieurs variétés ; voici les principales :

1°. *Jargon de Ceylan, ou zircon-jargon.*

Dans l'Inde, le Pégu, dans la rivière de Kirtna, au nord de Madras et surtout à l'île de Ceylan. Il s'y trouve roulé parmi le sable des rivières, mêlé avec des tourmalines, des grenats, des saphirs, etc. Ses diverses couleurs sont le gris plus ou moins blanchâtre, ou jaunâtre, le vert plus ou moins intense, le bleu, le brun foncé, le rouge; il n'est pas rare d'en trouver des cristaux qui ont plusieurs de ces teintes. Ces couleurs ont un aspect terne.

Les hyacinthes, naturellement blanches ou bien décolorées par le feu, sont improprement nommées *diamans bruts*, et, parfois, vendues comme tels. Pour les distinguer, M. Klaproth conseille d'y verser une petite goutte d'acide hydro-chlorique, qui y produit une tache mate, ce qui n'a pas lieu avec le diamant.

2°. Le *zircon-hyacinthe, hyacinthe de Ceylan.*

Cette variété se trouve principalement à Ceylan, dans plusieurs parties de l'Inde, etc., en France, dans le ruisseau d'Expailly, etc. Sa couleur est généralement rouge ou d'un brun jaune orangé; ce n'est que lorsque cette teinte est rouge qu'on la nomme *hyacinthe de Ceylan*. On en trouve aussi de bleuâtres, de verdâtres. Presque toutes ces couleurs se détruisent par le feu; alors ces pierres deviennent ou blanches ou d'un gris tendre. L'éclat des cristaux de cette espèce est plus vif que celui de la précédente.

3°. HYACINTHE LA BELLE.

Kancelstein de Werner, hyacinthe d'Haüy.

C'est dans cette espèce, dit Haüy, que viennent se ranger, sinon toutes les pierres qui se débitent sous le nom de *hyacinthe*, au moins une grande partie d'entre elles. Le clivage de cette pierre indique, pour sa forme primitive, un prisme droit à base rhomboïdale, dans lequel l'inclinaison de M sur M est de 102° 40′ et celle de l'un ou de l'autre, sur la face adjacente, derrière le prisme, est de 77° 20. Cette forme est incompatible avec celle du zircon et du grenat. Elle est d'ailleurs moins dure, moins pesante et moins éclatante que ces deux pierres, ce qui a porté Haüy à lui donner le nom d'*essonite*, qui signifie moindre, inférieure. Le prix de l'essonite est, d'après Sançon, trois fois plus élevé que celui du jargon.

LIIIe ESPÈCE.

CALAMINE.

On donne également ce nom au carbonate de zinc natif. Ce silicate est ordinairement blanc ou jaunâtre, en cristaux qui dérivent d'un prisme rhomboïdal de 102° 30′ et 77° 30′; il est soluble en gelée dans les acides; poids spécifique, 3,42. Il est infusible et électrique par la chaleur.

Composition :	Silice	26,23
	Oxide de zinc	66,37
	Eau	7,40
		100,00

LIVe ESPÈCE.

CÉRITE.

Se trouve en masse et disséminé à Bastnas, dans le Westmannland. Sa couleur varie du rouge carmin au rose, au brun rougeâtre et au violâtre; éclat gras, cassure esquilleuse, à grains fins, opaque, cassant. Poids spécifique, de 4,66 à 5.

Composition :	Silice	68
	Oxide de cérium	20
	Eau	12
		100

LVe ESPÈCE.

CHONDROTITE.

A Aker, en Sudermanie, à New-Jersey, aux États-Unis, dans une gangue calcaire, etc. Elle est en grains ou en cristaux prismatiques, rhomboïdaux, d'environ 14° et 32', à sommets dièdres obliques, ses faces ayant entre elles une inclinaison d'environ 157°. Poids spécifique, 3,14.

Composition :	Silice	43
	Magnésie	57
		100

LVIe ESPÈCE.

DIOPTASE, ÉMERAUDINE.

Elle provient du nord de l'Asie ; sa couleur est la même que celle du beau vert d'émeraude ; sa forme primitive est un rhomboïde obtus ; sa forme secondaire est le prisme hexaèdre, terminé par des pyramides à trois faces ; éclat vitreux, cassante, cassure lamelleuse, infusible. Poids spécifique, de 3,3 à 3,5.

Composition :

Suivant Lowitz.			Suivant Vauquelin.
Silice	33	+	43,181
Oxide de cuivre	55	+	45,454
Eau	12	+	11,365
	100		100,000

Dans une autre analyse, M. Vauquelin y avait trouvé (V. Haüy) :

Silice	28,57
Oxide de cuivre	28,57
Carbonate de chaux	42,85
	99,99

LVIIe ESPÈCE.

GADOLINITE.

Existe, à Ytterby, en Suède, avec l'hydro-tantalite, dans des filons de feld-spath rouge à gros grains, situés dans du schiste micacé. On la trouve aussi en Suède, à Pimbo, etc. : couleur d'un très-beau noir, ou de ses nuances, vitro-métalloïde, plus dure que le feld-spath et moins que le quartz, cassure conchoïde, presque infusible. Sa forme primitive paraît être un prisme tétraèdre oblique, dans lequel l'angle obtus est d'environ 110°. Ses formes secondaires sont un prisme oblique rhomboïdal d'environ 115° et 65°. Poids spécifique, de 4 à 4,2.

Composition :	Silice	28
	Yttria	72
		100

La gadolinite contient constamment du silicate de fer. M. Vauquelin n'y a rencontré que 0,45 de silicate d'yttria ; M. Berzélius en a obtenu les principes suivans :

Silice	25,8
Yttria	45,
Oxide de cérium	16,69
— de fer	10,26
Matière volatile	0,60
	98,35

LVIIIe ESPÈCE.

MAGNÉSITE.

Écume de mer.

Dans des roches de serpentine, à Hrubschitz, en Moravie, et en diverses localités, dans des terrains secondaires et tertiaires, à Saint-Ouen, Montmartre, Salinelle, Coulommiers, etc., en masse, tuberculeuse, uniforme et vésiculaire, couleur blanchâtre, jaunâtre, ou gris jaunâtre, marquée de petites taches; tendre, rude au toucher, opaque, cassure conchoïde, raie le spath calcaire, infusible, et acquiert une telle dureté au chalumeau, qu'elle peut rayer le verre. On en trouve à l'état terreux et à l'état compacte, à cassure terreuse; cette variété porte le nom d'*écume de mer*. Poids spécifique, de 2,6 à 3,4; d'après cela, il est aisé de voir combien elle doit varier dans ses principes constituans.

Composition :	Silice	52
	Magnésie	23
	Eau	25
		100

LIXe ESPÈCE.

PIMÉLITE.

Trouvée en Silésie, à Kosemutz; elle est terreuse, d'une couleur vert-pomme, donnant de l'eau par la calcination.

Composition :	Silice	43
	Oxide de nickel	17
	Eau	40
		100

LXe ESPÈCE.

SERPENTINE.

Elle est divisée en commune et en noble ou précieuse :

1°. *Serpentine commune.* Dans le Cornouailles, le comté de Donégal, les îles Shetland et une infinité d'autres lieux, dans diverses roches, elle est en masse, couleur verte de différentes nuances, mate, translucide, tendre, un peu onctueuse au toucher, sectile. Poids spécifique de 2,4 à 2,6.

Composition, d'après Hysinger :

Silice	32,
Magnésie	37,24
Chaux	10,6,
Alumine	0,5,
Fer	0,66
Matière volatile et acide carbonique	14,16
	95,16

A la rigueur, cette sous-espèce eût dû être portée à la section des silicates non alumineux doubles ; nous ne l'avons conservée ici que pour grouper les serpentines.

2°. *Serpentine noble ou précieuse.* Dans du calcaire lamelleux grenu, en couches subordonnées au gneiss, au schiste micacé, etc. On en trouve deux variétés.

A. *Serpentine esquilleuse* (en Corse). En masse, couleur vert poireau foncé, faiblement translucide, tendre, peu éclatante, cassure esquilleuse; poids spécifique, 2,7.

B. *Serpentine conchoïde.* En masse et disséminée, couleur moins foncée, éclatante et éclat résineux ; translucide, demi-dure, cassure conchoïde aplatie, susceptible de recevoir un plus beau poli que la serpentine commune.

Composition, suivant John :

Silice	42,5
Magnésie	38,68
Chaux	0,25
Alumine	1,
Oxide de fer	1,5
—— de manganèse	0,66
—— de chrôme	0,25
Eau	15
	99,84

M. Beudant donne, pour l'analyse de la serpentine, en général :

Silice	39
Magnésie	50
Eau	11
	100

Il y a une variété qui est opaque, et qui a diverses couleurs : grise, rougeâtre, verdâtre, etc. Elle est simple ou parsemée de taches comme la peau des serpens.

LXIe ESPÈCE.

SILICATE HYDRATÉ DE MANGANÈSE.

Couleur noire, laissant dégager de l'eau par la calcination.

Compositoin :	Silice	26
	Bi-oxide de manganèse	59
	Eau	15
		100

LXIIe ESPÈCE.

BI-SILICATE DE MANGANÈSE.

Non cristallisé ; couleur rose ou rouge, fusible à une température élevée, et donnant un émail rose.

Composition :	Silice	47
	Bi-oxide de manganèse	53
		100

LXIIIe ESPÈCE.

SILICATE TRI-MANGANÉSIEN.

Se trouve en petites masses compactes ou en cristaux noirs, octaèdres, à base carrée; il donne, par la fusion, un verre noir, et, avec l'addition de la soude, une fritte verte. Poids spécifique, 3,8.

Composition :	16
Tri-oxide de manganèse	84
	100

LXIVe ESPÈCE.

STÉATITE, PIERRE-SAVON.

Se présente en divers lieux, et souvent dans de petits filons contemporains, traversant la serpentine dans tous les sens; elle est en masse disséminée, sous forme imitative ou cristallisée en doubles pyramides hexaèdres. Elle est grise ou d'un blanc verdâtre, mate, translucide sur les bords, tendre, écrivante, très-sectile, grasse au toucher, infusible. Poids spécifique, de 2,4 à 2,8.

Composition, suivant le docteur Ure :

Silice	44
Magnésie	44
Alumine	2
Fer	7,3
Chrôme	2
	99,3

Avec des traces de chaux et d'acide hydro-chlorique, il paraît que le chrôme n'y est qu'accidentel. M. Beudant donne, pour cette analyse : silice 61, alumine 39 : il paraît qu'il a voulu dire 39 magnésie (1).

(1) M. De Humbolt a fait connaître un fait bien extraordinaire, c'est que les Otomaks, sauvages des bords de l'Orénoque, se nourrissent, principalement pendant trois mois de l'année, d'une espèce d'argile à potier, et beaucoup d'autres sauvages mangent des grandes quantités de stéatite, qui est dépourvue de toute substance nutritive; un tel phénomène est bien difficile à expliquer.

LXVe ESPÈCE.

TALC.

Werner a divisé le talc en trois sous-espèces :

1°. TALC ÉCAILLEUX, TALCITE DE KIRWAN.

En petites écailles nacrées, ayant peu de cohérence, léger, adhérent aux doigts, couleur entre le blanc et le gris verdâtre, rendant la peau luisante, et très-fusible.

Composition :	Silice	50
	Alumine	26
	Potasse	17
		93

Si cette analyse, dont nous ne connaissons point l'auteur, est exacte, ce talc devrait appartenir aux silicates alumineux doubles.

2°. TALC COMMUN, TALC DE VENISE, CRAIE DE BRIANÇON.

Se trouve en France, en Angleterre, dans le Tyrol, au mont Saint-Gothard, etc., dans du schiste argileux, du schiste micacé, et des roches de serpentine, en masse, disséminé, en plaques, sous diverses formes imitatives, et quelquefois en petites tables à six côtés; éclat nacré, demi-métallique, couleur blanc d'argent, blanc verdâtre, vert d'asperge et vert pomme, translucide, clivage simple, à feuillets courbes, flexibles et non élastiques, très-sectile et très-gras au toucher, infusible au chalumeau ; au bout d'un temps très-long, il donne cependant une espèce d'émail, cassure lamelleuse. Poids spécifique, 2,77.

Composition, d'après M. Vauquelin,		citée par M. Beudant :
Silice	62	+ 70
Magnésie	27	+ 30
Alumine	1,5	
Oxide de fer	3,5	
Eau	6	
	100,0	+ 100

Ce talc, uni au carmin et au benjoin, constitue le rouge de toilette ; seul, il sert à donner à la peau de la blancheur et une souplesse remarquables, sans produire des effets nuisibles.

3°. TALC ENDURCI.

Dans un grand nombre de localités et dans les montagnes primitives, en couches ou en lits dans de la serpentine ou du schiste argileux ; couleur gris verdâtre, éclat nacré, tendre, translucide sur les bords ; cassure schisteuse à feuillets courbes, gras au toucher, sectile et frangible ; poids spécifique, de 2,7 à 2,8. Il a de l'analogie avec la *pierre ollaire.*

Variétés.

Talc laminaire. Feuillets minces disposés en plaques hexagonales, offrant le mélange de diverses couleurs : tantôt il est parfaitement blanc, avec une légère nuance rose, tantôt il est jaunâtre, verdâtre, ou tout-à-fait vert. — *Compacte.* — *Fibreux,* etc.

LXVIe ESPÈCE.

WOLLASTONITE DE HAUY.

Tafel-spath (spath en table) *des Allemands.*

Ce minéral est blanc et fusible, son clivage est parallèle aux pans d'un prisme rhomboïdal, droit ou oblique, de 95° 20′ et 84° 40′ ; poids spécifique, 2.86.

Composition :	Silice	53
	Chaux	47
		100

M. Beudant ne croit pas que cette espèce soit la même que la wollastonite de *Capo di Bove,* attendu que les formes de celle-ci ne vont pas avec le clivage de l'autre. La wollastonite de *Capo di Bove* est d'un blanc sale, cassure vitreuse, et ses cristaux sont des prismes hexaèdres ou des dodécaèdres réguliers.

B. *Silicates non alumineux doubles.*

LXVIIe ESPÈCE.

ALLANITE, CÉRINE.

Reconnue comme espèce distincte, par M. Allan. Elle a beaucoup de ressemblance avec la gadolinite ; on les distingue cependant en ce que les fragmens de celle-ci sont translucides sur les bords et d'une belle couleur verte, tandis que ceux de l'allanite sont d'un brun jaunâtre et presque toujours opaques; les mines de cérium, auxquelles on donne le nom de *cérine*, ont une composition très-analogue à celle de l'allanite. On la trouve au Groënland, dans une roche de granite; elle est ou noire ou brun-jaunâtre, vitro-métalloïde, cassure en petit, conchoïdale, opaque, avec des stries d'un gris verdâtre, cassant, rayant le verre; elle est en masse ou cristallisée en prismes, en quatre, six ou huit pans; poids spécifique, de 3,1 à 4.

Composition :

Silice	35,4	+	26
Oxide de cérium	33,9	+	45
—— de fer	25,4	+	29
Chaux	9,2		
Alumine	4,1		
Humidité	4,0		
	112,0	+	100

Analyses citées par le Dr Ure, — par M. Beudant.

M. Beudant dit que ce minéral renferme des silicates de chaux et d'alumine en plus ou moins grande quantité : dès-lors ces deux analyses se rapprocheraient.

Variétés.

Bacillaire (orthite). A cette variété paraît se rapporter celle dont l'analyse est citée par le docteur Ure, ainsi que la *pyrorthite*, qui probablement n'en diffère que par une plus grande proportion de silicates, d'alumine et de chaux, etc.

LXVIIIe ESPÈCE.

AMPHIBOLE.

On comprend sous ce nom plusieurs espèces qui ont des caractères communs, tels qu'une structure généralement lamelleuse, mais pas également dans tous les sens, plus sensible dans la direction parallèle aux pans du prisme que dans la direction perpendiculaire à ces mêmes pans. C'est un des caractères qui les distinguent du pyroxène. La forme primitive est un prisme à base rhomboïdale oblique d'environ 124° 30' à 127° ; fusible, offrant des variétés de forme et de couleur. Poids spécifique, de 2,8 à 3,45. Nous allons en faire connaître les principales espèces.

1°. AMPHIBOLE CALCARÉO-FERRUGINEUX, ACTINOTE.
Actinolite, amphibole actinote hexaèdre de M. Haüy, *le strahlstein de* Werner, *stralite, karinthine, pargassite.*

Se trouve dans les montagnes primitives accompagnant le talc et quelques roches micacées, principalement en Angleterre, en Saxe, dans la Norwège, le Piémont, le Tyrol, le mont Saint-Gothard. On en compte trois variétés.

1°. *Actinolite cristallisée.* Prismes obliquangles alongés, irrégulièrement terminés, souvent striés dans leur longueur, et parfois aciculaires ; couleur vert poireau ou plus foncé, translucide, raie le verre. Poids spécifique, de 3 à 3,3.

2°. *Actinolite asbestoïde.* En masse et en cristaux capillaires élastiques, groupés en masses cunéiformes, rayonnées ou confuses ; couleur verte, tirant sur le gris ou le brun et bleuâtre, opaque, douce au toucher, éclat intérieur nacré, donnant un verre vert au chalumeau. Poids spécique de 2.7 à 2,9.

3°. *Actinolite vitreuse.* Couleur vert de montagne et vert émeraude ; cristaux minces aciculaires, hexaèdres ; striée en travers. Poids spécifique, de 3 à 3,2.

L'actinolite asbestoïde a été analysée par M. Vauquelin ; les résultats se rapprochent de ceux qu'a obtenus M. Laugier de l'actinolite vitreuse, et qui offrent :

Composition :	Silice	50,00
	Magnésie	19,25
	Chaux	9,75
	Oxide de fer	11,00
	—— de chrôme	3,00
	Potasse, alumine et oxide de manganèse	1,75
	Humidité	5,00
	Perte	,25
		100,00

2°. AMPHIBOLE CALCARÉO-MAGNÉSIEN.

*Trémolite, grammatite d'*Haüy.

Se trouve le plus souvent dans les montagnes primitives au milieu d'une pierre calcaire grenue. C'est à Trémola, en Suisse, qu'elle a été rencontrée pour la première fois. Werner en compte trois variétés.

1°. *Trémolite asbétiforme.* Principalement en Angleterre, dans du basalte, de la dolomite, etc., en masses et en concrétions fibreuses ; couleur blanc grisâtre, jaunâtre, rougeâtre et verdâtre ; elle est éclatante, éclat nacré, tendre, sectile, frangible, translucide sur les bords. Elle a un caractère particulier, c'est que, lorsqu'on la frotte dans l'obscurité, elle répand une lueur d'un rouge pâle, laquelle est verdâtre quand on la projette en poudre sur des charbons ardens.

2°. *Trémolite commune.* Se trouve avec la précédente, en masse, en concrétions prismatiques distinctes, ou bien en prismes très-obliques à quatre pans, tronqués ou biselés sur les bords latéraux, et diversement modifiés ; les plans latéraux offrent des stries longitudinales. Couleur blanche, éclat vitreux ou nacré, clivage double, cassure inégale ou conchoïde, translucide, dure, cassante, se fond très-difficilement au chalumeau, et donne un verre opaque. Poids spécifique, de 2,9 à 3,2.

Composition, d'après M. Laugier :

Silice	50
Magnésie	25
Chaux	18
Acide carbonique et eau	5
	98

3°. *Trémolite vitreuse.* Avec les précédentes, en masse, en concrétions distinctes et très-souvent en longs cristaux aciculaires. Elle est blanche, grisâtre, jaunâtre, rougeâtre, et verdâtre ; éclat entre le vitreux et le nacré, translucide, dure, très-cassante, un peu phosphorescente, infusible. Poids spécifique, 2,863.

Composition, d'après M. Laugier :

Silice	35,5
Chaux	26,5
Magnésie	16,5
Eau et acide carbonique	23,0
	101,5

Ce minéral paraît être un composé de silicate de magnésie et de carbonate de chaux.

3°. AMPHIBOLE HORNBLENDE, AMPHIBOLE ALUMINEUX.

(Voyez *Hornblende.*)

Variétés.

De forme cristalline. — *Bacillaire.* Il se distingue par de grosses fibres droites ou courbées, parallèles ou divergentes. — *Granulaire*, à gros et à petits grains. — *Cylindroïde.* — *Asbestoïde.* — *Fibreux.* — *Lamellaire.* — *Compacte.* — *Fibro-schisteux* (c'est le hornblende schisteux). — *Blanc, gris, noir, violet, vert*, etc.

LXIXe ESPÈCE.

AMIANTHE.

Asbeste, Lin des montagnes, etc.

Existe dans les terrains primitifs, principalement dans des roches de serpentine, qu'il traverse en veines minces, et parfois dans des roches de gneiss accompagné de feld-spath. Ce minéral est en filamens plus ou moins flexibles et élastiques; éclat nacré, texture fibreuse, doux au toucher; ses cristaux, vus au microscope, offrent un prisme à base rhomboïdale. On connaît un grand nombre de minéraux qui ont de l'analogie avec l'amianthe. (*Voyez* l'amphibole, l'épidote, le diallage, le pyroxène, la tourmaline, etc.) Nous nous bornerons à en exposer ici les cinq principales variétés.

1.° AMIANTHE.

Se trouve ordinairement dans la serpentine, dans les Pyrénées, dans le Dauphiné et le Saint-Gothard, en Savoie, en Ecosse, etc. Elle est en fibres très-alongées, fines, flexibles et élastiques; onctueuse au toucher, éclat soyeux ou nacré, sectile, un peu translucide, se fond très-difficilement au chalumeau en un émail blanc. Poids spécifique, de 1 à 2,3. Elle est d'une couleur blanche, rougeâtre et verdâtre.

2°. ASBESTE COMMUNE.

Dans la serpentine, dans un grand nombre de localités. Plus abondante que la précédente, elle est en masse ou en fibres d'un vert plus ou moins foncé, ayant un éclat peu nacré, point flexible, un peu onctueuse au toucher, fragmens esquilleux, tendre, fond difficilement au chalumeau, et donne une scorie d'un noir grisâtre. Poids spécifique, de 2,3 à 2,9.

3°. CUIR DE MONTAGNE.

Se trouve à Wanlockhead, dans le Lanarkshire. Ses fibres, au lieu d'être parallèles comme celles des précédentes, sont entrelacées. Couleur blanc jaunâtre, maigre au toucher. Ce minéral porte le nom de *papier de montagne*, quand il est en morceaux peu épais.

4°. ASBESTE ÉLASTIQUE OU LIÉGE DE MONTAGNE.

On le rencontre en masse et en plaques. Ses couleurs sont le blanc jaunâtre, le blanc grisâtre, le gris cendré, pâle, le gris jaunâtre, le jaune, etc. Comme la précédente, elle est en fibres entrelacées. Elle est opaque, maigre au toucher, très-élastique, se laisse entamer par l'ongle, surnage l'eau. Poids spécifique de 0,68 à 0,99.

5° BOIS DE MONTAGNE, ASBESTE LIGNIFORME.

En Dauphiné, en Ecosse, dans le Tyrol, etc. En masses, ayant l'aspect et la couleur brune de certains bois. Il est maigre au toucher, opaque, sectile, fusible en une scorie noire, tendre. Poids spécifique, 2.

COMPOSITION.

PRINCIPES CONSTITUANS.	Liége de montagne.		Amianthe. 1.	2.	3.	4.	Asbeste commune.
Silice	62	56,2	64	64	72,0	59,0	63,9
Magnésie	22	26,1	17,2	18,6	12,9	25,0	16,0
Chaux	10	12,7	13,9	6,9	10,5	9,5	12,8
Alumine	2,8	2,	2,7	3,3	3,3	3,0	1,1
Oxide de fer	3,2	3,	2,2	1,2	1,3	2,25	6,0

L'analyse des deux espèces de liége de montagne est due à M. Bergmann; ce chimiste dit que la magnésie et la chaux étaient à l'état de carbonate. Le premier échantillon d'amianthe est de Sartwik, en Dalécarlie; le second de la Tarentaise, et le troisième de Corias, dans les Asturies. Ils ont été analysés également par Bergmann; dans celui de la Tarentaise, il a trouvé 0,06 de barite. Ce chimiste assure que la chaux et la magnésie y sont à l'état de carbonate. Le quatrième échantillon a été analysé par Chenevix, et l'asbeste commun par Bergmann. Il est bien reconnu que les anciens fabriquaient avec l'amianthe, le lin et l'huile, des étoffes dans lesquelles ils enveloppaient les cadavres avant de les placer sur le bûcher, pour recueillir ensuite leurs cendres. Ces étoffes salies reprennent, il est vrai, leur blancheur en les exposant au feu, mais elles perdent un peu de leur poids, et, par une longue exposition à une température élevée, une partie de leur flexibilité. Ces tissus, faits avec l'amianthe, le lin et l'huile, exposés à un feu suffisant, le lin et l'huile brûlent, l'amianthe seule reste, et conserve les formes qu'on lui a données.

LXXe ESPÈCE.

APOPHYLLITE.

Albin, œil de poisson, ichtyophthalmite.

En Suède, dans les mines d'Utou, dans la mine de cuivre de Fahlun, dans le Tyrol, etc. En masses et cristallisé en prismes carrés, diversement modifiés. Couleur blanche, structure lamelleuse, cassure en travers, à grains fins, inégale; les cristaux sont très-éclatans et d'un éclat *sui generis*; à l'intérieur, ils le sont peu. L'apophyllite est ou translucide, ou demi-transparente, frangible, demi-dure. Poids spécifique, 2,49.

Composition, d'après Vauquelin :

Silice	51
Chaux	28
Potasse	4
Eau	17
	100

Il en existe des variétés qui sont rougeâtres, verdâtres, nacrées, fibreuses, etc.

LXXIe ESPÈCE.

COCCOLITE.

On la rencontre en couches subordonnées dans les formations de trapp, avec la pierre calcaire grenue, le grenat et la pierre de fer magnétique. Elle est en concrétions distinctes à gros grains, ou cristallisée en prismes hexaèdres, avec deux bords latéraux opposés, aigus, et en biseau sur les extrémités, etc. Il se trouve aussi en prismes à quatre pans. Ce minéral est d'un vert qui passe à diverses teintes, à cassure inégale, translucide sur les bords, cassant, dur. Poids spécifique, 3,3.

Composition, d'après Vauquelin :

Silice	50
Chaux	24
Magnésie	10
Alumine	1,5
Oxide de fer	7,0
— de manganèse	3,0
Perte	4,5
	100,0

LXXIIe ESPÈCE.

DIALLAGE.

Bronzite, omphazite, schiller-spath, smaragdite.

Ce minéral se trouve dans l'île de Corse, où il es connu des artistes, qui en font des tabatières, des bagues, etc., sous le nom de *verde di Corsica*. Il existe aussi en Suisse, près du lac de Genève, aux environs de Turin, etc. La roche, dont le diallage est une des partes constituantes essentielles, a été décrite sous le nom de *gabbro*. Couleur vert d'herbe, éclat luisant ou nacré. Par le clivage, on obtient un prisme rhomboïdal dont es bases sont brillantes et les bords très-ternes. Il est traslucide, cassant, dur, fusible au chalumeau en un émail gris verdâtre. Poids spécifique, 3,1.

Composition, d'après Vauquelin :

Silice	50
Chaux	13
Alumine	11
Magnésie	6
Oxide de chrôme	7,5
— de fer	5,3
— de cuivre	1,5
	94,3

LXXIIIe ESPÈCE.

HYPERSTÈNE.

Paulite, schiller-spath de Labrador.

Dans le Labrador, le Groënland, l'île de Sky, etc. ; il est en masse, disséminé, et en concrétions à lames minces courbes; sa couleur tient le milieu entre le noir grisâtre et le noir verdâtre. Lorsqu'il est taillé et poli, il a une belle couleur rouge de cuivre ; il a un éclat nacré métallique, un clivage double ; il est opaque, dur, cassant, et infusible au chalumeau. Poids spécifique, 3,4.

Composition :	Silice	54,25
	Magnésie	14,00
	Oxide de fer	24,50
	Alumine	2,25
	Chaux	1,50
	Traces de manganèse et eau	1,00
		97,50

LXXIVe ESPÈCE.

ILVAÏTE.

Liévrite ou yénite.

A l'île d'Elbe, dans du calcaire primitif, en masse, en concrétions distinctes, ou cristallisée en prismes tétraèdres obliques ou presque rectangles, variant en épaisseur. Couleur noire, opaque, éclat demi-métallique, cassure inégale, frangible, rayant le verre, donnant des étincelles par le briquet. Poids spécifique, de 3,8 à 4,06. Quand on le chauffe, sa couleur passe au brun rougeâtre, et il devient attirable à l'aimant ; au chalumeau, donne un verre noir opaque, également attirable.

Composition :	Silice	30
	Chaux	12,5
	Oxide de fer	55,0
	— de manganèse	2,5
		100,0

LXXVe ESPÈCE.

PÉRIDOT D'HAUY.

Chrysolite des volcans.

En Egypte, dans des terrains d'alluvion. On l'a également rencontré en Bohême, dans le cercle de Buntzlaw. Cette pierre précieuse, la moins dure de toutes, est la topaze des anciens, tandis que notre topaze est leur chrysolite. Elle est d'un vert pistache et autres nuances; elle est en prismes comprimés bien formés de huit pans au moins, terminés par un sommet cunéiforme ou pyramidal tronqué à son extrémité, très-éclatante à l'extérieur, transparente, cassure conchoïde, réfraction double, cassante, rayant le feld-spath. Poids spécifique, 3,4.

Composition, suivant

	Klaproth :		Vauquelin :
Silice	39	+	38,0
Magnésie	43,5	+	50,5
Oxide de fer	19,0	+	9,5
	19,5	+	98,0

SEULE SOUS-ESPÈCE.

OLIVINE.

Dans le basalte, la lave, le porphyre et la pierre verte. L'augite l'accompagne presque toujours. Elle est en masses et en morceaux arrondis, et parfois en prismes tétraèdres rectangulaires. Sa couleur est entre le vert d'asperge et le vert d'olive. Elle est translucide, moins dure que le péridot, cassante, éclat résineux, cassure inégale, à petits grains, infusible au chalumeau sans addition. Poids spécifique, 3,24.

Composition. M. Walmstedt, qui a analysé l'olivine de Monte-Summa, sous le nom de *péridot*, y a trouvé :

Silice	40,08
Magnésie	44,24
Protoxide de fer	15,26
—— de manganèse	0,48
Alumine	0,18
	100,24

Il y a lieu de croire que cette augmentation de poids est due à l'oxidation du fer pendant l'opération.

LXXVIe ESPÈCE.

PYROXÈNE D'HAUY.

Augite, allalite, baikalite, diopside, fassaïte, malacolite, salhite, shorl volcanique.

Ce nom collectif de pyroxène embrasse une foule d'espèces. Les principales sont :

1°. AUGITE.

Volcanite de Lamétherie, *basaltine octaèdre de* Kirwan.

Quoiqu'on la trouve parmi les roches volcaniques, on croit qu'elle n'est point de nature volcanique, et qu'elle existait avant l'éruption de la lave. Elle accompagne l'olivine dans le basalte de Teesdale, ainsi que dans les roches trappéennes des environs d'Edimbourg. Ce minéral est quelquefois en grains, mais plus communément en petits prismes à six ou huit faces avec des sommets dièdres. Il est d'une couleur brune, noire ou verte. Les cristaux qu'on trouve dans les basaltes sont plus brillans et d'un plus beau vert que ceux qui existent dans les laves. L'augite est translucide, cassante, et à cassure inégale, raie le verre, se fond en un émail noir. Poids spécifique, 3,3.

Composition, d'après Klaproth :

Silice	48
Chaux	24
Magnésie	8,75
Alumine	5
Oxide de fer	12
— de manganèse	1
	98,75

Il est des minéralogistes qui regardent la coccolite et la salhite comme des variétés de ce minéral.

2°. HEDENBERGITE.

Ce minéral est d'un vert noir, division double, 1° en prismes rectangulaires, 2° en prismes rhomboïdaux; poids spécifique, 3,15.

Composition :	Silice	50
	Chaux	22
	Bi-oxide de fer	28
		100

3°. PYROSMALITE.

Composé qu'on rencontre en Suède et près de Philipstadt, dans la mine de Bjelke, accompagnant le hornblende et le spalth calcaire dans un lit de pierre ferrugineuse magnétique. Il est en concrétions lamelleuses et en prismes irréguliers à six pans, ou quelquefois sous cette même forme tronquée; couleur brun marron ou verdâtre, translucide, éclatant, cassant et cassure inégale. Poids spécifique, 3,08.

Composition, d'après Hisinger :

Silice	35,85
Protoxide de fer	21,81
—— de manganèse	21,14
Sous-muriate de fer	14,09
Chaux	1,21
Eau et perte	5,9
	100,00

4°. SALHITE.

Diopsie, malacolithe d'Abildgaard.

Trouvée, pour la première fois, dans la mine d'argent de Sahla, en Westermanie, et depuis en Norwège. Elle est en concrétions distinctes grenues à gros grains, ou cristallisée en un large prisme rectangulaire à quatre pans; couleur blanchâtre ou gris verdâtre clair, cassure principale lamelleuse à clivage triple, fusible au chalumeau en un verre transparent. Poids spécifique, de 3,22 à 3,47.

Composition, suivant M. Vauquelin :

Silice	53
Chaux	20
Magnésie	19
Alumine	3
Fer et manganèse	4
	99

APPENDICE.

Silicates qui n'ont pas encore été bien étudiés.

A. SILICATES ALUMINEUX.

Bucholzite de Brandes. Minéral d'une structure fibreuse, blanc en partie et en partie noir, rayant le verre. Il est composé, d'après Brandes, de silice 46, alumine 50, oxide de fer 2,50, potasse 1,50.

Ekebergite. Couleur verdâtre, éclat gras, en lames conchoïdales, dure, fusible; poids spécifique, 2,74. Tout porte à croire que c'est une espèce de natrolite.

Fibrolite. Couleur blanchâtre, rougeâtre ou verdâtre, structure fibreuse, dure et composée, d'après M. Chenevix : de silice 38, alumine 58, oxide de fer 0,75.

Gieseckite. Se trouve au Groënland, en prismes hexaèdres réguliers. Elle est verdâtre, opaque, à cassure terreuse. Poids spécifique, 2,7 à 29. Principes constituans, d'après Stromeyer : Silice, 46,07, alumine 33,82, potasse 6,20, oxide de fer 3,35, magnésie, 1,20, eau 4,88.

Killinite. Elle a quelques analogies avec le triphane; structure lamelleuse, brillante. Couleur jaune brunâtre ou d'un vert clair; poids spécifique, 2,7. Composition, d'après Barker : de silice, 52,49, alumine 24,50, potasse 5, oxide de fer 2,49, oxide de manganèse 0,75, chaux et magnésie 0,50, eau 5.

Leelite. Elle a été découverte en Westmanie, à Gryphytta. Elle est de couleur rouge, et composée, d'après Clarke : de silice 75, alumine 22, magnésie 2,50.

Lenzinite. Trouvée dans l'Eifeld, à Kald. Elle est blanche, terreuse, un peu translucide, fragile; poids spécifique, 2,10; composition, d'après John : de silice 37, alumine, 37, eau 25.

Pinite de Saxe. Cristallisée en prismes hexaèdres réguliers, Elle est tendre, d'un poids spécifique de 2,92, et composée, d'après Klaproth : de silice 29,50, alumine 63,75, oxide de fer 6,75.

Rubellan. En Bohême. En pyramides hexagones, tendre, couleur brun rougeâtre, poids spécifique, de 2,5 à 2,7 ; composition, d'après Klaproth : silice 45, oxide de fer 20, alumine 10, magnésie 10, soude et potasse 10, parties volatiles 5.

Spinellane. Dans les laves des bords du Rhin. Blanche, brunâtre ou grise ; poids spécifique, 2,28 ; composition, d'après le même chimiste : silice 43, alumine 29,5, soude 19, oxide de fer 2, chaux 1,5, eau 2,5.

B. SILICATES NON ALUMINEUX.

Cronstedite. En Bohême. En prismes hexaèdres réguliers, couleur noire, poussière verte ; poids spécifique, 3,35 ; composition, d'après Steimann : silice 22,45, oxide de fer 58, de manganèse, 2,88, magnésie 5,08, eau, 10,70.

Eudyalite. Dans le Groënland. En prismes dodécaèdres rhomboïdaux ; couleur rougeâtre ; poids spécifique, 2,90 ; composition, d'après Stromeyer : silice 53,32, soude 13,82, zircone 11,10, chaux 9,78, oxide de fer 6,75, de manganèse 2,06, acide hydro-chlorique 1,03, eau 1,80.

Gismondine. Dans les laves de *Capo di Bove.* En octaèdres à base carrée, vitreuse, couleur blanchâtre ou rosâtre ; composition, d'après Carpi : de silice 41,4, chaux 48,6, magnésie 1,5, oxide de fer, 2,5, alumine 2,5.

Hisingerite. Couleur noire, structure lamelleuse ; poids spécifique, 3,4 ; composée, d'après Hisinger : de silice 27,50, protoxide de fer 47,80, alumine 5,50, oxide de manganèse 0,77, eau 11,75.

Knebelite. Minéral de couleur brunâtre ou grisâtre, opaque ; poids spécifique, 3,71 ; composé, d'après Doberheiner : de silice 32,5, protoxide de manganèse 35, protoxide de fer 32.

Ligurite. Aux Apennins, dans les roches talcqueuses. En prismes rhomboïdaux, couleur verte, aspect vitreux, transparente; composée, d'après Viviani : de silice 51,45, chaux 25,30, alumine 7, magnésie 2,56, oxide de fer 3.

Melilite. En octaèdres rectangulaires, ou bien en petits parallélipipèdes rectangles ; couleur jaune pâle ou jaune orangé ; composée, d'après Carpi : de silice 38, chaux 19,6, magnésie 19,4, oxide de fer 12,1, alumine 2,9, oxide de titane 4, — de manganèse 2.

Pierre de Bombay. Trouvée, par M. Leschenault de la Tour, aux environs de Bombay. Elle est d'une couleur gris d'ardoise foncé et d'apparence schisteuse.

Composition, d'après M. Laugier :

Silice	50
Oxide de fer uni à un peu de manganèse	25
Alumine	10,5
Magnésie	3,5
Charbon	3
Chaux	8,5
Soufre	0,3
	100,8

L'augmentation de poids est due à l'oxigène, absorbé par le protoxide de fer, qui passe à l'état de peroxide.

FAMILLE DES SULFATES.

Sels composés d'acide sulfurique et d'une base.

Ces sels, à l'exception du sulfate de magnésie et de ceux formés avec les métaux de la deuxième section, sont décomposables à un degré de calorique plus ou moins élevé. Ils sont également décomposables à une haute température par les acides borique et phosphorique ; la plupart sont très-solubles dans l'eau, d'autres très-peu, et certains y sont insolubles. Le degré d'affinité des bases, pour l'acide sulfurique, peut être ainsi établi ;

Barite,	Potasse.
Strontiane,	Soude.
Lithine,	Ammoniaque.
Chaux,	Magnésie, etc.

Composition :

Dans les sulfates neutres, l'oxigène de l'oxide est à celui de l'acide : : 2 : 6, et les proportions de l'acide : : 2

: 10. M. Beudant a donné le nom d'*hydro-sulfates* à des sulfates contenant de l'eau ; mais, comme cette dénomination n'est point exacte, attendu qu'elle semble annoncer que ces sels sont formés d'une base et de l'acide hydro-sulfurique, nous avons cru ne pas devoir l'admettre.

PREMIER GENRE. — SULFATES SIMPLES.

1re ESPÈCE.

SULFATE D'ALUMINE.

L'acide sulfurique est susceptible de s'unir avec diverses bases, et surtout avec l'alumine, en diverses proportions ; nous allons examiner la plupart de ses combinaisons naturelles avec l'alumine. Ces sels sont pour la plupart solubles dans l'eau, et leurs solutions ont une saveur douceâtre acerbe; l'ammoniaque en précipite l'alumine; à une forte chaleur, ils abandonnent une partie de l'acide sulfurique.

1re SOUS-ESPÈCE.

WEBSTERITE.

Ce sel est blanc, ou en rognons terreux, ou compacte, happant à la langue et insoluble dans l'eau. Poids spécifique, 1,66.

Composition :	Acide sulfurique	23
	Alumine	30
	Eau	47
		100

IIe SOUS-ESPÈCE.

TRI-SULFATE D'ALUMINE.

Sel soluble ; se trouve en petites masses, à fibres entrelacées, ou bien mamelonné, à fibres qui divergent du centre à la circonférence.

Composition :	Acide sulfurique	43
	Alumine	18
	Eau	39
		100

IIIe SOUS-ESPÈCE.

ALUMINITE OU ALUNITE.

Dans les couches d'alluvion près de Halle, en Saxe; dans les rochers crayeux de Newaven, près de Brighton. Couleur très-blanche, mat, opaque, cassure terreuse et fine, râclure brillante, happant un peu à la langue, insoluble dans l'eau. Poids spécifique, 1,67.

Composition :

Acide sulfurique	23,365	19,25
Alumine	30,263	32,50
Eau	46,372	47
	100,000	98,75
	Stromeyer.	Dr Ure.

Ce sel est, comme on voit, entièrement semblable à la Webstérite.

IVe SOUS-ESPÈCE.

ALUN, SULFATE D'ALUMINE.

(Avec une autre base).

Ce sel ne se trouve jamais pur dans la nature, mais bien à l'état de mélange ou de combinaison avec les sulfates de fer ou de manganèse; on le trouve en petites couches efflorescentes à la surface de quelques mines, des vieux sols argileux, et de quelques houilles pyriteuses détériorées par le temps ; rarement le rencontre-t-on cristallisé; son système cristallisé est octaédrique. L'alun du commerce est un produit de l'art : on l'extrait de divers minéraux connus sous le nom de *mines d'alun* ; les principaux sont :

1°. L'*argile sulfurée*, qui est la base la plus pure de toutes les mines d'alun, principalement celle de la Tolfa, aux environs de Civita-Vecchia; ce minéral est blanc, compacte, aussi dur que l'argile endurcie; il porte le nom de *pierre alumineuse*.

2°. L'*argile pyriteuse* de Schwemsal, en Saxe ; elle est noire, dure, cassante et formée d'argile, de bitume et de pyrite; celles de Liége et de Hesse sont de même nature.

3°. Le *schiste alumineux;* il contient, en diverses proportions, du pétrole et des pyrites : si le pétrole est trop abondant, il faut les torréfier; dans cette classe sont les mines de Becket, en Normandie, etc.

4°. *Mine alumineuse volcanique;* à la solfatara des environs de Naples, à la solfatara de la Guadeloupe; elle forme une masse saline blanche, sous forme de pierres, dont la surface s'effleurit à l'air.

5°. *Mine d'alun bitumineuse;* elle est sous forme schisteuse, en Suède, et autres lieux, etc.

Vᵉ SOUS-ESPÈCE.

ALUN A BASE D'ALUMINE ET DE POTASSE.

C'est un des sels les plus anciennement connus; il existe aux environs des volcans; en efflorescence sur des schistes charbonneux; en solution dans quelques eaux; à l'état de sous-sulfate, en très-grandes masses, dans quelques parties de l'Italie. Ce sel purifié porte le nom d'*alun;* il est alors inodore, incolore, a une saveur astringente, rougit la teinture de tournesol, est soluble dans 0,75 d'eau bouillante ou dans quatorze ou quinze fois son poids d'eau à 15°. Il cristallise en beaux octaèdres, qui sont le produit de deux pyramides appliquées l'une à l'autre par deux bases; quelquefois il est sous forme de cristaux cubiques; dans ce cas, il paraît contenir un peu plus d'alumine. Exposé à une chaleur peu supérieure à celle de l'eau bouillante, il éprouve la fusion aqueuse; si l'on élève la température, il perd son eau de cristallisation, augmente de volume, en se boursouflant, devient très-blanc et très-léger, et constitue ce médicament escarotique connu sous le nom d'*alun calciné.*

Composition :

Tri-sulfate d'alumine	36	Acide sulfurique	33
—— de potasse	18	Alumine	11
Eau	46	Potasse	10
			46
			100

VIe SOUS-ESPÈCE.

ALUN AMMONIACAL.

L'alun à base d'alumine et d'ammoniaque a tellement d'analogie avec le précédent, qu'il est impossible de les distinguer qu'en le calcinant ou en le traitant par les alcalis; dans le premier cas, on n'obtient pour résidu que de l'alumine, dans le second, on en dégage une odeur ammoniacale très-prononcée.

VIIe SOUS-ESPÈCE.

ALUN DE PLUME.

Couleur blanche, saveur styptique et ferrugineuse; soluble dans l'eau et composé de

Tri-sulfate d'alumine	30	Acide sulfurique	33
—— de fer	26	Alumine	9
Eau	44	Bi-oxide de fer	14
			44
	100		100

IIe ESPÈCE.

SULFATE D'AMMONIAQUE, MASCAGNINE.

Sel ammoniac secret, ammoniaque vitriolée.

Se trouve en solution dans les eaux de quelques lacs, en efflorescence sur quelques laves, dans les houillières embrasées, en petite quantité et uni au sulfate d'alumine. Ce sel, à l'état de pureté, a une saveur amère et piquante, il attire l'humidité de l'air, est soluble dans quatre parties d'eau froide; chauffé dans des vaisseaux fermés, il se décompose en partie, et se sublime à l'état de sur-sulfate; les alcalis en dégagent l'ammoniaque; il cristallise en prismes hexaèdres.

Composition :	Acide sulfurique	54
	Ammoniaque	22
	Eau	24
		100

IIIe ESPÈCE.

SULFATE DE BARITE.

Baritine, spath pesant, etc.

Ce sel existe abondamment sur divers points du globe, en masses fibreuses, lamellaires, grenues ou compactes, ainsi qu'en stalactites, ou bien en octaèdres cunéiformes, ou en espèces de tables rectangulaires biselées sur les bords; ces divers cristaux se clivent en prisme rhomboïdal de 101° 42, et 78° 18'. Le sulfate de barite ne constitue jamais des montagnes, quelquefois il forme des filons dans quelques terrains anciens; dans les secondaires, il est en veines et en rognons; on le rencontre souvent, comme partie accidentelle, dans les filons des mines d'argent, d'antimoine, de cuivre, etc. En France, on en trouve à Montmartre, à Royat, etc. M. Julia de Fontenelle l'a également rencontré dans les Pyrénées et à Mont-Ferrand.

Le sulfate de barite impur est rougeâtre ou bleuâtre; presque pur, il est blanc, inodore, insipide, insoluble, décrépitant au feu, entrant en fusion à une très-haute température; réduit en poudre et mis en pâte avec de la farine et de l'eau, étendu en gâteaux, et chauffé au rouge, il devient lumineux, lorsqu'on le place dans l'obscurité, et constitue le *phosphore de Boulogne.* Poids spécifique de 4,08 à 4,7.

Composition :	Acide sulfurique	34
	Barite	66
		100

Variétés.

On trouve un grand nombre de variétés de couleur, de forme et de structure. *Voyez* la Minéralogie de Haüy.

IVe ESPÈCE.

SULFATE DE CHAUX ANHYDRE.

Karstenite.

Il existe, en grandes masses, tant dans les terrains intermédiaires que dans les premières parties des dépôts secondaires ; sa structure est lamellaire, souvent à grandes lames; ses couleurs les plus ordinaires sont le blanc, le gris, parfois le violacé ; rarement se rencontre-t-il en cristaux; lorsqu'il est en cet état, il est sous forme de prismes rectangulaires. Ce sulfate anhydre est plus dur que celui qui est hydraté; son poids spécifique est de 2,964; il ne blanchit pas au feu.

Composition :	Acide sulfurique	58
	Chaux	42
		100

Variétés.

Compacte, — *terreux*, — *fibreux*, — *botryoïde*, *saccharoïde*, etc.

Vᵉ ESPÈCE.

SULFATE DE CHAUX HYDRATÉ.

Gypse, plâtre, pierre à plâtre, sélénite, etc.

En général, ce sel paraît appartenir aux terrains tertiaires, ainsi qu'aux parties supérieures des terrains secondaires, où il existe en grandes couches intercalées avec des bases calcaires; dans les tertiaires il forme des dépôts, souvent très-étendus, et très-épais, comme sont la plupart des plâtrières, et notamment celles de Montmartre. Le sulfate de chaux est très-souvent en tables biselées de diverses manières, à base de parallélogrammes obliquangles qui dérivent d'un prisme de même genre d'environ 113° et 67°. On le rencontre aussi sous diverses autres formes cristallines. Le sulfate de chaux est inodore, insipide, soluble dans 460 parties d'eau; il décrépide par l'action du calorique, perd sa transparence avec son eau de cristallisation, blanchit et s'empare avec avidité d'une grande quantité d'eau qu'il solidifie, sans que la température s'élève bien sensiblement. Les couleurs du sulfate de chaux sont, le gris blanchâtre, le gris bleuâtre, le gris jaunâtre, et le rougeâtre; son poids spécifique est de 2,26 à 2,31.

Composition :	Acide sulfurique	33
	Chaux	46
	Eau	21
		100

Variétés.

Le sulfate de chaux offre un grand nombre de variétés, tant de forme que de couleur, de structure et de composition ; nous allons énumérer les principales ; il y a deux variétés de formes régulières ; l'une est la *trapésienne* : c'est celle qui se présente avec plus de netteté ; l'autre, l'*équivalente*, est un prisme à six pans, terminé par un pointement à quatre faces, plus ou moins modifiées. La réunion des cristaux n'est pas toujours simple ; quelquefois un grand nombre de cristaux du *trapésien* ou de l'*équivalent* s'unissent en rose, en cylindre ou en sphéroïde; d'autres fois les cristaux équivalens se réunissent à un gros cristal qui leur sert de centre.

1°. CHAUX SULFATÉE COMMUNE.

En grandes masses, et constituant souvent des terrains entiers; sa texture est lamellaire ou compacte; elle est presque opaque, translucide sur les bords; mêlée avec d'autres sels calcaires, tels que le carbonate de chaux, le sulfate de magnésie, etc. ; colorée en blanc sale, gris, gris bleuâtre, ou rougeâtre : c'est l'espèce qu'on emploie ordinairement comme plâtre, et celle qui est la plus commune dans les environs de Paris.

2°. GYPSE COMPACTE.

En couches accompagnant le gypse grenu; ses couleurs sont le blanc, le gris, le bleu, le jaune et le rouge ; il est translucide sur les bords, tendre, sectile, frangible, cassure esquilleuse, à esquilles fines. Poids spécifique, 2,2.

Composition, d'après Gerhard :

Acide sulfurique	48
Chaux	34
Eau	18
	100

3°. GYPSE FIBREUX.

En masse, en concrétions distinctes, etc.; texture fibreuse, éclat nacré, aspect soyeux; ses couleurs sont le blanc, le gris, et parfois le rouge; translucide, tendre, frangible et sectile.

Composition :	Acide sulfurique	44,13
	Chaux	33
	Eau	21
		98,13

4°. GYPSE TERREUX.

En couches de plusieurs pieds d'épaisseur, immédiatement au-dessous du sol. Blanc jaunâtre, formé d'écailles fines, ou d'une consistance farineuse, léger, doux au toucher, un peu tachant.

5°. GYPSE LAMELLEUX, GRENU.

En couches dans les roches primitives, dans le gneiss, le schiste micacé, le schiste argileux de transition, etc.; il est blanc, gris ou rouge, parfois avec des dessins, des rayures ou des taches; il est souvent en concrétions distinctes ou cristallisé en petites lentilles coniques; il a un éclat nacré, est translucide, frangible, très-tendre et sectile, son poids spécifique, 2,3.

Composition, suivant Kirwan :

Acide sulfurique	30
Chaux	32
Eau	38
	100

Les artistes donnent le nom d'*albâtre* aux gypses lamelleux et compactes, qui sont très-purs et susceptibles de prendre un beau poli; ils en font de beaux vases, des statues beaucoup plus estimées que ceux d'*albâtre*, dit calcaire.

6°. GYPSE SPATHIQUE OU SÉLÉNITE.

Se trouve partout sur le continent et dans les environs de Paris; jadis on l'employait comme verre de vitre, d'où lui vinrent les noms de *pierre spéculaire*, de *glacies mariæ*. Elle est en couches minces dans le gypse de formation stratiforme, etc., en masse, disséminé ou cristallisé, 1° en prismes hexaèdres, ordinairement larges et angulaires obliques, avec quatre pans latéraux plus petits; 2°. *lenticulaire*; 3° en cristaux accolés, formés par deux lentilles ou par deux prismes hexaèdres entrant l'un dans l'autre dans le sens de leur largeur; 4° cristal quadruple formé de deux cristaux accolés, entrant l'un dans l'autre suivant la direction de leur longueur. Cette sous-espèce est blanche, grise, jaune, et offre parfois des nuances irisées; elle a un éclat nacré, un clivage triple, une réfraction double, est flexible en morceaux minces et non élastiques, est demi-transparente ou transparente, raie le talc; son poids spécifique est de 2,3.

Composition, d'après Bucholz :

Acide sulfurique	43,9
Chaux	33,9
Eau	21
	98,8

7° GYPSE LAMELLEUX ÉCAILLEUX.

Accompagne la sélénite de Montmartre; il est en masse, disséminé ou en concrétions distinctes; il est en masse, disséminé ou en concrétions distinctes; il est de couleur blanche, éclat nacré, opaque, ou translucide sur les bords, tendre, sectile, friable, cassure lamelleuse à petites écailles.

Il en existe encore une foule de variétés, telles que la *niviforme*, qui est blanche comme la neige, la *scapiforme*, en baguettes; ses cristaux sont lenticulaires, alongés, la *dendritique*, la *stalactitique*, la *seudomorphique*, etc.

VI° ESPÈCE.

SULFATE DE COBALT.

En incrustation sur les mines de cobalt et dans les eaux de ces mines; il est en cristaux obliques rhomboïdaux, d'environ 80° 20′ et 99° 30′ dont la base est inclinée sur les plans d'à-peu-près 82° et 108°; couleur rose ou brunâtre; la solution est rose, l'ammoniaque y forme un précipité violet.

Composition :

Acide sulfurique	20	30
Oxide de cobalt	39	29
Eau	41	41
	100	100
	Citée par Philips.	Beudant.

VIIe ESPÈCE.

SULFATE DE CUIVRE.

Vitriol bleu, couperose bleue, vitriol de Chypre.

Ne se trouve dans la nature qu'en incrustation dans les mines de cuivre, ou en solution dans les eaux qui s'écoulent dans les galeries de ces mines; sous ce point de vue, nous croyons devoir le passer sous silence.

VIIIe ESPÈCE.

SULFATE DE FER.

Vitriol vert, couperose verte, vitriol de Mars.

Partout où l'on trouve des pyrites ferrugineuses, en contact depuis quelque temps avec l'air, on rencontre le proto-sulfate de fer en efflorescence sur elles, presque toujours uni au deuto, ou mieux au trito-sulfate de ce métal; on le trouve aussi à l'état fibreux. Ce sel purifié est en beaux cristaux verts, transparens, en prismes rhomboïdaux, dont les faces sont des rhombes avec les angles de 98° 37' et 81° 23'; il a une saveur styptique et ferrugineuse, rougit la teinture de tournesol, se dissout dans trois parties d'eau froide, et donne un précipité noir par l'acide gallique; exposé à l'air, il se convertit en une poudre jaunâtre qui passe au rougeâtre, et qui est un deuto-sulfate; exposé à l'action du calorique, il perd son eau de cristallisation, et à une température élevée, son acide. Poids spécifique, 1,84.

Composition, d'après Berzélius :

Acide sulfurique	28,9
Protoxide de fer	28,3
Eau	45
	102,2

IXe ESPÈCE.

SULFATE DE MAGNÉSIE, EPSOMITE.

Sel d'Epsom, de Sedlitz, d'Egra, d'Angleterre, etc.

Dans les eaux de mer et de plusieurs sources salées, il accompagne aussi quelques pyrites d'où on l'extrait, principalement à la Guardia. Ce sel, à l'état de pureté, est blanc, amer, en beaux prismes tétraèdres, éprouvant la fusion aqueuse, soluble dans trois parties d'eau, et décomposé par l'ammoniaque qui en précipite la magnésie, ainsi que par les alcalis.

Composition, suivant Gay-Lussac :

Acide sulfurique	5,790
Magnésie	2,855
Eau	9,154
	17,799

Xe ESPÈCE.

SULFATE DE POTASSE.

Tartre vitriolé, sel de Duobus, arcanum duplicatum, panacea nolsotica.

En petites masses mamelonnées dans les laves, dans quelques plantes, surtout dans le *tamarisck gallica*, qui croît loin de la mer, comme MM. Chaptal et Julia de Fontenelle l'ont démontré, dans les mines d'alun, etc. Ce sel purifié est blanc, amer, dur en cristaux prismatiques très-courts, à 4 ou six pans, inaltérables à l'air, décrépitant au feu, soluble dans dix parties d'eau à 15°. Poids spécifique, 2,40.

Composition :	Acide sulfurique	46
	Potasse	54
		100

XIe ESPÈCE.

SULFATE DE PLOMB.

Dans les mines de sulfure de plomb, en Angleterre, en Russie, etc., en petites masses compactes, ou en octaèdres ou tables biselées semblables aux cristaux de sulfate de barite. Ce minéral est blanc, insipide, très-pesant et se vaporise à une température très-élevée. Poids spécifique, 6,3.

Composition :	Acide sulfurique	26
	Oxide de Plomb	74
		100

XIIe ESPÈCE.

SULFATE DE NICKEL.

En très-petite quantité dans les eaux de quelques mines, et en incrustations sur ces mêmes mines. Il est vert d'émeraude, en prismes obliques à bases rhombes, très-alongé, efflorescent, soluble dans trois parties d'eau à 10°.

Composition :	Acide sulfurique	28
	Oxide de nickel	27
	Eau	45
		100

XIIIe ESPÈCE.

SULFATE DE STRONTIANE.

Célestine.

Ce sel a la plus grande analogie avec le sulfate de barite : on le trouve plus fréquemment dans les terrains secondaires ou tertiaires : il existe en un grand nombre de lieux, et surtout en France, à Meudon, Montmartre, Ménilmontant, Médard et Beuvron, etc. Il existe sous un grand nombre de variétés : *Aciculaire.* — *Compacte.* — *Fibreux.* — *Terreux.* — *Mamelonné.* — *Lamellaire.* — — En *rognons.* — En *prismes rhomboïdaux* de 104° et 76°. Il est blanc, insipide, soluble dans 3,500 à 4,000 parties d'eau. Poids spécifique, 4,0

Composition :	Acide sulfurique	44
	Strontiane	56
		100

M. Vauquelin y a trouvé 0,833 de carbonate de chaux, et 0,25 d'oxide de fer.

XIVe ESPÈCE.

SULFATE DE SOUDE.

Sel de Glaubert, sel admirable, vitriol de soude.

Découvert par Glaubert ; il existe en efflorescence à la surface de quelques terres, comme MM. Berthollet et Julia de Fontenelle l'ont démontré dans le *Delta* et l'*Etang-Salin*. Il se trouve aussi sur les murs des souterrains, des anciens édifices, dans les cendres des plantes marines, et principalement du *tamarisck gallica*, qui croît près de la mer (Chaptal et Julia de Fontenelle), enfin, dans les eaux de mer, de quelques fontaines salées, dans les eaux du lac de Neusiedel, situé entre les comitats d'Ædembourg et de Wieselbourg, dans les mares voisines, ainsi que dans celles du lac Bogod, près d'Albe-Royale, etc. Ce sel, à l'état de pureté, est incolore, inodore, très-amer, cristallisé en beaux prismes hexaèdres, terminés par des sommets dièdres; il est si soluble dans l'eau, que, par le simple refroidissement, l'on obtient des cristallisations magnifiques. On doit avoir soin d'en retirer l'eau mère, sans quoi, elle redissout peu-à-peu les sommités des cristaux; il est très-efflorescent. Poids spécifique, 2,24.

Composition :	Acide sulfurique	25
	Soude	19
	Eau	56
		100

XVe ESPÈCE.

SULFATE DE ZINC, GALLIZINITE.

Existe dans quelques mines, mélangé avec des sulfates, ainsi que dans les eaux qui filtrent à travers celles qui contiennent de la blende; on le trouve parfois à l'état aciculaire et mamelonné. Le sulfate de zinc pur est blanc, âcre, styptique, soluble dans deux fois et demie son poids d'eau à 15°; il cristallise en prismes tétraèdres terminés par des pyramides à quatre faces; il s'effleurit à l'air. Poids spécifique, 2.

Composition :	Acide sulfurique	30
	Oxide de zinc	30
	Eau	40
		100

DEUXIÈME GENRE.

SULFATES A DOUBLES BASES.

Dans le premier genre se trouvent quelques sels à base double; mais, comme ils sont intimement liés à quelques espèces, nous n'avons pas cru devoir les en séparer.

Ire ESPÈCE.

SULFATE DE SOUDE ET DE CHAUX.

Glaubérite.

Existe engagé dans le sel gemme à Villaruba, près Ocana, dans la vieille Castille, en Espagne : il est en prismes tétraèdres, obliques, très-déprimés, dont les angles latéraux sont de 104° 28' et de 75° 32'. Les plans latéraux sont striés en travers et les terminaux sont lisses. Il est blanc grisâtre ou jaune pâle, cassure foliée ou conchoïde, transparent, soluble en partie dans l'eau, et devenant opaque, cassant, donnant au chalumeau un émail blanc. Poids spécifique, 2,73.

Composition :

Sulfate de soude sec	51	Acide sulfurique	58
— de chaux sec	49	Soude	22
		Chaux	20
	100		100

IIe ESPÈCE.

SULFATE DE SOUDE ET DE MAGNÉSIE.

Réussine.

Nom donné par Reuss à ce minéral, qu'on trouve en efflorescence sur quelques terres avec le sulfate de soude, etc. — Il est de couleur blanche et comme une espèce d'efflorescence farineuse dans laquelle on découvre de petits prismes aplatis à six faces et des cristaux aciculaires. Il est brillant, tendre et à cassure conchoïde.

Composition, d'après Reuss :

Sulfate de soude	66,04
— de magnésie	31,35
— de chaux	0,42
Hydro-chlorate de magnésie	2,19
	100,00

FAMILLE DES TANTALATES OU COLOMBATES.

Sels formés d'acide tantalite et d'une base.

PREMIER GENRE.

SEULE ESPÈCE.

TANTALATE D'YTTRIA, YTTRO-TANTALITE.

Se trouve en petits nids engagés dans des roches granitiques, presque toujours mélangés avec des tungstates et des tantalates divers. Ce minéral est très-rare : il est de couleur noire ou jaune brunâtre, cassure inégale, éclat métallique. Poids spécifique, 5,130.

Composition : On en a analysé deux variétés, qui ont donné :

		N° 1.	N° 2.
	Acide tantalique	66	56
	Yttria	34	44
		100	100

DEUXIÈME GENRE. — TANTALATES DOUBLES.

SEULE ESPÈCE.

TANTALATE DE FER ET DE MANGANÈSE.

Tantalite.

Trouvé en Finlande, dans la province de Kimito : couleur entre le gris bleuâtre et le noir de fer, surface lisse, un peu chatoyante, éclat presque métallique, dur, non magnétique, cristaux en prismes rectangulaires, modifiés ou en petits nids, engagés dans des roches granitiques. Poids spécifique, de 6,46 à 7,953.

Composition, dans son plus grand état de pureté :

Tantalate de fer	50	Acide tantalique	81
— de manganèse	50	Oxide de mang.	10
		— de fer	9
	100		100

Diverses variétés contiennent des tantalates de chaux, de fer et de tantalates de fer et de manganèse.

FAMILLE DES TITANIATES.

Sels composés d'acide titanique avec les bases ou de peroxide de ce métal, que M. Rose regarde comme un acide.

PREMIER GENRE.

1re ESPÈCE.

TITANIATE DE FER.

Le nigrine.

Se trouve dans l'île de Ceylan, la Sibérie, la Transylvanie, etc., dans les roches d'alluvion, en grains anguleux, plus ou moins gros et en morceaux roulés, ou en octaèdres réguliers : couleur noir brunâtre, noir foncé, éclat de la nature de celui du diamant, opaque, demi-dur, cassant, cassure principale imparfaitement lamelleuse, à lames droites, non attirable à l'aimant. Poids spécifique, de 3,96 à 4,675.

Composition, terme moyen des analyses de Klaproth, Lowitz, Vauquelin, Hect et Lampadius :

Peroxide ou acide titanique	67,25
Oxide de fer	27,35
— de manganèse	2,40
	97,00

Dans l'une de ces analyses, les proportions de l'oxide de fer sont de 9, et dans une autre de 47.

SOUS-ESPÈCE.

MENAKANITE.

Découvert par M. Grégor, à la vallée de Menakan, dans le Cornouailles; il se trouve en petits grains noirâtres mêlés avec un sable gris très-fin : opaque, tendre, cassant, éclat demi-métallique, surface rude, poudre attirable à l'aimant. Poids spécifique, 4,427.

Composition, terme moyen des analyses de MM. Grégor, Klaproth, Lampadius et Chenevix.

Oxide ou acide titanique	43,438
Oxide de fer	49,1
— de manganèse	2,9
Silice	4,452
	99,890

La *crichtonite*, qui est d'un noir violâtre, paraît en être une variété.

IIe ESPÈCE.

TITANIATE DE FER ET D'URANE.

Iserine.

Existe dans le sable de l'Iser, petite rivière de Bohême, en petits grains arrondis et en morceaux roulés. Couleur noir brun, éclat demi-métallique, opaque, dur, cassant. Poids spécifique, 4,5.

Composition ; d'après Jameson :

Oxide ou acide titanique	59,1
Oxide de fer	30,1
— d'urane	10,2
Perte	0,6
	100,0

DEUXIÈME GENRE. — SILICIO-TITANIATES.

SEULE ESPÈCE.

SILICIO-TITANIATE DE CHAUX.

Mine brune, titanite, rutilite, sphéna.

Minéral découvert par Hunger. Il se trouve en Bavière, près de Passau, ainsi qu'en Norwège et près de Saint-Gothard. Il est parfois disséminé en concrétions distinctes, grenues, alongées, à gros grains, mais le plus souvent en prismes tétraèdres de 0,006 millimètres de longueur : la forme primitive est un prisme rhomboïdal ; la couleur est d'un brun clair ou brun rougeâtre, passant au brun jaunâtre ou noirâtre ; il est dur, cassant, cassure scapiforme, rayonnée et parfois lamelleuse, à lames droites, mate. Poids spécifique, 3,51.

Composition, terme moyen de MM. Klaproth et Abilgaard :

Acide titanique	45,5
Silice	28,5
Chaux	26,0
	100,0

FAMILLE DES TUNGSTATES.

Sels formés d'une base et d'acide tungstique.

PREMIER GENRE.

1re ESPÈCE.

TUNGSTATE DE CHAUX.

Schéélite.

Se trouve en Suède, en Saxe et en Bohême; il est d'un blanc jaunâtre, très-pesant, aspect gras, presque toujours cristallisé en octaèdres surbaissés ou aigus. Poids spécifique, de 5,5 à 6,06.

Composition, d'après Berzélius :

Acide tungstique	80,417
Chaux	19,4
	99,817

Klaproth y a trouvé 0,03 de silice.

IIe ESPÈCE.

TUNGSTATE DE PLOMB.

Très-rare, existe en Bohême, accompagnant la mine d'étain de Zinwald. Couleur jaune ou verdâtre, cristallisé en octaèdres aigus à bases carrées. Poids spécifique, 8.

Composition :	Acide tungstique	52
	Oxide de plomb	48
		100

DEUXIÈME GENRE. — TUNGSTATES DOUBLES.

SEULE ESPÈCE.

TUNGSTATE DE FER ET DE MANGANÈSE.

Wolfram.

Se rencontre en assez grande quantité dans un filon de quartz à *Puy-les-Mines*, dans des mines d'étain de la Bohême, de Cornouailles, de la Saxe, etc. Couleur noire, éclat métallique, opaque, texture lamelleuse, cristaux en prismes droits à quatre pans modifiés sur les angles et les arêtes solides. Poids spécifique, 7,3.

Composition, Suivant M. Vauquelin :	—	Berzélius :
Acide tungstique	67	74,666
Oxide de fer	18	17,594
— de manganèse	6	5,640
Un peu de silice		2,100
	91	100,000

M. Thénard pense qu'il ne contient qu'accidentellement de la silice.

FAMILLE DES URATES.

Sels formés d'acides urique et d'une base.

SEUL GENRE.

SEULE ESPÈCE.

URATE DE CHAUX OU GUANO.

Dans un grand nombre de petites îles de la mer du Sud, habitées par une infinité d'oiseaux, et surtout par ceux des genres *ardea* et *phenicopterus*, on trouve cette substance excrémenticielle en couches de cinquante à soixante pieds d'épaisseur. Elle est d'un jaune sale, presque insipide, d'une odeur très-forte, qui semble participer de celles du castoréum et de la valériane.

Composition, d'après Vauquelin et Fourcroy :

Acide urique 25, saturé par la chaux et l'ammoniaque, ainsi que de l'acide oxalique saturé en partie par l'ammoniaque et la potasse, l'acide phosphorique combiné aux mêmes bases et à la chaux, et de petites quantités de sulfate et d'hydro-chlorate de potasse et d'ammoniaque.

APPENDICE.

DES PÉTRIFICATIONS.

C'est ainsi qu'on nomme les infiltrations et les incrustations des substances pierreuses dans les cavités et à la surface de certains corps organiques animaux et végétaux qui ont conservé leur forme primitive. Quoiqu'on rencontre quelquefois des pétrifications dans des climats où leurs originaux n'auraient pas pu exister, et d'autres dont les analogues vivans n'existent plus, ce qui est digne de remarque, c'est qu'on n'a jamais trouvé, sur aucune partie du globe, aucune trace de fossile humain. En vain a-t-on voulu présenter naguère un grès de Fontainebleau pour un anthropolite; MM. Cuvier et Geoffroy Saint-Hilaire, par l'examen zoologique, et MM. Julia de Fontenelle, Payen et Chevallier, par l'analyse chimique, n'ont pas tardé à faire justice du prétendu fossile humain.

Bien des naturalistes ont écrit sur les pétrifications. Nous allons traduire et citer en peu de mots les observations de Kirwan, qui sont ce qu'il y a de plus exact sur ce point.

1°. Les coquillages pétrifiés ne se trouvent qu'à la surface, ou très-près de la surface de la terre : les pétrifications des poissons sont à une plus graude profondeur; celles des bois sont de toutes le plus bas placées. On trouve des coquilles en espèces, en quantités immenses, à des profondeurs considérables.

2°. Celles des substances organiques qui résistent le mieux à la putréfaction se rencontrent souvent pétrifiées. De ce nombre sont les coquillages, des espèces de bois les plus durs et les ossemens. On trouve très-rarement en cet état les corps qui se putréfient promptement, comme les poissons, les parties molles des animaux.

3°. Les pétrifications se trouvent le plus ordinairement dans des couches de marne, d'argile, de craie, ou de pierre calcaire; rarement dans le grès, plus rarement dans le gypse, et jamais dans le gneiss, le granite, le basalte, ou le schorl. On en trouve quelquefois parmi les pyrites, ainsi que dans les mines d'argent, de cuivre et de fer. Elles reconnaissent presque toujours pour principes constituans le minérai ou la gangue qui accompagne ces mines ; quelquefois elles sont d'agate, de cornaline ou de silice. Il est donc bien évident que les caractères chimiques ne sauraient être identiques dans toutes les pétrifications, puisqu'ils sont variables suivant la nature des subtances pierreuses qui les ont produites.

VIe CLASSE.

MÉTÉORITES.

AÉROLITHES, PIERRES MÉTÉORIQUES, PIERRES TOMBÉES DU CIEL.

De temps immémorial, il est tombé en différentes contrées des pierres de l'atmosphère, et, quoique ces chutes aient été attestées par les relations de plusieurs auteurs, la singularité d'un tel phénomène et la difficulté de l'expliquer l'ont fait révoquer en doute, jusqu'à ce qu'une saine philosophie ait renversé la ténébreuse chaîne des préjugés et des superstitions pour faire place à l'observation. De nos jours, l'identité de ces diverses pierres, reconnue par l'analyse chimique, a mis un terme à l'incrédulité obstinée de l'ancienne école. Nous aimons à reproduire ici ce passage aussi curieux qu'intéressant de notre illustre Vauquelin.

« Pendant que toute l'Europe retentissait du bruit que des pierres étaient tombées du ciel, et que les philosophes, ébranlés dans leur opinion, formaient des hypothèses pour expliquer leur origine, chacun selon sa propre manière de voir, l'honorable M. Howard, chimiste anglais, suivait en silence la seule route qui pût conduire à la solution du problème. Il rassemblait des échantillons de toutes les pierres tombées à différentes époques, se procurait sur leurs chutes toutes les informations possibles, comparant les caractères physiques ou extérieurs de ces corps, et même faisait plus encore, en les soumettant à l'analyse chimique par des moyens aussi exacts qu'ingénieux.

« Il résulte de ses recherches, que les pierres tombées en Angleterre, en Allemagne, en Italie, dans les Indes orientales, et dans d'autres lieux, ont toutes une ressemblance si parfaite, qu'il est presque impossible de les distinguer les unes des autres; et, ce qui rend encore la similitude plus complète et plus frappante, c'est qu'elles sont composées des mêmes principes, et, à peu de chose près, dans les mêmes proportions. » (Journal des Mines, n° 76.)

Depuis M. Howard, un grand nombre de chimistes se sont livrés à l'analyse de ces pierres; en France, MM. Vauquelin, Thénard et Laugier s'en sont plus spécialement occupés.

Les météorites tombent ordinairement pendant un temps serein; un globe de feu traverse l'air avec une grande rapidité; une détonation violente se fait entendre; elle est suivie de sifflemens analogues à ceux qui sont produits par des corps durs lancés au moyen d'une fronde.

Le volume des météorites varie depuis la grosseur d'un œuf jusqu'à celle dont le poids dépasse plusieurs quintaux.

Trois théories ont été proposées pour expliquer ce phénomène : dans la première, qui appartient à M. de Laplace, on suppose qu'il existe des volcans dans la lune, et que leurs explosions sont capables de lancer de semblables masses à une distance telle que l'attraction de la lune cesserait d'agir sur elles; alors elles entreraient dans la sphère d'activité de l'attraction terrestre.

Le calcul démontre que la vitesse initiale que ces masses devraient avoir pour franchir les limites de l'attraction lunaire n'exigerait qu'une force quatre fois et demie plus grande que celle qu'une pièce de vingt-quatre, chargée de douze livres de poudre, imprime à un boulet de calibre : or, une telle vitesse n'a rien d'extraordinaire, étant comparée à celle des corps lancés par les volcans terrestres.

La seconde théorie supposerait les substances qui

composent les météorites réduites à l'état de gaz et disséminées dans l'atmosphère, jusqu'à ce qu'une cause favorable en ait déterminé la condensation subite. Aucune analyse chimique de l'air pris à de grandes hauteurs n'y a encore démontré d'autres principes que l'hydrogène, l'oxigène, un peu d'eau et des traces d'acide carbonique.

Dans la troisième, on considère les aérolithes comme des fragmens de planètes tournant autour de la terre, à une hauteur assez grande pour qu'elles ne soient point dans la sphère d'activité de l'attraction terrestre, dont un accident déterminerait la chute en les dérangeant de leur marche. Tout ce que nous pouvons conclure de ces ingénieuses hypothèses, c'est que l'explication de ce phénomène est tellement au dessus de nos connaissances actuelles, qu'il est impossible de s'arrêter aux phénomènes ordinaires de la nature, pour s'en faire une idée un peu raisonnable. Ce que nous savons de bien positif, c'est que les pierres qui ont été recueillies au moment de leur chute ont toujours été trouvées plus ou moins chaudes.

Caractères physiques et chimiques des météorites.

Toutes les pierres dites *météorites* sont recouvertes d'une croûte mince d'un noir foncé; elles sont sans éclat; leur surface est parsemée de petites aspérités; elles sont à l'intérieur grisâtres, ont une texture grenue, à grains plus ou moins fins. Au moyen d'une bonne loupe, on peut reconnaître dans leur texture quatre substances différentes. La première, qui est celle qui est la plus abondante, se présente en petits globules dont la grosseur varie depuis la tête d'une épingle jusqu'à celle d'un pois; elle est d'une couleur gris brunâtre, opaque, peu éclatante, et faisant feu au briquet. La deuxième, qui est une pyrite ferrugineuse, est jaune rougeâtre, et noire quand elle est réduite en poudre; elle n'est point magnétique, et sa texture est peu solide. La troisième est formée par du fer natif, attirable à l'aimant, dont les proportions varient depuis 0,02 jusqu'à 0,25 du poids total. La quatrième est une sorte de pâte qui sert à unir les autres; elle est d'une consistance terreuse, ce qui rend les météorites faciles à diviser. Leur poids spécifique est depuis 3,352 jusqu'à 4,281.

La croûte noire est dure; elle fait feu au briquet; on peut cependant la réduire en poudre au moyen du pilon; d'après M. Hatchett, elle contient du nickel uni à de l'oxide noir de fer très-attirable à l'aimant.

Ce chimiste a trouvé dans les météorites tombées à Bénarez, pour :

A. *La pyrite.*

Fer	0,68
Soufre	0,13
Nickel	0,06
Matière terreuse étrangère	0,13
	1,00

B. *Le fer métallique.*

Fer	3
Nickel environ	1
	4

C. *La partie dure.*

Silice	0,50
Oxide de fer	0,34
—— de nickel	0,025
Magnésie	0,15
	101,5

D. *La pâte ou ciment.*

Silice	0,48
Oxide de fer	0,34
—— de nickel	0,025
Magnésie	0,18
	102,5

Dans ces deux dernières analyses, l'augmentation du poids est due à une plus grande oxidation du fer.

D'après les diverses analyses qui avaient été publiées, on regardait le nickel comme le principe caractéristique des pierres météoriques ; mais, d'après celles de MM. Laugier et Thénard, le chrôme y existe toujours pour environ 0,01, tandis que le nickel ne s'y trouve pas constamment ; le chrôme devrait donc être regardé comme le cachet principal des aérolites.

Nous croyons faire plaisir à nos lecteurs que de mettre sous leurs yeux le résultat des analyses les plus récentes qui ont été faites des météorites ; les autres sont assez connues.

Analyse d'une météorite tombée dans le Maine (Etats-Unis), en août 1823, par M. Webster.

Cette aérolithe était à six pouces dans la terre, où elle trouva une pierre sur laquelle elle se brisa. Une heure après sa chute, elle exalait une forte odeur sulfureuse. Son poids fut évalué à près de six livres. Son poids spécifique était de 2,5.

Composition :	Silice	29,5
	Soufre	18,3
	Magnésie	24,8
	Fer	14,9
	Alumine	4,7
	Chrôme	4,0
	Nickel	2,3
	Chaux traces	
	Perte	1,5
		100,0

Analyse de deux météorites tombées, l'une à Zaborzica, en Wolhynie, en 1818, et l'autre à Lypna, en Pologne, en 1820.

Envoyées par M. Horoduki à M. Laugier.

Composition :

	MÉTÉORITE DE LIPNA,	— DE ZABORZYCA.
Oxide de fer	40	45
Silice	34	41
Magnésie	17	14,90
Soufre	6,80	4
Alumine	1,00	0,75
Nickel	1,50	1,00
Chrôme	1,00	0,75
Chaux	0,50	2,00

D'après ces diverses analyses, on voit la nature des principes constituans des météorites ; quant à leurs proportions, elles varient plus ou moins.

Nous allons joindre ici la liste chronologique des pierres tombées du ciel, queM. Howard a publiée dans les *Transactions philosophiques*, et qui se trouve reproduite dans le 13 vol. de *Tilloch's magazine.*

SECTION 1re. — AVANT L'ÈRE CHRÉTIENNE.

DIVISION 1, *contenant celles dont on peut assez exactement fixer la date.*

A. C.

1478. La pierre de tonnerre, en Crète, mentionnée par Malchus, et regardée probablement comme le symbole de Cybèle. — Chronique de Paros, 1, 18, 19.

1451. Pluie soudaine de pierres qui détruisit les ennemis de Josué à Beth-Horon. — Josué, chap. x, 11.

1200. Pierres conservées à Orchomenos. — Pausanias.

1168. Masse de fer sur le mont Ida, en Crète. — Chronique de Paros, 1,22.

705 ou 704. Le Ancyle ou bouclier sacré, qui tomba sous le règne de Numa. Il avait à peu près la même forme que les pierres tombées à Agram et au Cap. — Plutarque, *in num.*

654. Pierres qui tombèrent sur le mont Alba, pendant le règne de Tullus Hostilius. *Crebri cecidère cælo lapides*, livre 1, 31.

644. Cinq pierres tombèrent en Chine, dans la contrée de Song. — De Guignes.

466. Pierre très-grande trouvée à Ægospotamos, et qu'Anaxagore supposait venir du soleil. Elle était aussi large qu'un chariot, et d'une couleur brûlée. « *Qui lapis etiam nunc ostenditur, magnitudine vehis, calore adusto.* « Plutarque, Pline, livre 11, chap. 58.

465. Pierre près de Thèbes. — Scholiast. de Pindare.

461. Une pierre tomba dans la marche d'Ancône. — Valérius Maximus, livre VII, chap. 28.

343. Une pluie de pierres tomba près de Rome. — Jul. *obsequens.*

211. Des pierres tombèrent en Chine, accompagnées d'une étoile tombante. — De Guignes, etc.

205 ou 206. Pierres de feu. — Plutarch., Fab., Max., chap. 2.

192. Chute de pierres en Chine. — De Guignes.

176. Une pierre fut précipitée dans le lac de Mars. — *Lapidem in agro Austumino in lacum Martis de cœlo cecidisse*, lib. XLI, 9.

90 ou 89. « *Eodem causam dicente, lateribus coctis pluvisse, in ejus anni acta relatum est.* » Plin., nat. hist. lib. 11, cap. 56.

89. Deux grandes pierres tombèrent à Young, en Chine. Le bruit fut entendu à quarante lieues. — De Guignes.

56 ou 52. Chute de fer spongieux en Lucanie. — Plin.

46. Des pierres tombèrent à Acilla. — César.

38. Six pierres tombèrent à Léang, en Chine. — De Guignes.

22. Huit pierres tombèrent du ciel en Chine. — De Guignes.

12. Une pierre tomba à Ton-Kouan. — De Guignes.

9. Deux pierres tombèrent en Chine. — De Guignes.

6. Seize pierres tombèrent à Ning-Tlheou, et deux autres dans la même année. — De Guignes.

DIVISION II, *contenant celles dont on ne peut pas déterminer la date.*

La mère des dieux qui tomba à Persinus.

La pierre conservée à Abydos. — Plin.

La pierre conservée à Cassandrie. — Plin.

La pierre noire, ainsi qu'une autre, gardées à la Mecque.

La pierre de tonnerre, noire en apparence comme une roche, dure, brillante et éclatante, avec laquelle un forgeron façonna l'épée d'Antor. (*Voyez* Quaterly Review, vol. XXI, pag. 225, et *Antor*, traduction de T. Hamilton, p. 152.)

Peut-être aussi la pierre conservée dans la chaise de couronnement des rois d'Angleterre.

SECTION IIe — APRÈS L'ÈRE CHRÉTIENNE.

P. C.

Pierre trouvée dans la contrée de Vocontini. — Plin.

452. Il tomba, en Thrace, trois grosses pierres. — Cedrenus et Marcellini Chronicon, p. 29, *Hoc tempore*, dit Marcellinus, *tres magni lapides e cœlo in Thraciâ ceciderunt.*

Chute de pierres sur le mont Liban, et près d'Emisa, en Syrie. — Damascius.

Vers 570, chute de pierres près Bender en Arabie. — Alkoran, VI, 16, et CV, 3 et 4.

648. Une pierre de fer tombe à Constantinople. — Chroniques diverses.

823. Pluie de cailloux en Saxe.

852. Une pierre tomba dans le Tabaristan, en juin ou août. — De Sacy et Quatremère.

897. Une pierre tombée à Ahmedabatd. — Quatremère; et en 892, suivant la chronique syrienne.

951. Une pierre tombée près d'Augsbourg. — Alb. Stad. et autres.

998. Chute de deux pierres, l'une près de l'Elbe et l'autre dans la ville de Magdebourg. — Cosmas et Spangenberg.

1009. Une masse de fer tomba à Djordjan. — Avicenne.

1021. Plusieurs pierres tombèrent en Afrique, du 24 de juillet au 21 août. — De Sacy.

1112. Chute de pierre ou de fer près d'Aquilée. — Valvasor.

1135 ou 1136. Chute d'une pierre à Oldisleben, en Thuringe. — Spangenberg et autres.

1164. Pendant la Pentecôte, une masse de fer tomba en Misnie. — Fabricius.

1198. Une pierre tomba auprès de Paris.

1249. Chute de pierres à Guedlimbourg, Ballenstadt et Blankembourg, le 26 juillet. — Spangenberg et Rivander.

Treizième siècle. Une pierre tomba à Wurzbourg. — Schottus, phys. cur.

De 1251 à 1363. Chute de pierres à Welixoi-Ussing, en Russie. — Gilbert's annal., t. 95.

1280. Une pierre tomba à Alexandrie, en Egypte. — De Sacy.

1304, 1er octobre. Chute de pierres à Friedland ou Friedberg. — Kranz et Spangenberg.

1305. Chute de pierres dans le pays des Vandales.

1328, 9 janvier. à Murtahiah et Dakhaliah. — Quatremère.

1368. Masse de fer dans le duché d'Oldembourg. — Siebrand, Mayer.

1379, 26 mai. Chute de pierres à Minden, en Hanove. — Lebercius.

1438. Pluie de pierres spongieuses à Rua, près Burgos, en Espagne. — Proust.

— Une pierre tomba auprès de Lucerne. — Cysat.

1491, 22 mars. Chute d'une pierre auprès de Crême. — Simoneta.

1492, 7 novembre. Il tomba à Ensiheim, près Sturgan, en Alsace, une pierre pesant 260 livres. Elle se trouve maintenant dans la bibliothèque de Colmar, réduite au poids de 150 livres. — Thrisémius, Hirsang annal; Conrad Gesner, *liber de rerum fossilium figuris*, cap. III., p. 66, dans ses *opera*, Zurich, 1565.

1496, 26 ou 28 janvier. Chute de trois pierres entre Cesena et Bertonori. — Buriel et Sabeliccus.

1510. Environ 1200, l'une desquelles pesait 120 livres et plusieurs autres 60 livres, tombèrent dans un champ près la rivière d'Abna, *color ferrugineus, duritics eximia, odor sulfureus.* — Cardan, *de rerum varietate*, lib. XIV, c. 72.

1511, 4 septembre. Il tomba, à Crême, plusieurs pierres dont l'une pesait 11 livres, et d'autres 8 livres. — Giovani del Prato et autres.

1520, mai. Chute de pierres dans l'Arragon. — Diego de Sayas.

1540, 28 avril. Une pierre tomba dans le Limousin. — Bonav. de Saint-Amable.

Entre 1540 et 1550. Une masse de fer tomba dans la forêt de Naunholf. — Chronique des mines de Misnie.

— Chute de fer dans le Piémont. Mercati et Scaliger.

1548, 6 novembre. Une masse noire tomba à Mansfeld, en Thuringe. — Bonav. de Saint-Amable.

1552, 19 mai. Chute de pierres en Thuringe, près Scholssingen. — Spangenberg.

1559. Il tomba à Miscolz, en Hongrie, deux pierres aussi grosses que la tête d'un homme, qui sont, dit-on, conservées dans le trésor de Vienne. — Sthuansi.

1561, 17 mai. Une pierre, appelée *Ars Julia*, tomba à Torgau et Eilenborg. — Gesner et de Boot.

1580, 27 mai. Chute de pierres près Gœttingue. — Banga.

1581, 26 juillet. Il tomba, en Thuringe, une pierre pesant 39 livres. Elle était tellement chaude, que personne ne pouvait la toucher. — Binhard, Oléarius.

1583, 9 janvier. Chute de pierres à Castrovillari. — Carto, Mercati, et Imperati.

1583. Dans les ides de janvier, une pierre de trente livres pesant, et ressemblant à du fer, tomba à Rose, en Livadie.

— 2 mars. Il tomba, en Piémont, une pierre de la grosseur d'une grenade.

1591, 19 juin. Il tomba plusieurs grosses pierres à Kunersdorf. — Lucas.

1596, 1er mars. Chute de pierres à Cuvalcose. — Mitarelli.

Dans le dix-septième siècle, en 1603. Une pierre tomba dans le royaume de Valence. — Cæsius et les jésuites de Coïmbre.

1618, août. Une grande chute de pierres eut lieu en Styrie. — Staunnes.

— Une masse métallique tomba en Bohême. Krouland.

1621, 17 avril. Une masse de fer tomba à environ 100 milles S. E. de Labore. — Jehan Guir's mémoires.

1622, 10 janvier. Il tomba une pierre dans le Dévonshire. — Rumph.

1628, 9 avril. Chute de pierres près de Hatford, dans le Berkshire, dont l'une pesait 24 livres.

1634, 27 octobre. Chute de pierres dans le Charolais. — Morinas.

1635, 21 juin. Il tomba une pierre à Vago, en Italie.

— 7 juillet ou 29 septembre. Il tomba à Calce une pierre pesant environ 11 onces. — Villisnieri opere vi, 64.

1636, 6 mars. Il tomba, entre Sagan et Dubrow, en Silésie, une pierre paraissant brûlée. -- Lucas et Cluverius.

1637, 29 novembre. Gassendi rapporte qu'il tomba une pierre d'une couleur noire métallique sur le mont Vaision, entre Guillaume et Perne, en Provence. Elle pesait 54 livres, et avait la grosseur et la forme d'une tête humaine. Sa pesanteur spécifique était de 3,5. — Gassendi *opera*, p. 96, Lyon 1658. —

1742, 4 août. Il tomba une pierre pesant 4 livres entre Woodbrige et Aldborough, dans le Suffolk. — Gent. mag. déc. 1796.

1643 ou 1644. Pluie de pierres dans la mer. — Wuofbrain.

1647, 18 février. Chute d'une pierre près de Fwicxan. — Schmid.

— Août. Il tomba des pierres dans le baillage de Stolzenem, en Wesphalie. — Gilbert's annals.

Entre 1647 et 1654. Une masse solide fut précipitée dans la mer. — Wilman.

1650, 6 août. Une pierre tomba à Dordrecht. — Senguesd.

1654, 30 mars. Pluie de pierres dans l'ile de Punen. — Bartholinus.

— Une grosse pierre tomba à Warsaw. — Petr. Borellus.

Une petite pierre tomba à Milan et tua un franciscain. Museum septalianum.

1668, 19 ou 21 juin. Deux pierres, l'une de 300 livres et l'autre de 200, tombèrent auprès de Véronne. — Legallois, conversation, etc., Paris, 1672; Valisnieri, opere, ii, p. 64, 66; Montanan et Francisco Carlé, qui publièrent une lettre contenant plusieurs faits curieux relativement aux pierres tombées du ciel.

1671, 27 février. Pluie de pierres en Souabe. — Gilbert's annal., t. xxxxiii.

1673. Il tomba une pierre dans les champs près de Diusling. « *Nostris temporibus, in partibus Galliæ cispadanæ, lapis magnæ quantitatis e nubibus cecidit.* — Leonardus, *de gemmis*, lib. 1, cap. 5, et Memorie della societa colombaria Fiorentina. 1747, vol. 1, diss. vi, p. 14.

1674, 6 octobre. Il tomba, auprès de Glaris, deux grosses pierres. — Scheuchzer.

Entre 1675 et 1677. Une pierre tomba dans un bateau pêcheur, près Copinshaw. — Wallce's account of orkney et gent. mag. july 1806.

1677, 28 mai. Plusieurs pierres, contenant probablement du cuivre, tombèrent à Ermundorf, près Roosenhaven. — Misi nat. cur. 1677, app.

1680, 18 mai. Chute de pierres à Londres. — King.

1697, 13 janvier. Chute de pierres à Pentelina, près Sienne. — Soldani d'après Gabrielli.

1698, 19 mai. Une pierre tomba à Walling. — Scheuchzer.

1706, 7 juin. Une pierre pesant 72 livres tomba à Larissa, en Macédoine. Son odeur était sulfureuse, et elle ressemblait à de l'écume de fer. — Paul Lucas.

1722, 5 juin. Chute de pierres auprès de Scheſſlas, dans le Freisingen. — Meichelbeck.

1723, 22 juin. Il tomba 33 pierres noires et métalliques auprès do Plestowitz, en Bohême. — Rost et Stepling.

1727, 22 juillet. Chute de pierres à Lilaschitz, en Bohême. — Stepling.

1738, 18 août. Pluie de pierres auprès de Carpentras. — Castillon.

1740, 25 octobre. Chute de pierres à Rasgrad. — Gilbert's annal., t. 1.

1741 à 1742. Une grosse pierre tomba pendant l'hiver dans le Groënland. — Egede.

1743. Chute de pierres à Liboschitz, en Bohême. — — Stepling.

1750, 1er octobre. Il tomba une grosse pierre à Niort, près Coutance. — Huard et Lalande.

1751, 26 mai. Deux masses de fer, l'une de 71 liv., l'autre de 16 liv., tombèrent dans le district d'Agram, capitale de la Croatie. La plus grosse est actuellement à Vienne.

1753, janvier. Il tomba une pierre en Allemagne, dans Eichstadt. — Cavallo, iv, 377.

— 3 juillet. Quatre pierres, dont l'une pesait 13 liv.,

tombèrent à Stiskow, près Tabor. — Stepling. *De pluviâ lapidore, anni 1753, ad Stikow, et ejus causis meditatio,* p. 4 — p. 1754.

— Septembre. Chute de deux pierres, l'une de 20 liv., et l'autre de 11 liv., auprès des villages de Liponas et Pin, en Bresse. — Lalande et Richard.

1755, juillet. Il tomba dans la Calabre, à Terranova, une pierre pesant 7 livres 7 onces et demi. Domin. Tata.

1766, fin de juillet. Il tomba une pierre à Albereto, près Modène. — Troili.

— 15 août, une pierre tomba à Novellara. — Troili.

1768, 13 septembre. Il tomba une pierre près de Lucé, dans le Maine. Elle fut analysée par Lavoisier, etc. — Mém. acad. par.

20 novembre. Une pierre, pesant 38 liv., tomba à Manerkichen, en Bavière — Imhof.

1773, 17 novembre. Une pierre du poids de 9 livres 1 once, tomba à Sena, dans l'Aragon. — Proust.

1775, 19 septembre. Pluie de pierres près de Rodach, en Cobourg. — Gilbert's annal., t. XXXI.

1776 ou 1777, janvier ou février. Chute de pierres près de Fabriano. — Soldadi et Amoretti.

1779. Deux pierres pesant chacune 3 1/2 onces, tombèrent à Petiswoode, en Irlande. — Bingleg, gent. mag. septembre 1796.

1780, 1er avril. Chute de pierres près Brecton, en Angleterre. — Evening. port.

1782. Il tomba une pierre auprès de Turin. — Tata et Amoretti.

1785, 19 février. Pluie de Pierres à Eichstadt. — Pickel et Stalz.

1787, 1er octobre. Chute de pierres dans la province de Charkow, en Russie. — Gilbert'annals, t. XXXI.

1790, 24 juillet. Une grande pluie de pierres eut lieu à Barboran près Roquefort, dans le voisinage de Bordeaux. Une masse de 15 pouces de diamètre pénétra dans une cabane, tua un berger et un jeune taureau. Quelques-unes de ces pierres pesaient 25 liv., d'autres 30 liv. — Lomet.

1791, 17 mai. Chute de pierres à Cassel-Beardenga, en Toscane — Soldani.

1794, 16 juin. Douze pierres, dont l'une pesait 7 liv. 7/8 onces, tombèrent à Sienne; elles ont été analysées par Howard et Klaproth.— Phil. Trans., 1794, p. 103.

1795, 13 avril, pluie de pierres à Ceylan. — Beck.

— 13 décembre. Une grosse pierre, pesant 55 liv., tomba près de Wold-Cottage, dans le Yorckshyre. Aucune lumière n'accompagnait cette chute. Gent. mag. 1796.

1796, 14 janvier. Il tomba des pierres près de Belasa-Ferkwa, en Russie — Gilbert's annals, t. xxxv.

— 19 février. Une pierre de 10 livres tomba dans le Portugal. — Southey's letters from Spain.

1798, 8 ou 12 mars. Il tomba à Sales plusieurs pierres, dont l'une était aussi grosse qu'une tête de veau. — Marquis de Drée.

— 19 décembre. Il tomba des pierres au Bengale. — Howard, lord Valentia.

1799, 5 avril. Chute de pierres à Batanrouge, sur le Mississipi. — Belfast, Chronicle of the war.

1801. Chute de pierres dans l'île des Tonneliers. — Bory de Saint-Vincent.

1802, septembre. Chute de pierres en Écosse. — Monthly magazine, octobre 1802.

1803, 26 avril. Une grande chute de pierres eut lieu à Laigle; il y en avait environ 300, et la plus grosse pesait environ 17 livres.

5 octobre. Pluie de pierres près d'Avignon. —Bibl. brit.

— 13 décembre. Il tomba près d'Eggenfelde, en Bavière, une pierre pesant 3 1/2 livres. — Imhof.

1804, 5 avril. Il tomba une pierre à Porsil, près Glascow.

1804 à 1807. Il tomba une pierre à Dordrecht. — Van-Beck.

1805, 25 mars. Chute de pierres à Doroninsk, en Sibérie. — Gilbert's annals, t. xxix et xxxi.

— Juin. Il tomba à Constantinople des pierres recouvertes d'une croûte noirâtre.

1806, 15 mars, Il tomba deux pierres à Saint-Etienne et Valence; l'une d'elles pesait 8 livres.

— 17 mai. Il tomba près de Basintoke, dans le Hampshire, une pierre pesant 2 1/2 livres.--Monthly magazine.

1807, 13 mars (17 juin, suivant Lucas). Une pierre du poids de 160 livres tomba à Fimochin, province de Smolensk, en Russie. — Gilbert's annals.

— 14 décembre. Une grande pluie de pierres eut lieu près Werton, dans le Connecticut. On trouva des masses de 20, 25 et 35 livres. — Silliman et Kingsley.

1808, 19 avril. Chute de pierres à Borgo-san-Domino. — Guidotti et Spangoni.

— 22 mai. Il tomba en Moravie plusieurs pierres pesant 4 ou 5 livres. — Bibl. brit.

— 3 septembre. Chute de pierres à Lissa, en Bohême. — De Schreibers.

1809, 17 juin. Une pierre, pesant 6 onces, tomba à bord d'un vaisseau américain par 30° 58' de latitude nord et 70° 25' de longitude. — Bibl. brit.

1810, 30 janvier. Il tomba dans le comté de Carswel, Amérique septentrionale, plusieurs pierres dont quelques-unes pesaient 2 liv. — Phil. mag., vol. XXXVI.

10 août. Une pierre pesant 7 1/4 livres, tomba dans le comté de Tipperari, en Irlande. — Phil. mag., vol. XXXVIII.

— 23 novembre. Pluie de pierres à Mortelle, Villerai et Moulin-Brûlé, dans le département du Loiret; l'une d'elles pesait 40 liv, et d'autres 20 liv. — Nich. journal, vol. XXXIX, p. 158.

1811, 12 ou 13 mars. Il tomba une pierre du poids de 15 liv. dans le village de Kouglinshouwsh, près Romea, en Russie. — Bruce's american journal, n° 3.

— 8 juillet. Il tomba près Balanguillas, en Espagne, plusieurs pierres, dont l'une pesait 3 3/4 onces. — Bibl. brit., t XLVIII, p. 162.

1812, 10 avril. Pluie de pierres près Toulouse.

15 avril. Il tomba à Erzleben une pierre aussi grosse que la tête d'un enfant. Un échantillon est en la possession du professeur Haussmann de Brunswick. — Gilbert's annals, XL et XLI.

— 5 août. Chute de pierres à Chatonay. — Brochant.

1813, 14 mars. Pluie de pierres à Cutro, en Calabre, pendant une chute considérable de poussière rouge. — Bibl. brit., oct. 1818.

— 9 et 10 septembre. Plusieurs pierres, dont l'une

pesait 17 liv. tombèrent à Limerick, en Irlande. — Phil. mrg.

1814. Une pierre tomba près Bacharut, en Russie. — Gilbert's annals, t. 1.

5 septembre. Plusieurs pierres, dont quelques-unes pesaient 18 liv., tombèrent dans le voisinage d'Agen. — Phil. mag., val. XLV.

5 novembre. Il tomba à Doab, dans l'Inde, plusieurs pierres dont on en ramassa jusqu'à 19. — Phil. mag.

1815, 3 octobre. Il tomba une grosse pierre à Chassigny, près Langres. — Pistollet.

1816. Il tomba une pierre à Glastonbury, dans le Somersetshire. — Phil. mag.

1817, 2 et 3 mai. On a des raisons de croire qu'il tomba des masses de pierres dans la Baltique, à la suite du grand météore de Gottembourg. — Chaldui.

1818, 15 février. Il paraît qu'il tomba une grande pierre près Limoges; mais elle n'a pas été déterrée. — Gazette de France, 25 février 1818.

29 juillet. Une pierre du poids de 7 liv. tomba dans le village de Smobodka, près Smolensk. Elle pénétra d'environ 16 pouces en terre. Elle avait une croûte brune avec des taches brunes.

M. Chladni a copié ce travail de M. Howard, et l'a publié sous son nom dans les Annales de chimie et de physique (mars 1826), en y ajoutant les suivantes :

1819, 13 juin. A Jonzac, dép. de la Charente-Inférieure. Les pierres ne contiennent pas de nickel.

— 13 octobre. Tombées près de Politz, non loin de Géra ou Kolritz, dans la principauté de Reuss.

1820, entre le 21 et le 22 mars. Dans la nuit, à Vedenburg, en Hongrie.

12 juillet. Près de Likna, dans le cercle de Dunaborg, province de Witepsk, en Russie.

1821, 15 juin. Près de Juvénas. Elles ne contiennent pas de nickel.

1822, 3 juin. A Angers.

— 10 septembre. Près Carlstadt, en Suède.

— 13 septembre. Près La Baffe, canton d'Epinal, département des Vosges.

1823, 7 août. Près Nobleboro, en Amérique.

1824, vers la fin de janvier. Beaucoup de pierres près Arenazzo, dans le territoire de Bologne. Une d'elles pesait 12 livres.

— Au commencement de février. Dans la province d'Irkutsk, en Sibérie.

1824, 14 octobre. Près Zébrack, cercle de Bérann, en Bohême.

Nous avons cru devoir ne pas pousser cet aperçu plus loin; nous nous bornerons à faire observer qu'il doit exister une infinité de pierres tombées dans un grand nombre de localités, dont on n'a pas connu la chute.

LISTE DES MASSES DE FER NATIF QU'ON SUPPOSE ÊTRE TOMBÉES DU CIEL.

SECTION I. — *Masses spongieuses ou cellulaires contenant du nickel.*

1. Masse trouvée par Pallas, en Sibérie, et à laquelle les Tartares attribuent une origine céleste. — Voyage de Pallas, t. IV. p. 545, Paris, 1793.

2. Un fragment trouvé entre Elibenstock et Johann Georgenstardt.

3. Un fragment venant probablement de Norwège, et placé dans le cabinet impérial de Vienne.

4. Une petite masse pesant quelques livres, et que l'on voit actuellement à Gotha.

5. Deux masses dans le Groënland, dont les Esquimaux fabriquaient leurs couteaux. — Ross's Account of an expedition to the artic regions.

SECTION II. — *Masses solides dans lesquelles le fer existe en rhomboïdes ou octaèdres, composées de couches, et contenant du nickel.*

1. La seule chute de fer de cette sorte est celle qui eut lieu à Agram, en 1751.

2. Une masse de même espèce a été trouvée sur la rive droite du Sénégal. — Compagnon, Forster, Goldberry.

3. Au cap de Bonne-Espérance; Stromeyer a récemment trouvé du nickel dans cette masse. — Van-Marum et Danckelman, Brande's journal, vol. VI, 162.

4. Dans différentes parties du Mexique. — Sonne Shmidt, Humboldt et la gazette de Mexico, t. I et V.

5. Dans la province de Bahia, au Brésil. Cette masse a 7 pieds de long, 4 de large et 2 d'épaisseur; son poids est d'environ 14,000 livres. — Mornay et Wollaston, Phil. Trans,, 1816, p. 270, 281.

6. Dans la juridiction de San-Iago del Estera. — Rubin de cœlis, Trans. Phil., 1788, vol. LXXVIII, p. 37.

7. A Elbogen, en Bohême. — Gilbert's annals, XLII et XLIV.

8. Près Léharte, en Hongrie. — Gilbert's annals, XLIX.

L'origine des masses suivantes paraît incertaine, en ce qu'elles ne contiennent pas de nickel, et que leur texture diffère des précédentes.

1. Une masse trouvée près de la rivière Rouge, et envoyée de la Nouvelle-Orléans à New-York. — Journal des mines, 1812, Bruce's journal.

2. Une masse à Aix-la-Chapelle, contenant de l'arsénic. — Gilbert's annals, XLVIII.

3. Une masse trouvée sur la montagne de Brianza, dans le Milanais. — Chladni Gilbert's annals, I, p. 275.

4. Une masse trouvée à Groskamdorf, et contenant, suivant Klaproth, un peu de plomb et de cuivre.

Dans les météorolites, le nickel et le chrôme accompagnent constamment le fer. C'est le caractère principal du fer météorique, parce qu'on ne les a jamais rencontrés dans du fer natif minéral.

ANALYSE DU FER MÉTÉORIQUE.

Fer météorique trouvé à Bahia, en 1809.

M. Laugier a publié, dans les mémoires du muséum d'histoire naturelle, t. II. 2ᵉ cah., l'analyse de deux variétés de ces fers météoriques, connues sous le nom de *bleuâtre* et de *blanchâtre*.

La variété bleuâtre a la plus grande analogie avec celle de Sibérie, à laquelle les deux variétés de Bahia ressemblent beaucoup par leurs caractères physiques; elles sont remplies de cavités, revêtues intérieurement d'une substance jaune verdâtre, comme vitreuse, qui s'en détache aisément, et que les minéralogistes ont regardée comme de l'olivine ou du péridot.

Composition.

	VARIÉTÉ BLEUATRE.	VARIÉTÉ BLANCHE.
Fer pur	87,35	91,50
Silice	6,30	3,00
Nickel	2,50	1,50
Magnésie	2,10	2,00
Soufre	1,85	1,00
Chrôme	0,50 traces.	

Fers météoriques trouvés à la Cordillère orientale des Andes, par MM. Rivero et Boussingault.

1°. Un échantillon, extrait d'une masse d'environ 750 kil., était composé de :

Fer	91,41
Nickel.	8,59
	100,00

2°. Deux échantillons d'une masse de 681 grammes.

Ce fer était malléable, difficile à limer, éclat argentin, grain de l'acier, cassant à chaud, poids spécifique 7,6; composé de

Fer	91,23
Nickel	8,21
Résidu contenant peut-être un peu de chrôme	0,28
	99,72

3°. Trois échantillons de 561 grammes.

Structure caverneuse, très-dur à la lime, éclat argentin, grain de l'acier fondu, malléable; composé de :

Fer	91,76
Nickel	6,36
	98,12

4°. Quatre échantillons de 145 grammes.

Malléable, éclat argentin, très-dur à la lime; poids pécifique, 7,6; composé de

Fer	90,76
Nickel	7,87
	98,63

MM. Rivero et Boussingault ont également trouvé sur une autre masse de ce fer, pesant 22 kil., de 0,07 à 0,08 de nickel. Il aurait été intéressant, dit M. Lassaigne, qu'ils y eussent recherché le cobalt que M. Laugier y a presque constamment trouvé combiné avec le nickel, et qu'il en a séparé par un procédé qui lui est propre.

VIIe CLASSE.

DES ROCHES.

En minéralogie, on donne le nom de *roches* ou *terrains* à toutes les masses pierreuses dont se compose le globe terrestre. Ces masses pierreuses gisent dans le sein de la terre, et reposent l'une sur l'autre, de façon qu'une roche, qui se trouve composée d'une espèce de pierre, est recouverte d'une autre d'une espèce différente, celle-ci d'une troisième d'une autre nature, etc. Un grand nombre d'observations ont démontré que l'ordre de superposition des roches est constant, et que chacune d'elles a sa place toujours fixe dans l'ordre régulier des couches depuis la surface de la terre jusqu'à la plus grande profondeur qu'on ait creusée pour s'en convaincre.

STRUCTURE DES ROCHES.

Les roches, relativement à leur structure, sont divisées en *simples* ou *isomères*, et en *anisomères* ou *composées*.

1°. Les roches simples sont celles qui ne comprennent qu'un seul minéral, comme le quartz, la chaux sulfatée, les carbonates calcaires, le sel gemme, etc.

2°. Les roches composées sont de deux espèces :

A. Les *roches agrégées*, ou bien celles dont les parties constituantes sont entremêlées, ou bien entrelacées, et unies sans le secours d'un ciment (le granit, etc.).

B. Les *roches cimentées*. Ce sont celles dont les constituans sont unis par un des principes qui sert de ciment aux autres.

CLASSIFICATION.

Un des plus habiles minéralogistes, Werner, a rangé les roches d'après le rang respectif qu'elles occupent dans la croûte terreuse du globe. Ainsi, celle qu'il a constamment trouvée au-dessous de toutes les autres, et jamais au-dessus d'aucune, a été présentée par lui comme ayant été la première formée; aussi l'a-t-il nommée *roche primitive* ou de première formation. Les diverses roches ou espèces qui sont comprises dans cette classe ont une apparence cristalline qui semble annoncer qu'elles sont le produit d'une opération chimique. Leurs principes constituans sont les terres argileuses, magnésiennes et siliceuses. Ces roches, d'après leur superposition ou leur rang d'ancienneté, occupent le rang suivant :

Granit.	Porphyre primitif le plus nouveau.
Gneiss.	Siénite.
Schiste micacé.	Serpentine plus nouvelle.
Schiste argileux.	

Roches de transition. Cette classe de roches repose immédiatement sur la classe des primitives; elle se compose principalement des substances chimiquement produites. Dans les plus anciennes parties on trouve des dépôts en très-petites quantités, et qui sont produits mécaniquement. Des constituans de cette classe de roches, le calcaire primitif est le plus abondant; ensuite viennent la grauwacke, la grauwacke schisteuse, le calcaire de transition, etc.

Roches secondaires ou *stratiformes.* Elles recouvrent celles de transition. Dans cette classe, la proportion des productions chimiques décroît, tandis que celle des dépôts mécaniques augmente. Les parties constituantes de cette classe sont la pierre calcaire, le grès, la chaux sulfatée, le sel gemme et les grandes houillières.

Roches tertiaires ou d'*alluvion.* Elles reposent sur les précédentes; elles sont formées presque en entier de dépôts mécaniques. Les principales substances en masses ou terreuses qui les constituent sont l'argile et les diverses glaises, la houille et le sable.

Roches volcaniques. Les roches de cette classe sont les moins anciennes de toutes. Ce sont les différentes espèces de laves et de tufs qui en produisent toutes les variétés.

M. Cordier, dans un excellent mémoire sur la température de l'intérieur de la terre, lu à l'Institut, et publié dans le tôme 7 de ses mémoires, a démontré que tous les phénomènes observés, d'accord avec la théorie mathématique de la chaleur, annoncent que l'intérieur de la terre est pourvu d'une température très-élevée qui lui est particulière et qui lui appartient depuis l'origine des choses, et, d'un autre côté, que le volume de la masse terrestre étant environ 10 mille fois plus grand que celui de la masse des eaux, il est extrêmement vraisemblable que la fluidité dont le globe a incontestablement joui, avant de prendre sa forme sphéroïdale, était due à la chaleur.

Cette chaleur, continue ce célèbre géologue, était excessive, car celle qui pourrait exister actuellement au centre de la terre, en supposant un accroissement continu de 1 degré pour 25 mètres de profondeur (comme on s'en est convaincu par des essais thermométriques), excéderait 3500° du pyromètre de Wedgood ou plus de 250,000° centigrade. On doit admettre que la température de 100 Wedgood, température qui serait capable de fondre toutes les laves et une partie des roches connues, existe à une profondeur très-petite, eu égard au diamètre de la terre, par exemple à moins de 55 lieux de 5000 mètres à carmeaux ; à 30 lieux à litty; et à 23 lieux à decise, nombres qui correspondent à 1/23, 1/42, 1/55 de moyen rayon terrestre.

Tout porte donc à croire que la masse intérieure du globe est encore douée maintenant de sa fluidité originaire, et que la terre est un astre refroidi qui n'est éteint qu'à sa surface, comme l'avaient pensé Descartes et Leibnitz. D'après ces savantes conjectures, l'honorable académicien établit un système de géologie qui, sous le rapport de la formation des terrains, se trouve totalement opposé à ce que l'on a professé jusqu'à ce jour. L'écorce de la terre, dit-il, abstraction faite de cette pellicule superficielle et incomplète qu'on nomme *sol secondaire*, s'étant formée par refroidissement, il s'ensuit que la consolidation a eu lieu de l'extérieur à l'intérieur, et, par conséquent, que les couches du sol primitif les plus voisines de la surface sont les plus anciennes, en d'autres termes, les terrains primordiaux sont d'autant plus récens qu'ils appartiennent à un niveau plus profond, ce qui est l'opposé de ce que l'on a admis jusqu'à présent en géologie : ainsi, la formation des terrains primordiaux n'a pas cessé ; elle ne cessera qu'après un temps immense.

Si l'écorce de la terre a été formée, comme le suppose M. Cordier, les couches primordiales que nous connaissons doivent être disposées à-peu-près dans l'ordre des fusibilités où les couches magnésiennes calcaires et quartzeuses sont en effet les plus voisines de la surface.

Suivant ce qui précède, l'épaisseur moyenne de l'écorce de la terre n'excède pas probablement 20 lieux de 5,000 mètres ; elle est probablement très-inégale ; cette grande inégalité nous paraît annoncée par celle de l'accroissement de la température souterraine d'une contrée à l'autre ; sa flexibilité probable est actuellement entretenue par deux principales causes ; l'une générale et continuelle, l'autre locale et passagère. Quant à l'état de bouleversement de l'écorce primordiale considérée en grand, le savant professeur le définit comme un amas de décombres pressés les uns à côté des autres, et dont les couches sont presque toujours inclinées en verticales.

Les bornes de cet ouvrage ne nous permettent pas d'entrer dans de plus grands détails, qui appartiennent d'ailleurs plus particulièrement à la géologie. Nous allons nous borner à parcourir successivement ces diverses roches.

1°. ROCHES PRIMITIVES.

1re ESPÈCE.

GRANITE.

De toutes les roches, le granite est celle qui se rapproche le plus du noyau de la terre ; toutes les autres reposent sur elle. Le granite est formé de feld-spath laminaire, de mica et de quartz, chacun sous forme de grains cristallins réunis sans aucun ciment. Le plus souvent c'est le feld-spath qui domine, et c'est le mica qui y existe en plus petites proportions. Sa structure est grenue, sa couleur varie; celle du quartz et du mica est le plus souvent grise, celle du feld-spath est blanche, grise, rouge, ou verdâtre. Le granite est toujours moucheté et parsemé de petites taches, sans être rubané ni veiné. Sa cassure est raboteuse; sa dureté considérable, mais inégale, à cause du mica, qui est très-tendre. Les granites diffèrent beaucoup entre eux par la finesse du grain de leurs principes constituans; quelquefois ce grain est si fin qu'ils ont l'aspect des grès. Lorsqu'ils contiennent de gros cristaux de feld-spath, on les nomme *porphyriques*.

Quoique le feld-spath, le mica et le quartz soient les principes constituans des granits, il arrive parfois qu'ils contiennent aussi, mais en petites quantités, d'autres minéraux cristallisés, et notamment le schorl.

Le granite est la roche qui contient le moins de mines; celles qu'on y trouve le plus souvent sont l'étain et le fer; les autres sont l'arsénic, l'argent, le bismuth, le cuivre, le cobalt, le plomb, le titane et le tungstène.

M. Werner a découvert une autre espèce de granite plus nouveau. Il traverse en filons le gneiss, le schiste micacé et le schiste argileux; Il est à une moindre profondeur; sa couleur ordinaire est d'un rouge foncé : il n'est pas porphyrique, et renferme des grenats.

Il y a divers points sur la surface du globe où le granite n'est recouvert par aucune autre roche, ou mieux, par aucune autre formation; il constitue alors des montagnes escarpées et des pics très-élevés, comme les Pyrénées, etc.

IIe ESPÈCE.

GNEISS.

Le gneiss se trouve immédiatement sur le granit, avec lequel il se confond peu-à-peu. Ils ont les mêmes principes constituans, avec cette différence que le mica étant beaucoup plus abondant dans le gneiss, il en rend la structure schisteuse et grenue. Le gneiss est toujours en stratifications distinctes; quand il contient des cristaux de schorl, ils y sont en moindre quantité et beaucoup plus petits que dans le granite, tandis que le grenat et la tourmaline s'y rencontrent plus souvent. Le gneiss diffère encore du granite en ce qu'il contient des couches de trois des six premières formations subordonnées. De toutes les roches elle paraît être la plus riche en mines métalliques.

Dans les lieux où le gneiss n'est recouvert par aucune formation, il s'élève en montagnes arrondies moins escarpées et moins isolées que celles de granite.

IIIe ESPÈCE.

SCHISTE MICACÉ OU MICA-SCHISTE.

Il repose sur le gneiss, dont il ne diffère qu'en ce qu'il ne contient de feld-spath qu'accidentellement, mais bien du quartz et du mica. Cette roche est schisteuse, et toujours stratifiée. Elle offre le plus souvent un grand nombre de grenats cristallisés, et quelquefois des cristaux de cyanite, de granatite, de tourmaline. Cette roche contient des couches de porphyre plus ancien, de pierre calcaire primitive, de trapp primitif, du gypse et de la serpentine primitive.

On y trouve un grand nombre de mines métalliques.

IVe ESPÈCE.

SCHISTE ARGILEUX.

La précédente passe graduellement au schiste argileux. Cette roche est toujours schisteuse et stratifiée; elle présente parfois des grenats et de la hornblende, ainsi que des cristaux de feld-spath, du schorl et de la tourmaline. Cette roche renferme un grand nombre de mines métalliques disposées en couches, principalement des pyrites arsénicales, cuivreuses et ferrugineuses, etc.

Il existe diverses couches de schiste argileux qui constituent plusieurs variétés. Nous renvoyons à ce que nous en avons dit dans la cinquième classe de cet ouvrage.

Ve ESPÈCE.

PORPHYRE ANCIEN.

Werner a désigné sous le nom de *porphyre* les roches contenant des grains ou des cristaux de divers minéraux empâtés dans un ciment de nature différente, et qui donne son nom au porphyre. Ainsi on dit :

Porphyre argileux,
— à base de hornstein,
— — de feld-spath,
— — d'obsidienne,
— — de pechstein,
— — de perlstein,
— — de siénite.

On connaît deux porphyres : l'*ancien*, qu'on rencontre en couches dans le gneiss et les schistes argileux et micacé, et le *nouveau*, qui repose en roches sur les précédentes formations.

Le porphyre ancien a pour base une espèce de hornstein et quelquefois de feld-spath; les cristaux qu'elle renferme sont de feld-spath et de quartz : il est, à proprement parler, formé de porphyre à base de hornstein et de porphyre à base de *feld-spath*.

Lorsque aucune autre formation ne recouvre le porphyre, il constitue des rochers isolés et jamais de grandes montagnes.

Le porphyre est susceptible d'un beau poli, il est assez dur, et est diversement coloré; celui des *arts* est rougeâtre et fusible en un émail noir ou gris. On donne le nom d'*ophite* à la variété verte qui est formée de serpentine et de cristaux de feld-spath.

VIe ESPÈCE.

TRAPP PRIMITIF.

Les roches auxquelles on avait donné le nom de *trapp* sont en couches, disposées en retraite les unes sur les autres, à-peu-près comme les marches d'un escalier. Cette dénomination avait été donnée à un si grand nombre de roches, que, pour dissiper cette confusion, Werner crut ne devoir comprendre dans cette famille que certaines roches qui ont la hornblende pour caractère principal. En effet, dans le trapp primitif, la hornblende y est presque pure; mais cette pureté diminue graduellement, suivant les âges du trapp, de telle sorte que, dans celui de nouvelle formation, elle est passée à l'état d'une sorte d'argile endurcie. On connaît trois espèces de trapp :

1°. Le trapp primitif ;
2°. Le trapp de transition ;
3°. Le trapp secondaire ou stratiforme.

Nous ne traiterons ici que du premier, qui constitue beaucoup de roches qu'on trouve sur divers points de la terre, dans les mêmes situations, et qui, prises collectivement, peuvent être regardées comme ne constituant qu'une même formation, à laquelle appartiennent les roches suivantes :

I. HORNBLENDE.

1°. Hornblende commune ou grenue.
2°. Hornblende schisteuse.

II. HORNBLENDE ET FELD-SPATH RÉUNIS.

I. Grenue.

1°. Pierre verte ordinaire.
2°. Pierre verte porphyrique.
3°. Porphyre, pierre verte.
4°. Porphyre vert.

II. Schisteuse.

1°. Pierre verte schisteuse.

III. HORNBLENDE ET MICA RÉUNIS.

1°. Trapp porphyrique.

La *pierre verte ordinaire* a, pour principes constituans, la hornblende et le feld-spath, tous deux à l'état de grains ou de petits cristaux avec prédominance de hornblende. On y trouve parfois du mica. Cette roche est souvent coupée par des veines d'actinolite et de quartz, et quelquefois par du spath calcaire et du feld-spath.

Pierre verte porphyrique, même composition. Il y a cependant entre elles cette différence, c'est que celle-ci offre de gros cristaux de feld-spath et de quartz implantés dans la masse.

Pierre verte porphyrique, porphyre noir des antiquaires. La pierre verte qui la compose a les grains très-fins. On y voit de gros cristaux de feld-spath, qui doivent leur couleur verte à la hornblende.

Porphyre vert, serpentine verte antique. Dans cette roche, la hornblende et le feld-spath sont combinés de manière à ne pouvoir être distingués à l'œil; elle est colorée en vert noirâtre ou en vert pistaché. On y trouve du feld-spath en cristaux verdâtres, qui ont une disposition cruciforme.

Pierre verte schisteuse. Cette roche, quoique très-dure, s'altère promptement par son exposition à l'air; il en est de même des autres pierres vertes. Celle-ci a une structure schisteuse, elle est composée de hornblende et de feld-spath, et parfois d'un peu de mica.

Trapp porphyrique. Il est également composé de hornblende et de feld-spath, avec de grandes lames de mica.

Si le trapp primitif n'est recouvert par aucune autre formation, il s'élève sous forme de montagnes considérables et de rochers escarpés; on y trouve un grand nombre de mines, surtout dans celui qui porte le nom de *pierre verte schisteuse.*

VIIe ESPÈCE.

CALCAIRE PRIMITIF.

Quoiqu'on trouve la pierre calcaire dans les quatre formations, dans chacune d'elles elle a cependant un type particulier. Ainsi, dans les formations primitives, elle se présente sous forme cristalline et transparente, qui diminue suivant que ces formations s'avancent vers leurs limites jusqu'à prendre l'aspect d'un dépôt terreux. Rarement le calcaire primitif constitue-t-il des montagnes entières, il est presque toujours en couches; il est ordinairement bleu ou gris; ce n'est que très-rarement qu'on en trouve d'une autre couleur; il est quelquefois stratifié. Quand il n'existe aucune autre formation superposée, il constitue des rochers escarpés très-arides, où l'on rencontre souvent des cavernes et des grottes profondes.

Le calcaire primitif contient parfois de l'actinolite, de l'asbeste, de la hornblende, du grenat, du mica, des pyrites, du fer magnétique, du talc, de la trémolite, etc. C'est la partie la plus basse de ses couches qui est la plus riche en métaux.

VIIIe ESPÈCE.

SERPENTINE DE PLUS ANCIENNE FORMATION.

Cette formation se compose presque en entier de serpentine précieuse. On la trouve en couches, ainsi que les autres formations primitives subordonnées, dans le gneiss, le mica, le schiste argileux, et alternant avec le calcaire primitif.

IXe ESPÈCE.

QUARTZ.

N'existe jamais qu'en petites couches ; il est presque toujours blanc, rarement stratifié ; il contient quelquefois du mica, qui lui donne une structure schisteuse.

Xe ESPÈCE.

ROCHE DE TOPAZE.

On n'a encore observé cette roche qu'en Saxe, où elle forme une montagne. Elle est placée sur le gneiss, et le schiste argileux la recouvre. Les principes constituans de cette roche sont le quartz à petits grains, le schorl en concrétions prismatiques très-déliées, et la topaze presque en masses, disposées en couches minces.

XIe ESPÈCE.

GYPSE PRIMITIF.

Le gypse avait été exclusivement rangé dans les formations secondaires, mais on en a trouvé en Suisse une couche immense au centre d'une roche de schiste micacé. Ce gypse diffère des autres en ce qu'il contient du mica et du schiste argileux.

XIIe ESPÈCE.

SCHISTE SILICEUX PRIMITIF.

Cette roche est composée de schiste siliceux dont nous avons déjà parlé. On en compte deux formations : la primitive, qui est disposée en couches dans le schiste argileux, et celui qui est dans les terrains de transition.

Ces huit dernières formations sont subordonnées au gneiss, au mica et au schiste argileux.

XIIIe ESPÈCE.

PORPHYRE DE FORMATION PLUS RÉCENTE.

Cette formation recouvre toujours le schiste argileux : elle se compose des porphyres suivans :

Porphyre argileux.
— à base d'obsidienne.
— à base de pechstein.
— à base de perlstein.
Et quelquefois celui à base de feld-spath.

Le porphyre argileux est le plus abondant.

XIVe ESPÈCE.

SIÉNITE.

La *siénite* se trouve près du porphyre; lorsqu'ils sont réunis, cette roche constitue la partie supérieure de la montagne. Les principes constituans de la siénite sont la hornblende et le feld-spath. Celui-ci est le principe dominant; il est presque toujours rouge, tandis que, dans la terre verte, il est d'un blanc verdâtre. La contexture de cette roche est grenue. L'espèce à petits grains, quand elle est unie à de gros cristaux de feld-spath, porte le nom de *siénite porphyrique*; et, lorsque ses constituans sont mêlés à tel point qu'on ne saurait les distinguer à l'œil, et qu'elle contient en même temps des cristaux de feld-spath et de quartz, on lui donne celui de *porphyre siénite*.

Les roches de siénite sont riches en mines d'argent, d'or, de cuivre, d'étain, de fer, de plomb, etc.

XVe ESPÈCE.

SERPENTINE DE NOUVELLE FORMATION.

Se compose de serpentine commune; elle n'est point stratifiée; le fer magnétique est la seule mine métallique qu'on y rencontre. Elle contient parfois de l'asbeste, de la stéatite, du talc, etc.

IIe. ROCHES DE TRANSITION.

Werner leur a donné ce nom pour indiquer qu'elles s'étaient formées dans le passage de l'état inhabité de la terre à celui de la terre renfermant des êtres vivans.

Ces roches reposent immédiatement sur les formations primitives; elles se réduisent aux quatre suivantes :

Calcaire de transition.
Grauwacke.
Trapp de transition.
Schiste siliceux de transition.

Il est bon de faire observer qu'elles ne sont pas dans une superposition constante, puisque c'est indistinctement l'une ou l'autre qui forme la couche la plus basse, et qu'elles n'alternent pas dans un ordre fixe. On a cependant remarqué que toutes reposaient sur un lit de pierre calcaire de transition qui est placé sur les formations primitives, ce qui fait qu'un grand nombre de minéralogistes regardent cette roche comme la plus ancienne de celles de transition.

C'est dans ces roches que l'on commence à trouver des pétrifications; et, ce qui est digne de remarque, c'est que ces pétrifications sont celles de certains animaux et végétaux dont les analogues n'existent plus; c'est enfin dans ces mêmes roches que l'on commence à rencontrer le charbon en quantité sensible.

1re ESPÈCE.

CALCAIRE DE TRANSITION.

Il ne diffère du calcaire primitif qu'en ce qu'il est moins transparent et se rapproche beaucoup plus de l'état compacte; ses diverses couleurs lui donnent un aspect marbré. Bien souvent il est coupé par des filons de spath calcaire. C'est dans cette roche que l'on rencontre un grand nombre de pétrifications marines, dont les analogues vivans sont inconnus, et qu'on ne retrouve pas dans les calcaires moins anciens; elle est souvent mêlée avec la grauwacke schisteuse; elle forme souvent des montagnes qui ne présentent des couches étrangères que celles de trapp de transition. On y trouve beaucoup de mines métalliques.

IIe ESPÈCE.

GRAUWACKE.

Se compose de deux roches généralement superposées l'une sur l'autre, qui sont la *grauwacke commune* et la *grauwacke schisteuse:* la formation doit le caractère qui lui est propre à la première.

1°. GRAUWACKE COMMUNE.

Ses principes constituans sont des morceaux de feld-spath, de quartz et de schistes argileux et siliceux unis par une espèce de ciment formé de schiste argileux. Quelquefois elle contient des lamelles de mica, et très-souvent des filons de quartz. Cette roche est dure, grenue, à grains plus ou moins fins, qui se modifient graduellement jusqu'à présenter la contexture de la suivante.

2°. GRAUWACKE SCHISTEUSE.

C'est, à proprement parler, une variété de schiste argileux, couleur gris cendré, et parfois gris verdâtre où jaune clair; point de couches de quarz, mais bien de filons; point de cristaux de feld-spath, de schorl, de hornblende, de tourmaline, de grenat, de chlorite schisteuse, etc., mais des pétrifications.

Les roches de grauwacke sont stratifiées; lorsqu'aucune autre ne les recouvre, elles forment des collines d'une élévation moyenne, qui se groupent autour des montagnes, et sont coupées par de profondes vallées. Elles renferment des couches d'une étendue immense de calcaire de transition, de trapp, et de schiste siliceux, et beaucoup de mines métalliques.

IIIe ESPÈCE.

TRAPP DE TRANSITION.

On en compte quatre espèces :

1°. *La pierre verte de transition.* Elle a pour principes constituans la hornblende à grains fins et le fel-spath en cristaux moins apparens que dans la primitive, et dans un état de mélange intime ; sa contexture est souvent si serrée, qu'elle ressemble au basalte ou à la wacke;

quand elle est parsemée de vésicules pleines d'autres minéraux, elle constitue la suivante.

2°. *Roche amygdaloïde*. C'est la précédente offrant des cavités remplies plus ou moins d'agate, d'améthiste, de calcédoine, de jaspe, de quartz, de spath calcaire, etc.

3°. *Trapp porphyrique de transition*, contient des cristaux de feld-spath colorés par la hornblende.

4°. *Trapp globuleux*. Couleur hépatique; elle paraît en grosses boules formées par des couches concentriques qui recouvrent un noyau plus dur. Cette roche est composée de hornblende à grains fins, qui est voisine de l'état argileux. Elle alterne avec d'autres formations de transition; on y trouve en couches le fer argileux commun, lenticulaire.

IVe ESPÈCE.

SCHISTE SILICEUX DE TRANSITION.

C'est le schiste siliceux ordinaire et la pierre de Lydie, passant l'un dans l'autre; cette roche est traversée par des filons de quartz. Le jaspe rubané, qui forme lui-même parfois des roches entières, paraît se rattacher à cette même formation.

IIIe. ROCHES SECONDAIRES OU STRATIFORMES.

Le nom de *floets* a été également donné à cette classe, parce que les roches qu'elle renferme sont en couches et disposées plus horizontalement que les précédentes. Les montagnes qu'elles constituent, lorsqu'elles ne sont recouvertes par aucune autre formation, ne sont jamais aussi élevées que celles des deux premières classes; mais, en revanche, elles contiennent beaucoup plus de pétrifications, telles que des coquillages, des poissons, des plantes, etc. Les roches secondaires reposent immédiatement sur celles de transition; chacune des formations qui les composent ont une situation qui leur est propre. Voici le nombre de ces formations :

1°. Ancien grès rouge ou de première formation;
2°. Calcaire primitif;
3°. Gypse primitif avec sel gemme;

4°. Grès bigarré ou de seconde formation;
5°. Gypse stratiforme ou de seconde formation;
6°. Calcaire stratiforme ou coquilles de seconde formation;
7°. Grès calcaire stratiforme de troisième formation; pierre de taille;
8°. Calcaire stratiforme de troisième formation;
9°. Calamine;
10°. Craie;
11°. Houille indépendante;
12°. Trapp stratiforme de la plus nouvelle formation.

Le grès rouge repose immédiatement sur les roches de transition, et le trapp stratiforme sur toutes les secondaires. Au reste, la position des septième, huitième, neuvième et dixième roches n'est pas encore bien reconnue.

Ire ESPÈCE.

GRÈS ROUGE ANCIEN.

Cette roche, qui est de nature variable, tantôt argileuse, quartzeuse, calcaire, ou marneuse, etc., est la plus ancienne des secondaires ou stratiformes; elle se compose d'un ciment qui sert à lier des grains quartzeux avec des fragmens siliceux : aussi ce grès reçoit-il le nom d'*argileux*, de *calcaire*, de *quartzeux*, suivant la nature du ciment. Le grain de ces grès est plus ou mois fin : quand il est très-gros, on l'appelle *poudingue*.

Le grès rouge ancien est le plus souvent de couleur rouge; ses grains sont gros; ses constituans sont le quartz, le schiste siliceux, etc.; le ciment une argile ferrugineuse; on y trouve bien peu de mines.

IIe ESPÈCE.

CALCAIRE STRATIFORME DE PREMIÈRE FORMATION.

Il repose sur la précédente formation : couleur grise, cassure compacte, sans éclat, translucide sur les bords; il offre parfois de petites couches de calcaire lamelleux grenu qui se distinguent du primitif par les pétrifications qu'on y trouve.

Ce calcaire stratiforme est remarquable par les masses tuberculeuses de hornstein et les silex ou pierres à fusil qu'il contient, ainsi que par des couches de schiste marno-bitumineux, contenant du cuivre, qui lui sont propres; lesquelles couches sont immédiatement sur le grès. Les pétrifications sont en petite quantité dans ce calcaire; celles qu'on y trouve sont dans la couche marno-bitumineuse et dans les supérieures : ce sont des empreintes de poissons. Outre les couches de marne qui font partie de cette formation, on y distingue le calcaire vésiculaire, auquel les Allemands donnent le nom de *rauch wacke.*

IIIe ESPÈCE.

GYPSE STRATIFORME DE PREMIÈRE FORMATION.

Il est placé immédiatement sur le calcaire stratiforme de première formation. Cette roche se compose de gypse lamelleux et compacte, avec une grande quantité de sélénite. On y trouve parfois des cristaux de boracite, d'aragonite et de quartz, ainsi que la pierre puante, et le soufre disséminé et en masses compactes, comme celui qu'a découvert M. Julia de Fontenelle, dans les plâtrières de Malvesy, près de Narbonne. Il est bon de faire observer que les mines de sel gemme se trouvent dans cette formation en couches épaisses et courtes, ainsi que les sources salées qui, comme on sait, proviennent de ce même sel. A deux lieues du banc de soufre découvert par M. Julia de Fontenelle, se trouve un petit étang d'eau salée, éloignée de trois lieues de la mer, dont il est séparé par des montagnes; cette situation, la présence du soufre et les terres salées du voisinage, ont fait soupçonner à ce chimiste qu'il existe dans les environs une mine de sel gemme.

IVe ESPÈCE.

GRÈS BIGARRÉ.

Cette roche, qui repose sur la précédente, est un grès argileux, à grains fins, de couleur blanchâtre, brune, rouge ou verte; ces couleurs alternent entre elles, et produisent cette sorte de bigarrure à laquelle il doit son nom. On y trouve parfois des masses argileuses de couleur jaunâtre, rougeâtre ou verdâtre. Il est bon de faire remarquer que cette roche se compose de deux autres : la première est le *roc-stone*, elle est propre à la formation ; la deuxième est le *grès schisteux*, qu'on voit aussi dans le grès rouge ancien.

Vᵉ ESPÈCE.

GYPSE STRATIFORME DE SECONDE FORMATION.

Ce gypse est placé sur le *grès bigarré*; il arrive même, qu'à un certain point, ils sont dans un état de mélange. Cette roche est en grande partie formée de gypse fibreux ; elle est de peu d'étendue, n'offre ni pétrification ni pierre puante, et à peine de la sélénite.

VIᵉ ESPÈCE.

CALCAIRE STRATIFORME DE SECONDE FORMATION.

Calcaire coquillier.

Des couches de gypse ancien, de grès bigarré, et de gypse de seconde formation, séparent cette roche du calcaire stratiforme de première formation. On y trouve une grande quantité de coquillages pétrifiés, peu de marne, de petites couches de houille, et dans quelques parties, de la hornblende et des pierres à fusil.

VIIᵉ ESPÈCE.

GRÈS DE TROISIÈME FORMATION.

Pierre de taille.

Cette roche recouvre toutes les autres ; elle est blanchâtre, stratifiée, offrant des ruptures naturelles qui se croisent à angles droits. Elle ne contient ni *roc-stone* ni *grès schisteux*, et sert aux constructions. Lorsqu'elle n'est surmontée d'aucune autre formation, elle forme des collines et des vallons agréables.

VIIIᵉ ESPÈCE.

CALCAIRE DE TROISIÈME FORMATION.

Tout ce qu'on sait de certain sur cette formation c'est qu'elle est plus récente que les autres.

IXᵉ ESPÈCE.

CALAMINE.

La calamine, la galène et l'ocre ferrugineuse forment des couches d'une très-grande étendue avec un calcaire particulier dont la position n'a pas encore été bien déterminée.

Xᵉ ESPÈCE.

CRAIE.

Cette roche s'élève en monticules arrondis et en collines de peu d'élévation. C'est l'une des plus nouvelles de formation secondaire ; on y trouve souvent des couches de silex, des pyrites, ainsi que des bélemnites, des échinites, etc., pétrifiées.

XIᵉ ESPÈCE.

FORMATION DE HOUILLE INDÉPENDANTE.

La houille indépendante se trouve, pour l'ordinaire, dans les vallées, sur les roches secondaires précédentes, ou lorsqu'elles n'existent point dans quelques localités sur les roches de transition. Les houilles sont en couches d'une plus ou moins grande étendue, et séparées les unes des autres, sans conserver aucune liaison, ce qui leur a fait donner le nom d'*indépendantes*. Les *terrains houillers se composent* de diverses couches, qui sont :

Le grès.
Le grès conglomère à gros grains, ou poudingue.
Le schiste argileux.
L'argile endurcie.
Le calcaire.
La marne.
Le fer argileux.

La pierre porphyrique.

La pierre verte.

Presque toujours ces couches alternent entre elles, et la houille s'y montre en couches nombreuses plus ou moins épaisses. Cette houille offre les variétés suivantes :

La houille grossière.

La houille lamelleuse.

La houille cannelle.

La houille schisteuse.

La houille pisiforme (en petites quantités.)

La houille éclatante (suivant M. Jameson.)

Il est bon de faire connaître que les diverses roches dont se compose cette formation ne se trouvent que très-rarement ensemble. On a conclu de cela qu'il devait exister quelques formations subordonnées appartenant à la houille indépendante qui occupent respectivement entre elles des situations déterminées. Les géologistes en ont indiqué trois :

1°. La plus ancienne, qui est par conséquent la plus basse, est formée de couches d'argile endurcie, de calcaire, de marne, de pierre porphyrique, de schiste argileux, de pierre verte et de grès friable ; on y rencontre des mines de cuivre, de fer, de plomb, etc.

2°. La seconde se compose de couches d'argile endurcie, de calcaire, de marne et de pierre porphyrique. On n'y trouve aucune mine, si ce n'est des pyrites.

3°. La troisième est la plus nouvelle ; elle consiste en grès friable, grès congloméré et grès schisteux.

Les roches de cette formation sont stratifiées ; on y trouve beaucoup de pétrifications végétales, telles que des fougères, des roseaux, etc. ; pour mieux dire, ce sont plutôt des empreintes végétales que des pétrifications.

XIIe ESPÈCE.

TRAPP STRATIFORME OU SECONDAIRE.

Cette roche, ou mieux celles qui composent cette classe, ont cela de remarquable qu'elles recouvrent toutes les autres formations secondaires; souvent même elles couronnent des éminences qui ont pour base des formations plus anciennes. Les roches qui appartiennent aux trapps secondaires sont :

Le wacke.	Le porphyre schisteux.
Le fer argileux.	La pierre grise.
Le basalte.	L'amygdaloïde.
Le pechstein.	Le tuf basaltique.
La pierre verte.	

Nous avons déjà parlé de la wacke, du basalte, du fer argileux, du pechstein et de la pierre verte ; nous allons dire un mot des autres.

Le *porphyre schisteux* est moins commun que le basalte ; il se présente en monticules assez forts. Cette roche a une structure schisteuse en grand ; en petit, elle est esquilleuse.

La *pierre grise*, encore moins abondante que la précédente ; ses composans sont beaucoup de feld-spath blanc avec un peu de hornblende noire. Cette base contient l'augite et l'olivine.

L'*amygdaloïde* a pour base tantôt la vacke et tantôt la pierre verte à grains fins. Ses vésicules sont remplies de stéatite, de lithomarge, de terre verte, etc., parfois elles sont vides.

Le *tuf basaltique* est composé d'un ciment à base argileuse qui sert à lier des morceaux de trapp secondaire et d'autres roches. On y trouve de l'argile, du calcaire, de la houille, du grès quartzeux, du sable de différente nature, etc., quoique ces minéraux ne soient pas exclusivement propres à leur formation.

La houille offre les variétés suivantes :

La houille brune commune.
La houille pisiforme.
Le bois bitumineux.

Plus rarement :

La houille éclatante.
La houille scapiforme.

Le sable constitue les couches les plus basses de ce trapp secondaire. Toutes les roches de cette formation se trouvent très-rarement ensemble ; elles ont en général une stratification horizontale et une forme conique, souvent aplatie au sommet ; elles constituent des montagnes détachées ; c'est enfin la formation la plus récente, puisqu'elle recouvre toutes les autres.

IV°. ROCHES TERTIAIRES
OU D'ALLUVION.

Ce sont ces roches qui forment la masse de la surface de la terre. Elles sont dues à l'action prolongée des eaux sur les anciennes roches ; elles ne sont donc que des dépôts produits par les débris que les eaux ont entraînés.

Les dépôts d'alluvion sont divisés en deux espèces, savoir : ceux qui ont été produits dans les vallons des contrées montagneuses, ou bien sur les plateaux des montagnes, et ceux qui se sont formés dans les plaines.

A. Les premiers sont dus au sable, au gravier, etc., qui formaient les parties solides des montagnes environnantes, et qui résistaient dans le temps que les eaux entraînaient les moins consistantes. Aussi les mines qu'on y trouve sont les mêmes que celles qui existent dans les montagnes ; on y exploite principalement celles d'or et d'étain par le lavage de la terre d'alluvion.

B. Les seconds, ou ceux des plaines, sont formés d'argile, de glaise, de sable, de tourbe et de tuf calcaire. Quelquefois aussi on y rencontre des terres bitumineuses dans lesquelles on trouve du succin, du bois charbonné et bitumineux, des mines de fer limoneux. Dans le sable, il existe des substances métalliques, principalement des paillettes d'or ; le tuf calcaire est d'une grande étendue ; il contient des incrustations végétales et animales. Dans l'argile et le sable, on rencontre des squelettes entiers de quadrupèdes, du bois pétrifié, etc.

V°. ROCHES VOLCANIQUES.

Elles se divisent en *roches volcaniques*, et en *roches pseudo-volcaniques*.

Roches volcaniques. Ce sont celles qui ont été produites par les éruptions volcaniques. On en compte trois espèces.

La première espèce est due aux minéraux qui, rejetés à différens temps, ont formé le cratère de la montagne.

La deuxième espèce est formée par les substances qui, sorties du volcan à l'état de fusion, ont coulé en suivant le niveau du terrain : ce sont les laves.

La troisième espèce est produite par le tuf volcanique qui est dû à l'évaporation des eaux vomies par les volcans qui, par l'évaporation successive, laissent à nu les cendres et autres matières terreuses qu'elles tenaient en suspension.

Roches pseudo-volcaniques. Elles se composent de minéraux qui ont subi des altérations par l'effet de la combustion des couches de houille qui sont aux environs. Ces minéraux sont l'*argile brûlée*, l'*argile à polir*, le *jaspe porcelaine*, la *mine de fer argileuse scapiforme* et les *scories terreuses*.

Cette classification de Werner, tout ingénieuse qu'elle est, n'est pas à l'abri de toute objection; le professeur Jameson y a fait diverses modifications, qu'il se propose de publier.

Nous terminerons l'examen que nous venons de faire de ces diverses roches, en faisant observer que c'est moins un traité que des notions géologiques que nous avons voulu tracer, notions qui servent de complément à cet ouvrage.

APPENDICE.

Pendant l'impression de cette dernière édition, M. Sefstrom a découvert dans le fer en bancs de Eckerson (en Suède) un nouveau métal qu'il a nommé *Vannadium*, mot dérivé de *Vanadis*, surnom de *Freya*, principale déesse de la mythologie scandinave. C'est avec le chrôme que ce métal a le plus d'analogie. En effet, son oxide colore en vert les flux ou chalumeau ; mais il en diffère en ce que, converti en acide et dissous dans l'eau, il se dépose par l'évaporation sous forme d'une poudre d'un rouge foncé, et la solution est décolorée par la chaleur, ce que ne fait pas la solution d'acide chrômique. Le vannadium donne un acide vert soluble dans l'eau et les alcalis, qui passe à l'état acide par son exposition à l'air.

VOCABULAIRE

DE

MINÉRALOGIE.

A.

Acétates. Sels formés par l'acide acétique et une base salifiable.

Aciculaire. Ce nom se donne aux cristaux déliés comme des aiguilles.

Acides. Substances composées qui ont généralement une saveur acide, rougissent la teinture de tournesol et la plupart des couleurs bleues végétales, et forment une classe de corps connus sous le nom de *sels*, en s'unissant avec les bases salifiables. Ils sont le résultat de l'union de certain corps avec l'oxigène : alors ils sont appelés *oxacides*, ou bien avec l'hydrogène, et, dans ce cas, ils sont connus sous le nom d'*hydracides;* enfin, ils peuvent être le résultat de la combinaison de certains corps entre eux sans oxigène ni hydrogène, tels que le *chlore* avec le *bore* : acide *chloro-borique*, etc. Nous allons indiquer les acides qui se trouvent dans la nature à l'état salin.

Acide arsénique. Produit par l'oxigène et l'arsénic. Il forme les sels arséniatés de fer, de cobalt, de cuivre, etc.

Acide borique. C'est le produit de la combinaison du bore avec l'oxigène.

Acide carbonique. Composé de parties égales d'oxigène et de vapeur de carbone. Il constitue, avec la chaux, les montagnes calcaires, les marbres, etc.

Acide chromique. Formé par le chrôme et l'oxigène ; il est d'un rouge pourpre assez beau, et constitue les sels chrômatés, tels que ceux de plomb, plomb rouge de Sibérie, etc.

Acide fluorique ou phtorique. Composé, suivant M. Davy, de *phtore* ou *fluor* et d'hydrogène, et, suivant M. Thénard et divers autres chimistes, d'oxigène et de phtore. Cet acide corrode le verre. Il forme cette classe de sels connus sous le nom de *fluates* ou *sels fluatés*.

Acide hydro-sulfurique. Composé de soufre et d'hydrogène; principe minéralisateur des eaux minérales; odeur hépatique; sels hydro-sulfatés.

Acide muriatique ou hydro-chlorique. Formé par le chlore et l'hydrogène. Cet acide donne lieu aux sels muriatés ou hydro-chlorés.

Acide nitrique, eau forte. L'azote mêlé à l'oxigène constitue l'air atmosphérique, et, en combinaison, forme les acides que M. Julia de Fontenelle a nommés *proto*, *deuto* et *per-nitrique*, et qui sont décrits sous les noms de *nitreux*, *nitrique* et *per-nitreux*. Le second, ou acide nitrique, constitue le sel nitraté.

Acide phosphorique. L'oxigène forme, avec le phosphore, quatre acides; c'est au plus oxigéné ou à l'acide perphosphorique ou phosphorique, qu'est due la classe des sels phosphatés, et en partie la charpente osseuse de l'homme et des animaux.

Acide sulfurique. Le soufre uni avec l'oxigène est susceptible de produire quatre acides, que M. Julia de Fontenelle a nommés *proto*, *deuto*, *trito* et *per-sulfuriques*, ou bien acides *hypo-sulfureux*, *sulfureux*, *hypo-sulfurique*, *sulfurique*. L'acide sulfurique est le seul qui se trouve dans la nature à l'état salin; il constitue les sulfates.

Acidifère. Corps qui contient un acide.

Acidifiable. Substance susceptible de devenir acide.

Acidifiant. Propriété supposée à l'oxigène ou à l'hydrogène de faire passer certains corps à l'état d'acide. Il paraît plus naturel de croire que l'acidification n'est que le produit de cette union à laquelle participent également les deux principes constituans.

Acier. Fer qui contient de 4 à 12 pour cent de carbone. C'est un produit de l'art.

Adulaire. Synonyme de feld-spath.

Aréolithes. Pierres météoriques, pierres tombées du ciel. Ce sont des pierres composées de substances métalliques et terreuses, ayant un aspect *sui generis*, un poids spécifique qui varie de 3,352 à 4,281.

Ætite ou *pierre d'aigle.* Espèce de géode d'oxide de fer, mêlée souvent avec du silex et de l'alumine, et contenant dans sa cavité des concrétions qui font du bruit lorsqu'on secoue la pierre.

Affinité chimique. Décrite dans les anciens ouvrages sous le nom d'*attraction*. C'est cette force qui tend à combiner les molécules de nature différente et à conserver cette union.

Agent. Corps susceptible de donner lieu à une action chimique.

Ages. Epoques de la formation présumée des roches.

Agrégation. Force qui tend à unir les molécules intégrantes des corps et à conserver cette union ; elle porte maintenant le nom de *cohésion*. — Assemblage de plusieurs parties qui forment un tout.

Agréga. Particules homogènes qui, par leur réunion, forment un corps plus gros.

Aimant. Mine particulière de fer oxidé qu'on trouve à l'île d'Elbe, en Suède et en Corse, qui jouit de la propriété d'attirer, à une certaine distance, le fer, son protoxide, l'acier, le cobalt et le nickel, etc.

Air atmosphérique. Fluide élastique qui, abstraction faite de toutes les exhalaisons et vapeurs, etc., qu'il contient, enveloppe de toute part le globe terrestre, s'élève à une hauteur inconnue, pénètre dans les abîmes les plus profonds, fait partie de tous les corps et adhère à leur surface. Il est composé de 0,79 azote et 0,21 oxigène ; plus 0,01 d'acide carbonique.

Alcali. Substances qui verdissent la plupart des couleurs bleues végétales, ont une saveur âcre et urineuse, saturent les acides et forment avec eux des sels.

Alcalimètre. Instrument inventé par M. Descroizilles pour déterminer la richesse des alcalis.

Alchimie. Nom donné par les adeptes à la prétendue science qui avait pour but la recherche de la pierre philosophale, la transmutation des métaux en or, et la préparation de ce fameux élixir de vie, destiné à reculer les bornes de la vie humaine.

Alliage. Métaux unis ensemble par la fusion.

Alidade. Règle tournant sur le centre d'un instrument qui sert à mesurer les angles.

Alumine. L'une des terres primitives, connue autrefois sous le nom d'*argile*, et maintenant soupçonnée être un oxide métallique produit par l'oxigène et l'aluminium.

Amalgame. Alliage métallique avec le mercure.

Amas. Minérais d'une moindre étendue que les couches, et entourés de toute part, ou partiellement, par d'autres matières. (*Voy.* fig. 17 et 18.)

Amorphe. Sans forme régulière.

Ammonites. Pétrifications qui paraissent devoir leur origine aux coquilles d'une espèce de nautile, et qu'on désigne aussi sous les noms de *cornes d'Ammon* et de *pierres de serpent.* Contiennent beaucoup de carbonate calcaire.

Analyse chimique. C'est l'ensemble des moyens propres à reconnaître et séparer les principes constituans des corps et en déterminer les proportions.

Anélectriques. Corps non susceptibles de devenir électriques par le frottement.

Angle. C'est ainsi qu'on nomme l'espace infini qui se trouve compris entre deux droites qui se coupent (*voy.* fig. 27). Un angle est droit quand une de ses lignes est verticale et l'autre horizontale (fig. 28). Il est aigu ou obtus, suivant que ses lignes se rapprochent plus ou moins (fig. 29). On nomme triangle une surface qui offre trois angles. Dans ce cas, c'est 1° un *triangle équilatéral*, lorsque les trois côtés sont égaux (fig. 31) ; 2° *triangle isocèle*, quand il n'y a que deux côtés égaux (fig. 32) ; 3° *triangle scalène*, quand tous les côtés sont inégaux (fig. 33) ; 4° *rectangle*, quand il a un angle droit (fig. 34). Les surfaces qui offrent quatre côtés portent le nom de *quadrilatères* ; le *carré* a ses angles droits et ses quatre côtés égaux (fig. 35) ; le *rectangle* a les angles droits et les côtés inégaux (fig. 36) ; le *rhombe* ou *parallélogramme* a les côtés opposés parallèles (fig. 37) ; le *losange* a ses côtés égaux, et ses angles ne sont pas droits (fig 38) ; le *trapèse* n'a que deux côtés parallèles. Les figures qui ont beaucoup plus de côtés sont appelées *pentagones*, *exagones*, *heptagones*, *octogones*, *décagones*, etc., suivant qu'elles ont cinq, six, sept, huit, dix côtés, etc., on les comprend sous le nom de *polygones*, et l'on dit :

1°. Que le polygone est *équilatéral*, quand tous les côtés sont égaux.

2°. Qu'il est *équiangle*, lorsque tous les angles sont égaux.

3°. *Régulier*, lorsqu'il est *équiangle* et *équilatéral*.

Apyre. Synonyme de réfractaire. *Voy*. ce mot.

Argile. *Voy*. Alumine.

Atômes. Dans le système atomistique, les atômes sont les dernières molécules des corps, c'est-à-dire celles qu'on ne peut entrevoir que par la pensée.

Attraction moléculaire. Se divise en cohésion et en affinité. *Voy*. ces mots. Attraction de l'aimant ; c'est la faculté que possède l'aimant d'attirer et d'adhérer au fer par le simple contact. Attraction newtonienne, est celle qui a lieu entre les grandes masses ; sa force est en raison directe de ces mêmes masses et du carré des distances.

Axe. Ligne droite qui s'étend d'un point de la circonférence d'une sphère à une autre en passant par le centre.

Azote. Gaz qui entre pour 0,79 dans la composition de l'air ; il est impropre à la combustion et à la respiration.

B.

Balance. C'est une machine destinée à comparer et reconnaître la quantité ou la différence du poids des corps en les mettant en équilibre avec d'autres dont le poids a été exactement déterminé. — *Hydrostatique* pour déterminer la densité.

Barres ou couches. On appelle ainsi les minéraux qui se présentent en masses plus ou moins épaisses, à faces parallèles, etc. On remarque dans les barres la *direction* et l'*inclinaison*. Ils sont horizontaux (fig. 13), inclinés (fig. 14), contournés (fig. 15), en (zigzag fig. 16.)

Baryte. Terre pesante. C'est un oxide de barium.

Base. Expression chimique qui s'applique aux alcalis, aux terres et aux oxides métalliques, dans leurs combinaisons avec les acides dans les sels, et avec l'oxigène et l'hydrogène dans la composition des acides et de ces oxides.

Blende. Nom donné à une mine de zinc.

Bol. Sorte d'argile dont les couleurs sont le jaune rouge, le brun noirâtre, etc.

Borates. Sels formés d'acide borique et d'une base.

Bore. Substance simple reconnue pour être la base de l'acide borique.

Briquet. Instrument d'acier ou de fer avec lequel on dégage du feu par le choc contre un silex, etc.

Bronze. Alliage du cuivre avec l'étain.

C.

Calamine. C'est le carbonate de zinc natif.

Calcination. Exposition des corps à l'action prolongée du calorique.

Calculs. Concrétions qui se forment dans la vessie, les reins, les intestins, etc.

Calorique. Fluide impondérable et invisible qui pénètre tous les corps, s'interpose entre leurs molécules, les dilate et les fait passer de l'état solide à l'état liquide, et souvent à celui de fluide élastique. Son existence matérielle n'est démontrée que par ses effets et principalement par celui que nous connaissons sous le nom de *chaleur.* Par le dernier mot on désigne la sensation que nous fait éprouver le calorique libre, lorsqu'il tend à se mettre en équilibre avec notre corps.

Carbonates. Sels formés par l'acide carbonique et une base salifiable.

Carbone. Forme la charpente du végétal, laquelle, soumise à l'action de la chaleur dans un vaisseau clos, laisse un résidu noir qui est le charbon. Le carbone est la base de l'acide carbonique.

Cément. On donne plus communément ce nom à des espèces de mastics destinés à unir des pierres entre elles ou à revêtir les bassins, etc., pour les garantir de l'action de l'eau ou s'opposer aux filtrations de ce liquide.

Cémentation. Procédé qui consiste à entourer un corps solide de quelques autres corps en poudre, et de l'exposer, dans un vaisseau clos, à un degré de température inférieur à celui de leur fusion.

Centre. Point auquel aboutissent tous les rayons d'un cercle ; point d'où part la force motrice.

Cercle. Surface plane terminée par la circonférence.

Chalumeau. Instrument servant à diriger avec le souffle la flamme d'une lampe sur les particules des corps placées dans le creux d'un charbon, afin d'en reconnaître la nature. De nos jours, on a construit des chalumeaux alimentés avec le gaz oxigène ou les gaz hydrogène ou oxigène, qui donnent un degré de chaleur des plus forts. Voyez *la Physique amusante,* de M. Julia de Fontenelle.

Charbon. Résidu fixe que laissent les substances végétales fortement chauffées dans des vaisseaux clos.

Chaux. Terre calcaire, produit de l'union d'un métal connu sous le nom de *calcium* avec l'oxigène. Avant la chimie pneumatique, on donnait le nom de *chaux métallique* aux oxides des métaux.

Circonférence. Ligne courbe dont tous les points se trouvent à une même distance du point intérieur, qui est le centre.

Clinomètre. Instrument destiné à mesurer l'épaisseur des couches des minéraux ; il fut inventé par le professeur *Griffith*, et depuis modifié par M. *Jardine*, et surtout par lord Webb-Seymour.

Clivage. Dissection des cristaux en suivant leurs *joints naturels*. On parvient, par ce moyen, à leur forme primitive.

Cobalus. Nom qu'on donnait à un prétendu esprit qui détruisait les travaux des mineurs. On trouvait jadis, dans les anciens rituels d'Allemagne, une prière destinée à l'expulsion de ce démon.

Cohésion. Force en vertu de laquelle les molécules d'un corps adhèrent les unes aux autres ; elle se mesure par la force qu'il faut employer pour les séparer.

Combustible. On nomme ainsi les corps qui, en s'unissant rapidement avec quelques autres, mais surtout avec l'oxigène, produisent un dégagement de calorique et de lumière.

Compression. Force qui tend à rapprocher les molécules des corps.

Cône. C'est une pyramide dont la base est un cercle. *Voy.* fig. 55.

Convexe. Se dit de la surface extérieure d'un corps rond par opposition à la surface intérieure qui est concave.

Corps. On nomme ainsi tout ce qui est susceptible d'obéir aux lois de l'attraction. On appelle *pondérables* ceux dont on peut déterminer la pesanteur, et *impondérables* ceux qui n'en sont pas doués.

Coupellation. Opération au moyen de laquelle on sépare l'or et l'argent des autres métaux, en les fondant dans une coupelle avec du plomb.

Cristallisation. Arrangement symétrique que prennent les molécules de certains corps.

Cruciforme. Cristaux en croix.

Cryophore. C'est un instrument élégant qui a été inventé par Wollaston, pour déterminer le rapport existant entre l'évaporation à de basses températures et la production du froid.

Cube. C'est un solide régulier à six faces carrées. *Voy.* fig. 62.

D

Décaèdre. Solide régulier dont la surface est formée de dix pentagones réguliers.

Décagone. Figure qui a dix angles et dix côtés.

Déliquescence. Propriété dont jouissent certains corps de se réduire en liqueur, en absorbant l'eau atmosphérique.

Dendrites. Sortes d'herborisations qu'on trouve sur les minéraux.

Dendroïtes, dendrolites. Fossiles ramifiés ; plantes pétrifiées.

Densité. Rapport qui existe entre le poids des corps sous le même volume.

Diagonale. C'est la ligne droite qui joint les sommets de deux angles non adjacens d'un polygone.

Diamètre. C'est la ligne qui traverse un cercle en passant par son centre.

Diaphane. Corps transparent.

Disséminés. Minérais en globules, lames, cristaux, ou fragmens dispersés, etc.

Direction. Position des couches minérales relativement à l'horizon.

Divergent. Qui s'écarte d'un centre commun.

Dodécaèdre. Figure régulière dont la surface est formée de douze pentagones réguliers. *Voy.* fig. [illegible] 45

Dodécagone. Polygone terminé par douze côtés.

Ductilité. Propriété dont jouissent certains corps de pouvoir s'étendre par le choc du marteau, la pression au laminoir, etc.

Dureté. Résistance qu'opposent les molécules des corps à leur division. On juge de la dureté des minéraux par la résistance qu'ils opposent pour se laisser rayer par d'autres.

E

Efflorescence. Corps solides qui se convertissent spontanément en poudre sèche, en perdant une grande partie de leur eau de cristallisation.

Électriques. Corps susceptibles de développer du fluide électrique par le frottement.

Élémens ou substances élémentaires. Corps indécomposés jusqu'à présent, et par conséquent réputés *principes premiers* par les chimistes.

Éliquation. Action de séparer par la fusion une substance d'une autre plus fusible qu'elle.

Ennéagogue. Figure à neuf côtés.

Entroques. Espèces de fossiles à formes singulières, ayant environ 0,03 m. de long, composés d'un certain nombre de joints arrondis, posés l'un sur l'autre. Ces joints, séparés, portent le nom de *troques* ou *trochites.*

Eptagone. Figure à sept angles.

Équivalens chimiques. C'est le nom dont s'est servi Wollaston, le premier, pour indiquer le système des proportions définies dans lesquelles les corps infiniment petits se combinent, en les rapportant tous à un corps commun que l'on prend pour unité. Ainsi, le plus petit, ou le nombre équivalent de l'oxigène, étant exprimé par 1,00, on a, pour l'hydrogène, 0,125; le fluor, 0,375; le carbone, 0,750; le phosphore, 1,500; l'azote, 1,750; le soufre, 2,00; le potassium, 4,950, etc.

Essai. Opération préliminaire qui a pour but de reconnaître la quantité approximative d'un métal ou d'une substance quelconque dans un minérai. L'essai diffère de l'analyse en ce que, par cette dernière, on en détermine exactement la quantité, et qu'on reconnaît en même temps la nature et les proportions des autres principes constituans du minérai.

Excavation. Creux que l'on fait pour rechercher un minérai.

Extensibilité. Propriété d'augmenter de volume.

F

Feld-spath. Sels fluatés.

Filons. Masses de minérais aplaties, à surfaces non parallèles, et se terminant en coins. *Voy*. fig. 19.

Fixité. Propriété dont jouissent certains corps de ne plus se vaporiser par l'action du calorique.

Flexibles. Corps susceptibles de se plier.

Fluide. Corps à l'état liquide.

Fluide élastique. Corps à l'état gazeux.

Fluor. Radical de l'acide fluorique ou phtorique.

Formation. *Voy*. géologie.

Forme. Figure extérieure des corps. Dans la cristallisation, on distingue les formes primitives et les formes secondaires. Les formes primitives sont les noyaux de la cristallisation ; les formes secondaires sont produites par la superposition ou par l'arrangement différent que prennent les molécules intégrantes des corps, lequel arrangement est tel, qu'il reproduit quelquefois la forme primitive.

Fragiles. Corps dont les molécules se séparent aisément par le choc.

Frangibilité. Résistance qu'opposent les corps quand on essaie de les rompre.

Friables. Corps qui se réduisent en poudre par la pression des doigts.

Fulminant. Corps dont un ou plusieurs principes, en se décomposant, passent à l'état gazeux si rapidement que le choc qui s'opère contre l'air, qui est déplacé, donne lieu à un grand bruit.

Fusibilité. Propriété dont jouissent un grand nombre de corps de passer à l'état liquide par l'action du calorique.

G

Gangue. Ce nom est donné aux terres et aux pierres qui, remplissant les cavités, recouvrent les filons ou les veines des métaux, etc.

Gaz. Corps réduits en vapeur par le calorique qui en écarte les molécules.

Gemmes. On désigne par ce nom les pierres regardées comme précieuses.

Géodes. Espèces d'œtites dont l'intérieur est ordinairement tapissé de cristaux, et contient souvent de la terre.

Géologie. Tel est le nom qu'on donne à la science qui a pour but la description de la structure de la terre.

Glace. Eau solidifiée par une soustraction du calorique telle que sa température est portée à divers degrés au-dessous de o.

Globe. Solide formé par la révolution d'un demi-cercle autour de son diamètre; il est synonyme de sphère. On appelle *globe terrestre* la terre, parce qu'elle a cette forme, quoiqu'un peu aplatie vers les pôles.

Globule. Petit corps sphérique.

Goniomètre. Instrument propre à mesurer les angles qui résultent de l'inclinaison des faces des cristaux. *Voy.* page 14 et fig. 11 et 12.

Grauwacke. Cette formation consiste dans deux roches semblables, appelées *grauwacke commune* et *grauwacke schisteuse*, alternant ordinairement entre elles, et passant de l'une à l'autre.

Grotte. Excavacation naturelle et plus ou moins profonde dans les rochers; elle peut aussi être creusée par les hommes.

Gypse. Chaux sulfatée ou plâtre.

H

Happement. Adhérence des minéraux à la langue.

Hexaèdre. Solide à six faces. Le cube en offre un exemple.

Hémitropie. Quand un des cristaux a fait une demi-révolution pour se placer sur l'autre.

Horizon. C'est le grand cercle qui coupe la sphère en deux parties égales; l'on désigne ainsi le point où se termine notre vue, et où le ciel et la terre semblent se toucher.

Houille. Charbon minéral, charbon de terre.

Hydrogène. Gaz combustible quinze fois plus léger que l'air; il est une des parties constituantes de l'eau.

Hydrophanes. Corps opaques qui deviennent transparens par leur immersion dans l'eau.

I

Icosaèdre. Solide régulier dont la surface est composée de vingt triangles équilatéraux.

Ignition. Etat des corps que l'on chauffe au point de les rendre incandescens.

Impénétrabilité. Propriété dont jouissent les corps de ne pouvoir occuper en même temps le même lieu.

Imperméabilité. Corps à travers lesquels les liquides ne peuvent point passer.

Infusible. Corps qu'on ne peut fondre.

Isocèle. Triangle qui a deux côtés égaux.

L

Laiton. Métal de couleur jaune provenant de la combinaison de deux parties de cuivre sur une de zinc.

Lame. Parties d'un solide planes et très-minces. Les plus petites se nomment *lamelles*, et les corps dont la structure offre cette composition sont appelés *lamelleux.*

Laminoir. Machine propre à réduire, par la compression, les métaux en feuilles très-minces.

Lampe de sûreté de Davy. Instrument propre à prévenir l'inflammation des gaz dans les mines.

Lave. Produit volcanique.

Liège fossile. Variétés de l'amianthe ou asbeste.

Ligne. Longueur sans largeur ni épaisseur (*fig.* 26). On donne le nom de point à ses deux extrémités. On la divise en droite et en courbe. La ligne droite est le plus court chemin d'un point à un autre.

Loupe. Microscope simple.

M

Macles. On donne ce nom à toutes les espèces de cristaux groupés. *Voy.* fig. 81, 76, 79, 80.

Magnésie. L'une des terres primitives composée d'oxigène et d'un métal connu sous le nom de *magnésium.*

Malléabilité. Propriété dont jouissent plusieurs corps de s'aplatir sous le marteau ou au laminoir.

Mamelons. Petits rochers ronds. — Forme de nature globuleuse.

Marbre. Carbonate calcaire blanc ou diversement coloré par des oxides métalliques.

Mars. Nom donné au fer par les alchimistes.

Masse. Quantité spécifique des matières des corps.

Matière. Substance étendue, impénétrable et pondérable, susceptible de prendre toute sorte de formes. — On a donné aussi ce nom à tout ce qui affecte nos sens.

Métaux. Corps indécomposés, fusibles par la chaleur, ayant un éclat particulier qu'ils conservent dans leur cassure, bons conducteurs du calorique et de l'électricité, prenant feu, à une température élevée, dans l'oxigène, le chlore ou l'iode, et se combinant avec eux pour former des oxides, des chlorures ou des iodures ; s'unissant entre eux par la fusion, etc.

Météorolithes. Pierres tombées du ciel.

Minérai. Métal combiné avec des substances étrangères faisant partie de la mine.

Minéralisateur. Substances qui, combinées dans le minérai avec les substances métalliques, en changent les propriétés et les caractères physiques.

Micromètre. Instrument pour mesurer les objets d'une grande ténuité.

Microscope. Instrument simple ou composé, destiné à grossir les objets.

Milieu. Corps qui livre passage aux autres et qui les environne.

Mines. Substances enfoncées dans la terre, d'où l'on extrait les métaux, le sel gemme, etc.

Minéralogie. Elle a pour but principal l'histoire de chaque espèce minérale, celle de ses variétés, et les indications générales propres à les réunir en familles, en genres et en espèces, afin de les rendre plus aisées à reconnaître.

Moffettes. Gaz délétères, ainsi nommés par les mineurs, qu'ils distinguent en suffocante et éteignant les chandelles, et en moffette inflammable. La première se compose, pour la plus grande partie, de gaz acide carbonique, et règne vers le fond de la mine ; la seconde est du gaz hydrogène carboné qui remplit les surfaces supérieures, et qui produit des explosions accompagnées des accidens les plus graves, quand on y entre imprudemment avec une lumière autre que la lampe de sûreté de Davy.

Molécules. Particules des corps dans une division extrême. On nomme *molécules constituantes* celles qui, étant de nature différente, constituent un corps composé, et *intégrantes* les particules d'un corps simple ou composé.

Mollesse. Etat des corps dans lesquels les molécules glissent les unes sur les autres.

Mortier. Mélange de chaux et de sable.

Mouffle. Petit four en terre employé dans la coupellation.

N

Nature. On désigne par ce nom l'ensemble des êtres qui composent l'univers, et des lois qui les régissent.

Négatif. Fluide électrique que produit la résine par le frottement.

Nids. Petits amas friables de forme très-irrégulière.

Noyaux. Petits amas, ordinairement solides, affectant la forme des amandes.

O

Obliqu'angle. Ligne formant un angle oblique.

Ocre. Espèce de mine de fer.

Octaèdre. Corps solide à huit faces; *octaèdre rhomboïdal*, fig. 71. — *A base rectangle*, fig. 77. — *Régulier*, fig. 43. — *A bases de parallélogramme obliqu'angle*, fig. 78.

Octaédrite. Mine de titane pyramidal.

Octogone. Figure qui a huit angles et huit côtés.

Opaques. Corps qui ne se laissent pas traverser par la lumière.

Oxigène. Fluide élastique qui entre pour 0,21 dans la composition de l'air atmosphérique qu'il rend propre à la combustion et à la respiration.

P

Pachomètre. Instrument inventé par M. Benoît pour mesurer l'épaisseur des glaces; on peut voir sa description dans la *Physique amusante* de M. Julia de Fontenelle.

Parallélogramme. Figures dont les côtés opposés sont parallèles. *Voy.* fig. 36.

Pâtes. Verres colorés et destinés à imiter les pierres précieuses.

Pesanteur. Propriété commune à la matière. — Force en vertu de laquelle tous les corps tendent à se porter vers le centre du globe par l'effet de l'attraction. La pesanteur des corps est en raison directe de leur densité. *Voy.* Poids.

Pesons. C'est ainsi qu'on nomme la balance qui, par la flexibilité du ressort, indique le poids des corps.

Phosphore. Radical de l'acide phosphorique.

Phosphorescence. Lueur sans chaleur que contractent certains corps.

Pierres. Sous ce nom collectif, on comprend une classe très-nombreuse de minéraux de nature et de composition diverses. Celles qui sont destinées à servir d'ornement à la bijouterie portent le nom de pierres précieuses; les calcaires ont pour base la chaux; les quartzeuses ou siliceuses, le quartz; les magnésiennes, la magnésie, etc.

Pinsbeck. Laiton contenant une plus grande proportion de zinc.

Poids spécifique. Pesanteur relative des masses et non du volume.

Pôles. Extrémité d'une ligne droite perpendiculaire à un plan circulaire par l'axe duquel elle passe.

Polygone. C'est une figure qui a plusieurs côtés et plusieurs angles, et dont le nom varie suivant le nombre de ces côtés et de ces angles. Ainsi, on les appelle *pentagone*, *hexagone*, *heptagone*, *octogone*, *ennéagone*, *décagone*, *ondécagone*, *dodécagone*, *pentadécagone*, suivant que la figure a cinq, six, sept, huit, neuf, dix, onze, douze ou quinze côtés.

Le polygone est dit *équilatéral*, quand tous les côtés sont égaux; *équiangle*, quand tous les angles sont égaux; *régulier*, lorsqu'il est en même temps équiangle et équilatéral.

Pores. Espaces compris entre les molécules des corps.

Positif. Fluide électrique dégagé du verre par le frottement ; on le nomme aussi *vitreux*.

Potasse, alcali végétal. C'est un oxide provenant de l'union de l'oxigène avec le potassium.

Prisme. Solide terminé par plusieurs plans, dont les deux opposés, qui en sont les bases, sont des polygones égaux, parallèles et semblablement situés, et tous les autres plans sont des parallélogrammes. Nous allons présenter quelques-unes de ses variations.

1°. Le prisme droit à bases de parallélogramme obliqu'angle (fig. 63).

2°. Prisme hexagone irrégulier (fig. 64).

3°. Prisme octogone irrégulier (fig. 73).

4°. Prisme carré (fig. 72).

5°. Prisme à base rhombe (fig. 62).

6°. Prisme à base de parallélogramme obliqu'angle (fig. 72).

7°. Prisme octogonal portant à ses bases un anneau de facettes (fig. 75).

8°. Prismes rhomboïdaux groupés (fig. 76.)

Propriétés. Qualités qui appartiennent à chaque corps en particulier.

Pyrites ou *sulfures.* Composés natifs de soufre et d'un métal.

Pyro-électrique. Corps susceptible de s'électriser par le calorique.

Pyromètre. Instrument destiné à mesurer les hautes températures.

Pyrophores. Corps qui s'enflamment par le contact de l'air.

Q

Quartz. Synonime de silex.

R

Radical. Base des corps composés.

Réactifs. Nom donné aux substances employées dans

les analyses chimiques pour reconnaître les corps par les changemens sensibles qu'elles leur font éprouver.

Réfractaires. Corps infusibles ou exigeant une très-haute température.

Réfraction. Changement de direction qu'éprouvent les rayons lumineux lorsqu'ils tombent obliquement d'un milieu dans un autre dont la densité n'est plus la même, et qui les rapproche ou les éloigne de la perpendiculaire, suivant que ce milieu est moins ou plus dense que le premier.

Réfringens. C'est ainsi qu'on nomme les milieux qui produisent la réfraction du rayon lumineux.

Rhombe. Figure terminée par quatre côtés dont tous les côtés sont égaux, et non par les angles, n'y ayant que les angles opposés qui le soient. *Voy.* fig. 61.

Rhomboèdres. Variétés du rhombe. *Voy.* fig. 42 et 61. — *Rhomboèdres groupés. Voy.* fig. 81.

Roches. Masses de pierres adhérentes à la terre, d'une étendue et d'une hauteur plus ou moins considérable. On les divise en primitives, secondaires et tertiaires.

Rognons. Petits amas plus ou moins arrondis, souvent étranglés, et d'un volume au moins égal à celui du poing.

S.

Sable. Amas de grains pierreux sans adhérence entre eux.

Safre. Résidu que laisse le cobalt, après que l'arsénic, le soufre, etc., en ont été chassés par la calcination.

Salifiables (bases). On donne ce nom aux alcalis et aux oxides susceptibles de s'unir aux acides à l'état salin.

Sassolin. Acide borique natif.

Sels. Composés d'un acide et d'une base salifiable. Ils sont neutres quand la saturation est complète, et qu'ils ne manifestent aucune des propriétés de l'acide ni de la base; sur-sels, quand il y a excès d'acide, et sous-sels, quand y a excès de base.

Sélénite. Gypse spathique.

Silice. L'une des terres primitives reconnue par Davy

pour être un composé d'oxigène et d'un principe combustible. Elle constitue les silex, les pierres quartzeuses, etc.

Sory. Nom donné par les anciens au fer sulfaté.

Soude. Alcali minéral. Oxide composé d'*oxigène* et de *sodium*.

Spath. Nom générique de tous les minéraux feuilletés qui accompagnent les mines.

Stalactites. Concrétions pierreuses qui se forment dans les grottes, les cavernes, etc.

Stalagmites. Mamelons plus ou moins élevés qui se forment sur le sol dans les grottes, les cavernes, etc., et qui vont se joindre quelquefois aux stalactites.

Strass. Verres colorés ou incolorés pour imiter les pierres précieuses qui ont reçu leur nom de celui de Strass, joaillier, qui les mit le premier en vogue.

Sublimation. Procédé par lequel on volatilise par la chaleur certaines substances qui, par le refroidissement, reprennent leur forme solide et souvent cristalline.

Sulfatés. (sels). Produits par l'acide sulfurique et une base.

T.

Ténacité. Propriété qu'ont les fils métalliques de supporter un tiraillement ou des poids plus ou moins forts sans se rompre.

Terres. Masses pierreuses ou pulvérulentes qui forment les montagnes, les vallées et les plaines et que l'analyse chimique a démontré être des mélanges variés des neuf terres primitives auxquelles on a donné les noms de *barite*, *alumine*, *chaux*, *strontiane*, *magnésie*, *silice*, *glucine*, *zircone*, *yttria*.

Terre à foulon. Terre argileuse ou alumineuse d'un blanc verdâtre.

Terre de Sienne. Terre argileuse ocrassée d'Italie ayant une couleur brune avec une teinte orangée.

Terre jaune. Ocre siliceuse et argileuse.

Terre verte. Terre silicée ocrassée et potassée.

Tétraèdre ou quadrilatère. Solide à quatre faces; *voy.* fig. — groupés; *voy.* fig. 76.

Tétragone. Qui a quatre angles et quatre côtés.

Thorine. Oxide de thorinium.

Tinkal. Borax brut.

Titanites. Mines de titane contenant le métal à l'état d'oxide.

Translucides. Corps qui ne se laissent traverser que faiblement par la lumière.

Transparens. Corps qui donnent passage à la lumière.

Trapèze. Quadrilatère dont les côtés ne sont point égaux ni parallèles.

Trapézoïde. Quadrilatère dont deux côtés seulement sont parallèles.

Trapps. Werner comprend sous cette dénomination plusieurs suites de roches ou formation de roches, principalement caractérisées par la présence de la hornblende et du fer noir argileux.

Trapp-tuf. Composé de masses de basalte, d'amygdaloïde, de grès, de hornblende, etc., le tout cimenté par une base argileuse formée par du basalte ou de la wacke décomposée.

Triangle. Figure qui a trois côtés et trois angles. *Voy.* fig. 31.

Tripoli ou pierre pourrie. Schiste siliceux ocrassé d'un gris jaunâtre.

Trona. C'est ainsi qu'on nomme en Afrique le carbonate de soude natif.

Tuf calcaire. Synonyme de barre de chaux carbonatée.

V

Veines. Nom donné aux fentes ou crevasses des montagnes ou roches remplies d'un minérai. Ce sont de petits filons longs, étroits, simples ou ramifiés, droits ou contournés.

Vert de montagne. Cuivre carbonaté.

Volatil. Corps qui se réduisent facilement en vapeurs.

Volcans. Combustion de masses énormes de bitume qui se trouvent enfouies dans le sein de la terre.

Volume. Etendue des corps ou espace qu'ils occupent.

W

Wacke. Minéral qui tient le milieu entre l'argile et le basalte.

Wad black ou *wad noir.* Manganèse terreux du Derbyshire.

Y

Yttria. Terre nouvellement découverte (en 1794), que l'on croit être un oxide d'yttrium.

Z

Zircone. Terre découverte en 1789. C'est un oxide de zirconium.

Zundererz. Mine d'argent semblable à de l'amadou.

FIN.

TABLE DES MATIÈRES.

B

T

FIN DE LA TABLE DES MATIÈRES.

A TROYES, DE L'IMPRIMERIE DE SAINTON, FILS.

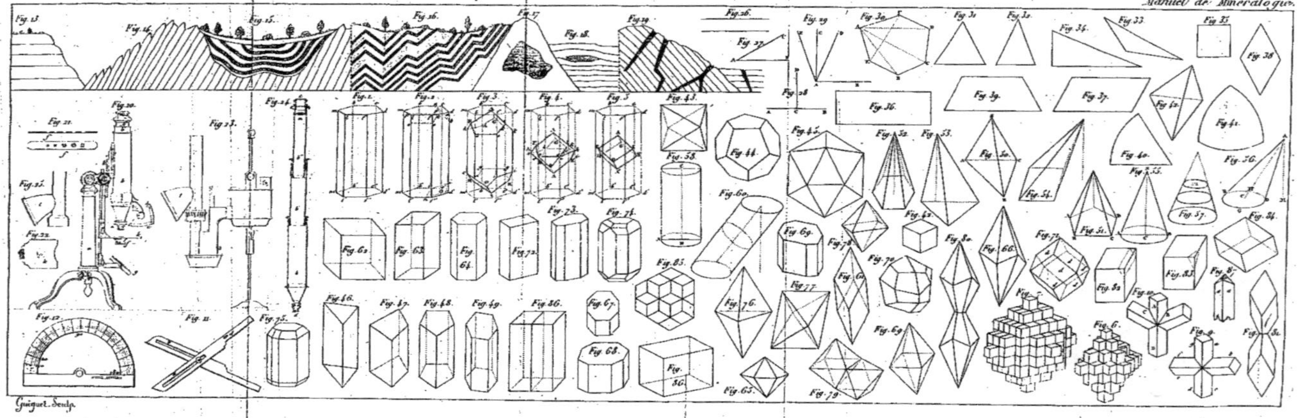
Fig. 13.
Fig. 14.
Fig. 15.
Fig. 16.
Fig. 17.
Fig. 18.
Fig. 19.
Fig. 26.
Fig. 27.
Fig. 28.
Fig. 29.
Fig. 30.
Fig. 31.
Fig. 32.
Fig. 33.
Fig. 34.
Fig. 35.
Fig. 36.
Fig. 37.
Fig. 38.
Fig. 39.
Fig. 40.
Fig. 41.
Fig. 42.
Fig. 43.
Fig. 44.
Fig. 45.
Fig. 46.
Fig. 47.
Fig. 48.
Fig. 49.
Fig. 50.
Fig. 51.
Fig. 52.
Fig. 53.
Fig. 54.
Fig. 55.
Fig. 56.
Fig. 57.
Fig. 58.
Fig. 60.
Fig. 62.
Fig. 63.
Fig. 64.
Fig. 65.
Fig. 66.
Fig. 67.
Fig. 68.
Fig. 69.
Fig. 70.
Fig. 72.
Fig. 73.
Fig. 74.
Fig. 75.
Fig. 76.
Fig. 77.
Fig. 79.
Fig. 80.
Fig. 82.
Fig. 83.
Fig. 84.
Fig. 85.
Fig. 86.
Fig. 1.
Fig. 2.
Fig. 3.
Fig. 4.
Fig. 5.
Fig. 6.
Fig. 9.
Fig. 10.
Fig. 11.
Fig. 12.
Fig. 20.
Fig. 21.
Fig. 22.
Fig. 23.
Fig. 24.
Fig. 25.
Guiguet Sculp.

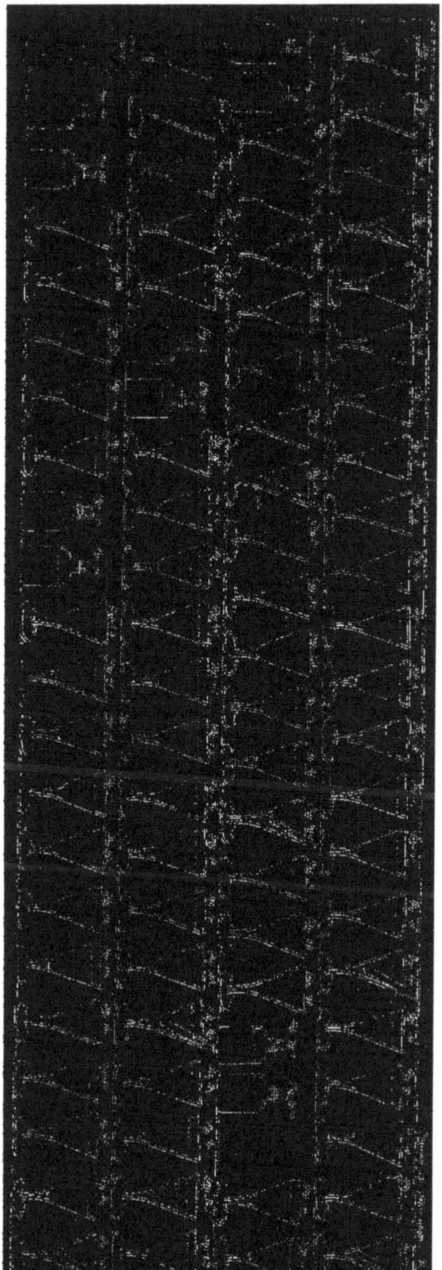

www.ingramcontent.com/pod-product-compliance
Lightning Source LLC
Chambersburg PA
CBHW060531220326
41599CB00022B/3490